防灾减灾/灾后重建与扶贫开发机制模式研究丛书

丛书主编　王国良

灾后贫困村恢复重建机制模式与经验

——基于"汶川地震灾后重建暨灾害风险管理计划"项目的综合评估

黄承伟　向德平　主编

中国财政经济出版社

图书在版编目（CIP）数据

灾后贫困村恢复重建机制模式与经验：基于"汶川地震灾后重建暨灾害风险管理计划"项目的综合评估／黄承伟，向德平主编 . —北京：中国财政经济出版社，2012.5

（防灾减灾、灾后重建与扶贫开发机制模式研究丛书／王国良主编）

ISBN 978 - 7 - 5095 - 3434 - 2

Ⅰ.①灾…　Ⅱ.①黄…　②向…　Ⅲ.①地震灾害 - 农村 - 不发达地区 - 灾区 - 重建 - 项目评价 - 汶川县　Ⅳ.①TU982.297.14

中国版本图书馆 CIP 数据核字（2012）第 032907 号

责任编辑：刘景梅　　　　　　　　责任校对：胡永立

封面设计：汪俊宇　　　　　　　　版式设计：兰　波

中国财政经济出版社 出版

URL：http：//www.cfeph.cn

E - mail：cfeph @ cfeph.cn

（版权所有　翻印必究）

社址：北京市海淀区阜成路甲 28 号　邮政编码：100142

营销中心电话：88190406　北京财经书店电话：64033436　84041336

北京财经印刷厂印刷　各地新华书店经销

787×1092 毫米　16 开　16.75 印张　264 000 字

2012 年 8 月第 1 版　2012 年 8 月北京第 1 次印刷

定价：30.00 元

ISBN 978 - 7 - 5095 - 3434 - 2/F·2906

（图书出现印装问题，本社负责调换）

本社质量投诉电话：010 - 88190744

防灾减灾/灾后重建与扶贫开发机制模式研究丛书

编 委 会

主　任：范小建

副主任：王国良　郑文凯

编　委：（按姓氏笔划排序）

　　　　王国良　司树杰　李春光　范小建　郑文凯

　　　　洪天云　海　波　夏更生　蒋晓华

主　编：王国良

联合国开发计划署"汶川地震灾后重建暨灾害风险管理计划"项目的综合评估

项目指导组

组　　长：王国良（国务院扶贫办副主任、灾后重建办主任）

副组长：吴　忠（中国国际扶贫中心主任）

　　　　　海　波（国务院扶贫办开发指导司司长、灾后重建办副主任）

项目执行组

组　　长：黄承伟（国务院扶贫办灾后重建办副主任、中国国际扶贫中心副主任）

副组长：杨　方（UNDP灾后重建与风险管理计划项目负责人）

　　　　　向德平（华中师范大学社会学院院长）

成　　员：陆汉文（国务院扶贫办灾后重建办主任特别助理）

　　　　　赵　倩（国务院扶贫办灾后重建办项目官员）

　　　　　方向阳（UNDP灾后重建与风险管理计划项目绵阳办公室负责人）

　　　　　向兴华（四川省扶贫和移民局外资项目管理中心副主任）

　　　　　陈宏利（甘肃省扶贫办外资扶贫项目管理中心项目处处长）

　　　　　栾普学（陕西省扶贫办技术培训处处长）

项目实施单位： 华中师范大学

项目实施责任人： 向德平　蔡志海

项目研究人员： 向德平　蔡志海　陆汉文　李海金　程　玲
　　　　　　　　陈　琦

项目助理研究人员： 苏　海　胡振光　李　欢　宋雅婷　孙　豹
　　　　　　　　　刘平政　尹新瑞　延力涛　邓洪洁　孟　欣
　　　　　　　　　杨　娟　张彩凤　田丰韶　高　飞　刘婷婷
　　　　　　　　　周　晶　宁　夏　岳要鹏　史翠翠　何　良
　　　　　　　　　覃志敏　王志丹

目录 •••••

2008 年 10 月，国务院扶贫办、商务部牵头，与联合国开发计划署（UNDP）合作，联合民政部、住房与城乡建设部、科学技术部、环境保护部、中华全国妇女联合会、中国法学会以及一些国际机构、民间组织等，在四川、甘肃和陕西三省汶川地震灾区实施了"灾后恢复重建暨灾害风险管理项目"。经两年多的试点，试点贫困村的恢复重建工作取得了显著成效。项目实施不仅使试点贫困村在住房、基础设施、公共设施、生产发展、能力建设、环境改善、心理与法律援助、社会关系等方面都得到不同程度的恢复和改善，而且，探索、建立了一个多部门合作平台以及相应的工作机制和模式。

一、灾后贫困村恢复重建的机制

贫困村灾后恢复重建工作的运行机制主要是指灾后贫困村恢复重建工作

运行中所遵循的规律。具体地说，就是在灾后贫困村恢复重建的过程中，影响恢复重建的各组成因素的结构、功能及其相互联系以及这些因素产生的影响、发挥功能的作用过程和作用原理。灾后贫困村恢复重建的工作机制包括动力机制、整合机制、沟通协调机制、保障机制。

（一）动力机制

动力是解释个体或组织行为产生、变化和发展的关键问题。动力机制，是源动力建设。对于动力机制的研究是一种归因分析。从灾后贫困村恢复重建工作来看，多部门合作平台及其运行机制得以形成是基于灾后贫困村恢复重建工作的动力。

1. 动力机制的结构

灾后贫困村恢复重建工作动力机制的结构由外围结构与内核结构两个部分组成。

（1）外围结构。外围结构包括动力主体、动力受体以及传导媒介。

灾后贫困村恢复重建工作中的动力主体，也就是灾后贫困村恢复重建工作的多部门。具体而言有国务院扶贫办、联合国开发计划署、民政部（救灾司）、住房与城乡建设部、科学技术部、环境保护部、中华全国妇女联合会、中国法学会、国际行动援助和村庄。在具体的实施过程中，灾后贫困村恢复重建工作不仅有中央层级各部委、各组织和各团体的参与，还有各部委、各组织和各团体在地方层级的下属机构的参与，还有受灾农户的参与。所有这些都是动力主体，可以分为三个层次，个体（微观层次）、组织和团体（中观层次）与国家和社会（宏观层次）。这三个层次的主体所发生的动力及动力强度会通过一定的媒介进行传递。传递既可以在同一层次主体间进行，也可以在不同层次主体间进行。

动力传递媒介是将动力从一个动力主体传到另一个动力主体的渠道。在灾后贫困村恢复重建工作中，通过动力传递媒介传递动力的过程，也就是部门与部门之间、个体与个体之间、部门与个体之间在参与灾后恢复重建工作方面相互作用、相互影响的过程。通过这一过程，灾后恢复重建工作的多部门动力不断积累和增加，多部门参与的积极性得到增强。同时，动力传递媒介还将个人、组织和团体与国家和社会三个层次的动力整合为一体，成为灾后贫困村恢复重建工作运行的整体动力。灾后贫困村恢复重建动力传递的主要媒介为利益。利益既包括社会利益，又包括部门利益、个人利益，既要实现灾后贫困村恢复重建工作的顺利开展和有效完成，又要满足参与灾后恢复重建工作的各部门和个人的利益。国家和社会通过利益这一传导媒介，将自身的参与动力传递到部门和组织、个体等动力主体身上。部门、组织与个人在整体目标的利益导向下，积极开展灾后恢复重建工作。这样，利益就将宏观参与动力传导到中观、微观动力主体身上。反过来，中观、微观的动力主体的工作又促使目标较为圆满地实现，从而使宏观的整体社会利益得到保证。

动力受体是指人们获得需求满足的对象、工具、资源等，即满足需求的满足物。灾后贫困村恢复重建工作中的需求是复杂、多样的，它既有灾后恢复重建工作的目标群体的住房重建、道路维修、人畜饮水与灌溉用水工程的恢复、生产和生活的恢复、心理创伤的治疗、生计的发展等等，涉及社会生活的方方面面，又有参与灾后恢复重建的部门、组织和个人的工作需要、社会和精神的需要。

（2）内核结构。灾后贫困村恢复重建工作的动力机制的内核结构包括动力源、动力方向、动力贮存体和行动四个要素。

灾后贫困村恢复重建工作的动力源包括外部推动力和内部驱动力。从客观层面来讲是一种外部推动力。灾后贫困村恢复重建工作中有多部门参与的空间，即当前的灾后恢复重建工作的参与主体存在障碍，亟需多部门的参与。从另一个角度来看，这也意味着有一种外部的推动力驱动各部门进入该领域。这种外部的推动力主要源于国家和社会的需要。从主观层面来看则是一种内部驱动力，国家、社会、个人和组织有参与灾后恢复重建工作的需要。这种需要主要体现为国家、社会、组织和个人有为灾后恢复重建工作的目标群体提供支持和帮助的需要。目标群体的需要和多部门帮助目标群体满足其各种需求的动机或意愿，即一种内在驱动力。具体而言，这些主观需要表现为工作需要、价值确定的需要、指导的需要、社会融合的需要。外部推动力和内部驱动力是相辅相成的，没有外部推动力即没有内部驱动力产生的可能性，而没有内部驱动力的话则没有参与的必要性，两者缺一不可。两者的共同作用，形成了灾后贫困村恢复重建工作多部门合作的动力源。

动力方向是动力要与灾后贫困村恢复重建的目标相一致，即经过灾后恢复重建，受灾贫困村基础设施、产业发展、民主管理与自我发展能力恢复到灾前水平，基本实现《中国农村扶贫开发纲要（2001～2010年）》目标。具体而言是指规划实施前两年，结合农村住房建设，基本完成贫困村基础设施、公共服务设施的恢复重建；第三年，力争使农业生产设施、公共服务设施、基础设施、产业发展、民主管理、自我发展信心及能力基本恢复到灾前水平，群众收入及生活水平达到或超过全省贫困村当年平均水平。

动力贮存体则是灾后贫困村恢复重建的多部门在动力的驱使下，实现灾后贫困村恢复重建目标所依凭的工具、方法和能力。动力贮存体的形式因层次的不同也有所差异。就参与灾后贫困村恢复重建的个体而言，其贮存体是个体行动的能力，包括其知识、经验、社会地位、个人魅力等；就参与灾后贫困村恢复重建的部门或组织而言，其动力贮存体就是组织或群体的凝聚力、经济和社会地位等；就宏观的国家和社会而言，动力贮存体是指现实生产力水平、科学技术水平以及建立在经济基础之上的权力体系。

行动是动力的外在表达方式。就灾后贫困村恢复重建而言，多部门开展的灾后贫困村恢复重建活动即是其动力转化为恢复重建的行动，就是在灾后贫困村恢复重建工作中国家、社会、部门、组织、个体将自身的动力整合为统一的动力，并将动力转化为实际的灾后贫困村恢复重建活动：重建和维修住房，保证住房质量和生活的便利性；重建和维修基础设施和公共设施，恢复社区的正常生活和生产秩序；注意环境保护，改善人居环境；关注脆弱群体，提升老人、妇女、儿童和贫困人群的社会生活参与度和能力，等等。

2. 动力机制运行过程

灾后贫困村恢复重建动力机制运行过程包括动力源的开发与培育、动力转化、动力分配、动力监控与反馈四个环节（见图1）。

（1）动力源的开发与培育。动力源的开发是对人们内在需要的开发。人们需要越是强烈，参与社会活动的积极性越高；人们需要越是广泛，参与各种社会活动的可能性就越大。适度动力要求人们的需要保持在一定限度一定范围之内，并具有正确方向。在灾后贫困村恢复重建工作实践过程中，动力源的开发工作开展较少。参与灾后贫困村恢复重建工作的多部门的动力基本都是基于工作、基于使命、基于利益的一种原初动力，并没有一项工作或是一种方法来开发、挖掘其多方面、深层次需求，以调动灾后贫困村恢复重建工作多部门参与的工作积极性。因此，动力源的开发是灾后恢复重建工作中必须要重视的方面，特别是在后灾后恢复重建阶段。经过两年的灾后恢复重

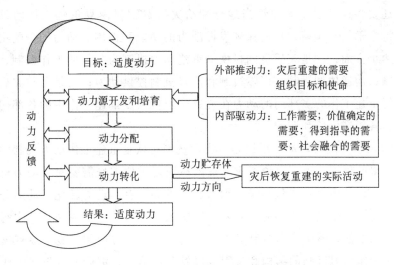

图1　灾后恢复重建工作动力机制运行过程

建，多部门参与的动力会出现不同程度的减弱，这时不仅需要开发动力源，还需要对动力进行培育，以积累、贮存增长动力。而此时，适当的激励是有效的手段。

（2）动力转化。蕴含于个体内部的需要是动力的一种潜在形式，它并不能转化为现实的行动。那么就需要动力转化这一环节来实现。动力转化环节是将潜在的动力转化为一种满足现实需要的行动。多部门参与灾后贫困村恢复重建工作仅有动力源是远远不够的，还必须在具备一些基本条件的前提下，通过一系列的动力传导媒介，将这些动力转化为现实的行动。动力转化的过程因参与主体层次的不同而有所区别，从微观层次来说：灾后贫困村恢复重建工作的目标群体基于自身的主客观状况产生需要，需要引发动机，动机唤醒目标人群的生理和心理紧张状态，他们急需寻找一种方式满足自身的需要，以缓解身心的紧张状态，那么此时目标群体就是指向一定的目标（或重建住房，或恢复生产、生活……）采取行动。从宏观层次来说，灾后贫困村恢复重建工作中的部门、组织根据地震灾区的受灾情况制定灾后恢复重建的目标，在目标的指引下，各部门、组织采取行动，推动灾后恢复重建工作的进展。

（3）动力分配。灾后恢复重建工作的动力机制是为了向灾后贫困村恢复重建工作提供适度动力而存在，因此，它不仅要开发和培育出适度的动力，而且还要将这种适度动力恰当地分配给灾后贫困村恢复重建工作的每个机制、每个部门和领域，从而保证发挥动力的功能和作用。动力的分配主要表现在两个方面，一是灾后贫困村恢复重建动力机制为其他的工作机制，如整合机制、沟通协调机制、保障机制和监督机制提供动力；二是参与灾后贫困村恢复重建工作的多部门的动力在灾后贫困村恢复重建工作中的各部门、各组织、各领域供给和调配。

（4）动力反馈。动力反馈是对灾后贫困村恢复重建工作动力机制的影响评估结果的反馈。也就是说，灾后贫困村恢复重建工作需要对其动力机制进行评估，评估内容主要包括经过动力源开发和培育、动力转化、动力分配等环节的动力机制是否能够为灾后恢复重建工作提供适度的动力，其中每个环节的状态如何，整个动力机制是否良性运转等三个方面的问题。纵观灾后恢复重建工作动力机制的结构和过程可以发现：第一，灾后恢复重建工作的动力源为需要，此需要是多方参与主体复杂、多样的系统，包括宏观层面上的国家和社会的需要，中观层面的群体和组织的需要，微观层面上个体工作需要、价值确定需要、得到指导的需要等。这些动力源推动了灾后恢复重建工作的开展。但这些需要只是各参与主体的一种原初需要，灾后恢复重建工作缺乏对参与主体动力源的开展，导致灾后恢复重建工作后续力不强。第二，在国家方针政策的指导下，灾后恢复重建工作各参与主体的动力方向与灾后恢复重建工作的总体目标保持一致，使参与各方在既定的目标框架下有条不紊地开展工作。第三，整个灾后恢复重建工作动力机制呈良性运行状态。通过将此评估结果反馈给相应的参与主体，能够促进各参与主体对自身动力进行调整，以发挥动力机制更大的效能。

（二）整合机制

灾后贫困村恢复重建工作的整合机制将影响灾后恢复重建工作的各要素结合起来，使贫困村灾后恢复重建工作一体化。灾后贫困村恢复重建工作的整合机制由三个部分组成：即整合、整合方式和整合过程。

1. 整合内容

从目前灾后贫困村恢复重建的状况来看，整合内容主要包括利益整合、资源整合和知识整合三个方面.（见图2）。

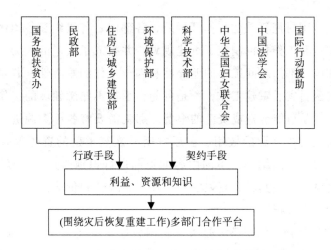

国务院扶贫办　民政部　住房与城乡建设部　环境保护部　科学技术部　中华全国妇女联合会　中国法学会　国际行动援助

行政手段　　契约手段

利益、资源和知识

(围绕灾后恢复重建工作)多部门合作平台

图2　灾后恢复重建工作整合机制图

（1）利益整合。灾后贫困村恢复重建工作整合的基本内容是利益整合，其他整合都是由此衍生而来的。也就是说，在灾后贫困村恢复重建工作中利益整合是资源整合和知识整合的基础，只有当灾后贫困村恢复重建工作中多部门的利益达成共识的时候，整合机制才得以形成。

灾后贫困村恢复重建工作需要解决以下五个方面的问题：一是住房及公共设施的建设。开展城乡住房和学校、医院等民生工程的恢复重建。二是基础设施的恢复重建。开展灾区交通、通信、能源、水利等基础设施的恢复重建。三是生产恢复。四是能力建设。对农户开展防灾、农户建设技术、农业实用技术和劳务转移的培训，提高受灾地区群众防灾减灾和生活、生计发展能力。五是环境保护，创设良好的人居环境。这就对各领域、各部门和各组织的工作提出了要求。他们需要不同程度地承担灾后恢复重建工作。因此，灾后贫困村恢复重建工作是一项涉及多领域、多部门、多学科的系统工程，其从工作上对各部门提出了要求。而此工作任务只有在多部门的共同协作下才能很好地完成。从此角度来说，灾后贫困村恢复重建工作的整合是基于部门、组织和团体的共同工作任务和共同利益。因此，在共同利益的引导之下，多部门凝聚为一个联系十分紧密的共同体，共同推进灾后贫困村恢复重建工作高效进行。

（2）资源整合。资源整合是灾后贫困村恢复重建工作中日常的，同时也是非常重要的一项整合工作。资源整合主要整合的是各部门的人力、物力和财力。灾后贫困村恢复重建工作开展后，各部门、各组织和各团体基于本部门的工作职责和工作目标制定了重建规划，并投入了大量的人力、物力和财力。由于部门与部门之间工作的差异性和部分工作的重叠性，若是以部门为单位开展贫困村灾后重建工作，一是可能会承担不熟悉领域的工作而使工作效果甚微，二是可能会造成资源的浪费。那就需要将各种资源进行系统化的整理，最大化发挥资源的效用。灾后贫困村恢复重建的资源整合将不同来源、不同层次、不同结构、不同内容的资源进行识别与选择、汲取与配置、激活和有机融合，使其具有较强的条理性、系统性和价值性，并创造出新的资源的复杂动态过程。

（3）知识整合。知识整合是灾后贫困村恢复重建工作整合的重要对象。因为灾后贫困村恢复重建工作不仅需要各部门和各团体的参与，更需要的是各部门和各团体在本领域中有效开展工作、发挥领域和部门知识的优势和经验的参与。灾后贫困村恢复重建的知识整合包含两个方面：其一，将各部门领域内的知识和经验进行重新整理，总结其中对于开展灾后恢复重建工作有益、有助的知识，摒弃那些对于开展灾后恢复重建工作无用的知识，并使之条理化、秩序化、系统化。这主要是通过规则或指令的方式实现。依照计划、程序与规则的方式进行的知识整合；其二，根据灾后贫困村恢复重建工作的需要，将不同领域、不同学科、不同专业的知识进行整合。通过协调相关资源、专家和系统，将分散的知识加以连接，使知识以可用的形式呈现，进而提升灾后恢复重建工作的效率与解决问题的能力。这主要是通过专家研讨会的方式实现。专家研讨会使得各类知识专家彼此进行交流，促进了不同知识的传递和整合。

2. 整合方式

灾后贫困村恢复重建工作将多部门的利益、资源和知识进行整合主要通过了行政和契约两种方式，可称为"行政整合"和"契约整合"。

（1）行政整合。行政整合是以政府的权力运作为整合方式进行的。灾后贫困村恢复重建工作的行政整合是国务院扶贫办围绕贫困村灾后恢复重建工作，通过组织和协调将多部门的利益、资源、知识进行的整合。行政性整合实现了多部门灾后贫困村恢复重建工作的覆盖，这种整合方式可以保证多部门参与的长期性和持续性。但在灾后贫困村恢复重建工作中行政整合的力度并不是太大。

（2）契约整合。契约是平等主体之间的一种合理关系。契约整合是以契约为整合方式进行的。灾后贫困村恢复重建工作的契约整合是以联合国开发计划署（UNDP）的"灾后恢复重建暨灾害风险管理"项目为基础，UNDP通过与多部门签订项目协议，规定双方的权利、义务关系而进行的整合。契约整合的方式在灾后贫困村恢复重建整合工作中所占比重较大，产生影响也较大。这种整合方式形成了一种基本的交往规范，它能够确保项目参与双方按一定的规范行事，保证灾后贫困村恢复重建工作顺利开展。

行政整合和契约整合两种方式共同作用于灾后贫困村恢复重建的整合，缺一不可。行政整合是契约整合的基础，契约整合是行政整合的有效补充。但契约整合却难保证其项目影响的长期性和持续性。

3. 整合过程

灾后贫困村恢复重建工作的整合过程是一种自上而下的宏观整合过程。由 UNDP、国务院扶贫办和商务部牵头发起，围绕灾后贫困村恢复重建工作，将民政部（救灾司）、住房与城乡建设部、环境保护部、科学技术部、中华全国妇女联合会、中国法学会和国际援助行动的利益、资源、知识进行整合，此整合过程具有认同性、互补性的特征。这一过程包括三个环节：确立中心、认同沟通、调整反馈。确立中心是指确立灾后贫困村恢复重建工作的整合中心，即推动灾后贫困村恢复重建工作的顺利、有序开展。认同沟通是指整合中心确立之后，国务院扶贫办贫困村灾后恢复重建办公室和 UNDP 就整合中心与其他部门进行沟通，取得共识，并调动社会力量促使多部门的认同。调整反馈是指将灾后贫困村恢复重建工作整合机制的运行状况进行及时反馈，以对整合机制进行修正和调整，形成更为有效的整合机制。

灾后贫困村恢复重建整合工作的主要任务在于促进各部门、各组织和各团体认同整合中心——有效、有序推进灾后恢复重建工作，调整各部门之间的利益关系，形成一个有机的、充满活力的灾后贫困村恢复重建工作的整体。从目前工作开展的情况来看，灾后贫困村恢复重建工作的整合机制作用十分突出，主要表现为形成了贫困村灾后恢复重建工作的多部门合作平台。贫困村的灾后重建各项目都有了专业、专门的部门去做，提高了重建的质量，保证重建的效果，扩大了灾后贫困村恢复重建工作的社会影响。但这一任务又是艰巨的、复杂的，充满挑战性的。贫困村灾后恢复重建的整合过程仍然存在不少问题。

（三）沟通协调机制

沟通协调是对不同部门、不同组织开展的灾后恢复重建活动进行统一规划、统一协调，统一认可的过程。沟通协调机制是灾后贫困村恢复重建工作机制的重要组织部分，是灾后贫困村恢复重建工作的基础。

1. 沟通渠道

灾后贫困村恢复重建工作的沟通工作主要通过正式和非正式的沟通渠道进行。

（1）正式沟通。主要存在于中央各部委之间、中央各部委与 UNDP 之间、中央各部委与直属下级部门之间。具体进行沟通的手段和方式是部门与部门之间的来往公函、部门内部的文件、会议、上下级之间的定期信息交换等。正式的沟通渠道因为接受组织的监督，所以信息的真实性和准确性得到了保证。

同时，正式的沟通渠道也有其弊端。一方面，正式沟通借助的是组织正式的系统，沟通是逐级进行的，以致沟通速度较慢，有可能延误信息传递的时间。另一方面，正式沟通在系统内是垂直的沟通流向，沟通很少有同一水平的横向沟通流向。也就是说，在正式沟通过程中，更多的是各部委与其相应的下属机构的沟通，较少存在各部委下属机构在工作执行过程中的沟通，各部门各干各的工作，各完成各的任务。沟通过程中的条块分割状况导致多部门合作中各部门之间无法做到真正的融合和深度的协调。

而且，多部门工作最后的落脚点在村庄，村庄中村党支部书记和村委会主任与多部门一起协调一切事宜，但他们的协调工作仅止于对多部门恢复重建活动的配合。村书记和村主任没有能力，也没有权力根据村庄实际需要改变各部门既定的工作方案，也不能协调各个部门的工作在村庄层面的协作。灾后贫困村恢复重建工作的沟通协调在最终的落脚处出现工作衔接不良的情况，是因为在前期项目活动开展之初，项目设计只明确了各部门应该完成的工作，而没有明确各部门配合的进度和进程，欠缺多部门工作的统筹安排。

贫困村灾后恢复重建工作利益涉及众多。由于多部门各自需求存在很大差异，不同的项目利益相关方对项目有不同的期望和要求，所关注的问题和重点也有所不同。因此，需要充分协调他们之间的关系，使各方面都满意，是难度非常大的事情。

（2）非正式沟通。非正式沟通是除正式组织系统之外的基于个人品格、情感的信息的传递与交流。非正式沟通在灾后贫困村恢复重建工作中占的比重非常小，但其具有的灵活方便、速度快等特点，还是在贫困村的灾后恢复重建工作中发挥了些许作用。它是对正式沟通的一种有效补充，特别是在急需解决问题的状况发生时，它有正式沟通方式所不具备的有效性。

2. 沟通协调过程

沟通协调过程是沟通主体对沟通客体进行有目的、有计划、有组织的思想、观念、信息交流，使沟通协调成为双向互动的过程。沟通过程主要包括五个要素，即沟通协调主体、沟通协调客体、沟通协调渠道、沟通协调方式和沟通协调反馈。

（1）在灾后贫困村恢复重建工作中，各参与部门互为沟通协调的主客体，即各部门既是沟通协调的主体，也是沟通协调的客体，同时他们也互为沟通协调的出发点和落脚点，他们就其部门在灾后贫困村恢复重建中的工作对其他部门施加影响。沟通协调的主客体在沟通过程中处于主导地位。

（2）灾后贫困村恢复重建工作的沟通渠道包括正式的和非正式的沟通渠道。正式的沟通协调渠道是通过正式的组织系统而进行。正式的沟通协调渠道不仅能将工作内容、工作观念尽可能全而准确地传达给沟通客体，而且还能广泛、准确地收集客体的思想动态和反馈的信息。非正式的沟通渠道则是沟通协调主客体基于个人品格和情感而进行，是对于正式沟通渠道的一种补充，对于紧急状况的处理有益。沟通协调渠道是实施沟通协调过程，提高沟通协调功效的重要一环。

（3）灾后贫困村恢复重建工作的沟通协调方式主要是公函、汇报文件或材料、总结会、研讨会、电话、电子邮件。各参与部门就灾后贫困村恢复重建工作，通过正式和非正式的沟通协调渠道，采用公函、汇报文件或材料、总结会、研讨会、电话和电子邮件等沟通协调方式，加强了各部门的联系，保证了灾后贫困村恢复重建工作的正常开展。

（4）灾后贫困村恢复重建工作的沟通协调是一个循环往复的过程。沟通协调的主体将所进行沟通协调的内容传递给沟通协调的客体后，客体会就沟通协调内容对主体进行反馈。

3. 沟通协调障碍

沟通协调过程涉及要素非常多，而且影响这些要素的因素也非常多。因而灾后贫困村恢复重建工作在实际的沟通协调过程中存在一些障碍，导致沟通协调受到阻碍。除了前文中提到的正式沟通协调渠道中的垂直沟通流向外，还存在组织结构障碍和社会地位障碍。

（1）组织结构障碍。首先，组织结构的庞大，层次重叠，使得信息传递的中间环节太多，从而造成信息的延误、损耗和失真。在沟通协调的过程中，不管是自上而下还是自下而上的沟通协调，信息在逐层传递时被过滤了。自下而上的沟通过程中，下级单位秉持"报喜不报忧"的原则，将工作成绩向上级进行汇报，具体工作存在问题被过滤掉了，那么在基层单位100%的信息传递到中央部门时可能就剩下30%了。由上而下的沟通过程中，在中央部门那里是100%的信息，下一级部门接收到再传递给下级部门时只将他认为其需要了解的那部分内容进行了传递，那么最后到最基层的实际操作单位时，这信息也就只剩30%了。而且在这整个的沟通过程中可能还会有不同层级对信息的误读，造成信息的失真。其次，受组织结构的限制，各方收集信息呈不对等状况。再次，组织结构制约了工作内容的及时调整；最后，组织机构内人员的流动造成的信息遗失。而且人员的频繁流动也会增加沟通协调的成本。

（2）社会地位障碍。沟通协调的每个个体都是处于一定的社会地位上，由于地位的差异，不同的人通常具有不同的意识、价值观念、道德标准和知识经验，从而造成了沟通协调中的障碍。灾后贫困村恢复重建沟通协调工作中的社会地位障碍主要存在于中央部门与其省、市部门，省、市部门与县/乡/村之间的沟通上，表现为知识背景的不一致而导致对同一事情认识上的差异；工作部门的差异导致的工作模式的差异；站在不同的角度看问题的视角也有所差异。

（四）保障机制

保障机制是灾后恢复重建工作的保障结构、功能及作用原理与作用过程。保障机制由三个部分组成：保障对象、保障手段和保障过程（见图3）。

1. 保障对象

灾后贫困村恢复重建工作的保障对象有两个，一为灾后贫困村恢复重建工作；二为灾后贫困村恢复重建工作的制度、规范和机制、模式。对灾后贫困村恢复重建工作的保障，是保障灾后贫困村恢复重建工作的顺利开展，包

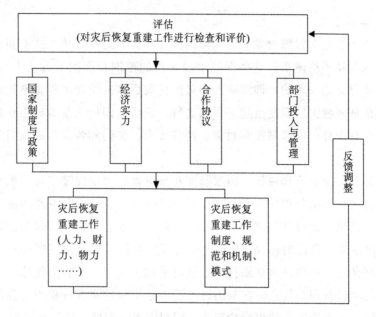

图3　灾后恢复重建工作保障机制图

括人力、物力、财力和政策的保障，不因为受到其他因素的影响而停滞。对灾后贫困村恢复重建工作制度、规范和机制、模式的保障是保障制度、规范和工作机制、模式的连续性、稳定性和有效性。这两者是一个问题的两个方面，它们相互依赖、相互影响。首先，贫困村灾后恢复重建工作的制度与规范和机制与模式决定了参与贫困村灾后恢复重建的各部门之间的关系，他们在灾后恢复重建工作中所处的地位。其次，贫困村灾后恢复重建工作对于贫困村灾后恢复重建工作的制度与规范和机制与模式也会产生很大影响。

　　灾后贫困村恢复重建工作的主要目标是为了高效、顺利、有序地开展灾后恢复重建工作，满足受灾地区农户的生产、生活和发展的需要。因此，为满足受灾地区农户的生产、生活和发展需要而开展的贫困村灾后恢复重建工作是保障的主要对象。但是，实现这一保障是以贫困村灾后恢复重建工作的制度与规范、机制和模式为基本保证的，只有在制度与规范、有效的机制与模式的保障下，对灾后贫困村恢复重建工作的保障才可能实现，因此也需要保障贫困村灾后恢复重建工作的制度与规范和机制与模式，两者相辅相成。保障贫困村灾后恢复重建制度与规范和机制与模式的延续性和有效性就是保障了灾后恢复重建工作。

2. 保障手段

保障手段是对保障对象实施保障的具体方式，这些具体方式有机结合起来就组成保障手段体系。这些保障手段作用的范围和作用的方式不尽相同，但其总体目标是一致的，即解除影响贫困村灾后恢复重建工作正常运行的因素，保证贫困村灾后恢复重建工作的进行。灾后贫困村恢复重建工作的保障手段主要有四种：国家制度和政策、经济实力、契约和各部门的项目管理与投入。

首先是国家制度和政策。国家制度和政策强有力地保障了灾后恢复重建工作的开展。其次是国家经济实力。改革开放 30 多年，中国的经济实力大为增强，这也为灾后恢复重建工作的发展提供了强有力的经济保障。再次是 UNDP 和各部门签订的协议。UNDP 和各部门签订的项目协议明确规定了双方的权利义务，这也是对贫困村灾后恢复重建工作的一个有力保障。最后是各部门的项目管理和投入。在贫困村灾后恢复重建的实施过程中，各部门的组织架构、人力资本和知识经验都在不同程度保障着项目的正常运行。

3. 保障过程

保障过程是保障机制发挥其功能的动态运作过程。一般地说，保障过程由三个环节组成：评估、具体实施和反馈调整。

评估是对贫困村灾后恢复工作进行检查和评价，获取有关灾后贫困村恢复重建的具体状况的信息，为保障手段的具体实施提供客观依据。灾后贫困村恢复重建工作与其制度、规范、机制和模式构成了保障对象，两者的具体状况直接决定了灾后贫困村恢复重建的状况。显然，如果贫困村的灾后恢复重建工作处于一片混乱之中，那么，其工作是不可能正常开展的。同样，如果灾后贫困村恢复重建工作的规范与制度和机制与模式的稳定性、有效性都很差，那么此项工作也是不可能正常开展的。评估的功能就是要获取有关这方面的信息，以便制定保障计划，确定保障方式，实施保障。灾后贫困村恢复重建项目自实施以来，每年都会对项目进展和项目效果进行评估，以及时了解项目运行过程中存在的困难和问题，并及时调整，确定项目的正常运行。

具体实施环节是保障手段发挥其保障功能的具体运作过程。国家制度、经济实力、契约和各部门项目管理与投入四种保障手段的具体实施过程是不一样的，国家制度手段的具体实施是以国家机器的系统运行作为保障的，经济实力手段的具体实施是以国家的经济发展水平作为保障的，契约手段是以基于平等关系双方自愿的要约形式进行的，各部门的项目管理与投入是以各部门的组织架构、人力与物力资本、知识与经验进行的。这四种手段的有效结合，强有力地保障了灾后贫困村恢复重建工作的开展。

保障手段的作用效果如何，在具体实施过程中产生了哪些问题，遇到了哪些障碍等等，这些问题就需要通过反馈调整环节来解决。反馈调整是将灾后贫困村恢复重建的评估结果反馈到相应部门，以便分析在实践过程中产生的问题，评估保障手段作用的效果，对保障手段做进一步的调整。

贫困村灾后恢复重建工作运行机制是一个有机联系的系统，它是由动力、整合、沟通协调、保障等四个二级机制构成。本文将试点贫困村灾后恢复重建工作的有机系统机械地割裂开来，是为了更深入地剖析试点贫困村灾后恢复重建工作的运行。实际上，这四个二级机制既是相对独立，又是相互联系的。相对独立是指这四个二级机制中的每一个机制，实质上是考察试点贫困村灾后恢复重建工作过程，研究试点贫困村灾后恢复重建工作运行规律的一个角度，也是一种独特的研究方法。同时，这四个二级机制又是相互联系的，在功能上和结构上有紧密的联系（见图4）。

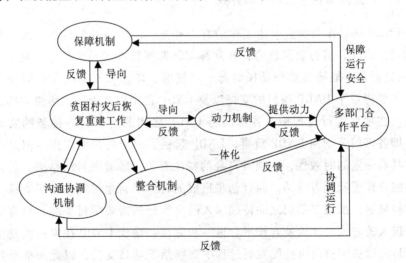

图 4　灾后恢复重建工作运行机制图

二、灾后贫困村恢复重建工作模式

　　贫困村灾后恢复重建工作模式是一个有机联系的系统，它是对动力、整合、沟通协调、激励、监督等五个二级机制运行所形成规律的总结，是贫困村灾后恢复重建工作的方法论，即采用什么样的方式来开展贫困村灾后恢复重建工作。贫困村灾后恢复重建工作模式能够指导贫困村的灾后恢复重建工作，有助于灾后恢复重建工作的完成，并达到事半功倍的效果，对其他贫困村的灾后恢复重建工作有借鉴意义。

　　从灾后贫困村恢复重建工作来看，贫困村的灾后恢复重建工作模式为采用项目带动合作的方式，充分动员政府和社会组织的参与，搭建政府主导的多部门的合作平台，并在此基础上形成多部门的合作框架，通过整合多部门资源，构建保障体系，建立沟通协调渠道等方式，实现贫困村灾后恢复重建的目标。

（一）采用项目带动合作的方式

　　UNDP 项目作为灾后重建工作的有力补充，注重与其他机构、组织和部门活动的合作，进行资源整合，相互补充，发挥资源的最大效益。对于 UNDP 项目而言，能够成功调动民政部、科技部、环保部等部门参与到项目中来，主要得益于 UNDP 项目的支持以及 UNDP 在中国几十年来所树立的正面形象。在项目实行过程中，各部门与 UNDP 之间的合作是一种契约式的合作，即各部门分别向 UNDP 负责，UNDP 起到了一定的协调作用。但是这种合作具有一定的时效性，与项目自身的特征有关，随着项目的结束，各部门之间的合作可能随着终结，而且初步形成的合作平台也可能失去了支撑。调查资料显示，推动多部门之间持续深入的合作仍然需要项目支撑，只有通过项目投入的方式，才能使合作平台进一步完善。建议 UNDP 在灾后恢复重建尤其是灾后贫困村的可持续发展过程中继续给予项目支持，以此来推动各部门之间的深化合作。

（二）充分动员和广泛参与

　　贫困村灾后恢复重建工作是一项需要多部门参与的系统工程。那么，动员、促进各部门参与贫困村灾后恢复重建工作，维持并增强贫困村灾后恢复重建工作的积极性便是其中重要的工作内容和工作方法。没有多部门的动员，便没有多部门的参与，没有多部门的参与，贫困村灾后恢复重建工作的多部门合作平台便无法形成，贫困村灾后恢复重建工作也势必受到影响。充分动员各部门和社会力量参与贫困村灾后恢复重建工作包括两个方面的内容：一是动力源的开发，即对参与贫困村灾后恢复重建工作各部门需求的开发；二是动力源的培育，即通过激励的方式和手段维持和增强多部门参与贫困村灾后恢复重建工作。

灾后恢复重建过程中多元主体在利益上存在着矛盾与冲突。国家是公权代表，要的是公共产品；地方政府要的是政绩和地方发展的效果；农民要的是生计，即直接的和根本的目标就是追求经济增收，获得近期和长期的直接经济收益和国家补助的收益。同一层面每个部门也都有各自的利益诉求，因此，提高各部门参与灾后恢复重建的积极性，增加多部门合作的产出，就更加需要在灾后恢复重建过程中在更多的方面、采用较多的办法与手段来建立起利益驱动机制，有效整合各相关利益方的利益取向，形成合力效应，使得政策制定能够代表各方的利益并得到有效执行，保障现有机制能够更加有效地发挥作用。

贫困村灾后恢复重建工作中动力源的开发和培育可以从四个层面来分析：首先是中央层面的各部委。中央部委是贫困村灾后恢复重建工作中的主导力量，它直接决定了其部门及其下属机构在贫困村灾后恢复重建工作中的投入和工作态度。而对于其动员的最为有效的方式是基于国家和社会需要的行政方式和满足其部门利益的需求。其次是地方层面的各部门。地方层面的各部门是贫困村灾后恢复重建工作实施的主要力量，对于其动员和激励除了上级主管部门的工作任务布置外，还应设置合适的激励制度，以提高其工作的积极性。例如，在制度设计设置明确的奖励标准，对于出色完成工作任务的部门给予表扬、嘉奖或是一定的物质奖励。另外是贫困村。贫困村是贫困村灾后恢复重建工作在基层的协调者，同时它也是灾后恢复重建活动效果的载体。作为一个协调者，对于贫困村的动员和参与关系到各部门的工作是否能落到实处。作为一个载体，多部门实践的结果会影响到村庄参与重建工作的积极性。两种角色相互作用、相互影响。若村庄很好协调和配合多部门在村庄的恢复重建活动，那么村庄的恢复重建工作便能很好地落实和完成。而工作的良好落实和完成又将会为村庄的重建带来更多的资源，进一步推动贫困村的灾后重建工作。最后是村民/农户。村民/农户是贫困村灾后恢复重建工作的重要参与者，对于村民/农户的动员和激励直接关系到村庄重建工作的完成状况及村庄后续的发展。动员和激励村民/农户的手段主要有个人和村庄利益、意识提升等。

（三）搭建政府主导的多部门合作平台

从灾后恢复重建规划涉及的重建基础、空间布局、城乡住房、农村建设、公共服务、基础设施、产业重建、防灾减灾、生态环境、精神家园等诸领域中，表明灾后恢复重建工作需要各部门的合作，由多部门联手共同推进灾后恢复重建工作。多部门合作是贫困村灾后恢复重建工作的基础。若没有多部门紧密的合作，贫困村灾后恢复重建工作不可能取得成功。

贫困村灾后恢复重建已建立由政府、非政府组织、志愿者、村庄相互合作的多部门合作平台。在灾后恢复重建工作中，政府起到主导作用，中央要对地震灾区展开的灾后重建工作进行宏观指导，给予政策和资金的支持；地方各级人民政府是本地区灾后重建的责任主体，统筹自身财力，调整年度安排，组织好灾后恢复重建工作；灾后重建还充分发挥市场机制和社会援助的作用，政府、市场、社会合理的分工，从而形成新的制度安排更好地推进灾区各个方面的恢复重建。灾后贫困村恢复重建工作不断创新工作机制，多渠道开展救助救灾工作，初步建立起政府主导，部门配合，社会参与的社会救助体系，确保了贫困村灾后恢复重建工作的有序开展，有力地维护了社会的稳定。

（四）形成多部门合作框架

多部门合作框架是贫困村灾后恢复重建工作模式中对于合作内容的基本规定。贫困村灾后恢复重建工作多部门合作框架的基本内容由参与各方共同协商决定，其内容主要包括贫困村灾后恢复重建工作的目标体系、部门角色、工作内容、工作方式以及问题解决的具体方式。

1. 关于贫困村灾后恢复重建工作目标体系的规定

贫困村灾后恢复重建工作目标体系决定了贫困村灾后恢复重建工作发展的方向，是多部门合作框架中的重要要素。其工作目标体系由工作的总体目标和分解的具体目标组成。工作目标的设定对工作目标的完成、对参与人员积极性的提高、对合作平台整体性和一致性的提高等具有积极推进作用。这是因为：其一，工作目标体系明晰了各部门在贫困村灾后恢复重建工作应发挥作用的重点领域；其二，工作目标体系提高了参与贫困村灾后恢复重建工作的具体工作人员承担完成目标责任的主动性，为参与贫困村灾后恢复重建工作的各部门提供了动力；其三，工作目标体系提高了各部门参与贫困村灾后恢复重建工作的整体性和一致性，有效保证了贫困村灾后恢复重建工作目标的圆满实现。

2. 关于参与贫困村灾后恢复重建工作的各部门和组织角色的定位

对于贫困村灾后恢复重建工作中参与者的角色定位可以从两个层面来剖析，一是参与部门和组织的性质，二是各部门在贫困村灾后恢复重建中的具体事务。从参与部门的性质来说，贫困村灾后恢复重建工作的参与者不仅有政府部门，还有非政府组织，不同的部门和组织在贫困村灾后恢复重建工作中承担着不同的责任。政府的职责是制定政策，建立平台，社会动员，吸引社会组织和团体参与贫困村灾后恢复重建工作。而非政府组织所具有的组织性、民间性、自治性等特征使得社会组织和团体或非政府组织是政府工作的有效补充。这是因为，非政府组织与政府的目的是一致的，而且非政府组织还能及时发现政府往往容易忽视的角落。非政府组织对社会需求比较敏感，善于动员民众。政府和非政府组织之间存在着这种依据各自比较优势的分工，两者的合作可以使双方各自发挥自己的优势，扬长避短，达到一加一大于二的效果。从各部门在贫困村灾后恢复重建中的具体事务来说，各部门依据各自的优势、特点开展工作，积极配合其他部门的工作。

3. 对贫困村灾后恢复重建工作中各部门工作内容的规定

对于各部门工作内容的规定主要包括三个方面的内容：一是对各部门在贫困村灾后恢复重建中具体工作的规定，即开展哪些工作；二是明确各部门开展实践活动中在工作内容上的衔接；三是明确各部门实践活动中在工作时间上的衔接。

4. 关于实现贫困村灾后恢复重建的工作方法的规定

工作方法，即在贫困村灾后恢复重建工作中各部门借用何种工具、通过何种渠道，采用何种方式以完成工作目标。工作方法是保证贫困村灾后恢复重建工作目标达成的重要保证。

5. 对多部门参与贫困村灾后恢复重建工作中的问题解决方式的规定

贫困村灾后恢复重建工作的多部门合作框架是为了推动贫困村灾后恢复重建工作中多部门进一步深化合作，遵守合作有关规则而做出的一项制度安排，是贫困村灾后恢复重建进一步加强合作的客观需求和需要。

（五）整合多部门资源

贫困村灾后恢复重建工作多部门合作工作模式的形成离不开行政整合和契约整合两种整合方式。贫困村灾后恢复重建工作应将政府的行政手段和市场的契约手段两种方式相结合，在采用适当的行政措施的同时，充分发挥市场的优势，这样就可以最大限度发挥两者的优势，将更多、更优的部门纳入到贫困村灾后恢复重建的工作体系中。其中，通过市场运作可以吸引更多的资金、更优秀的人才、更好的组织参与到贫困村灾后恢复重建工作中，而通过政府的行政手段可以为各项工作的贯彻落实提供强有力的支持。

通过行政整合和契约整合相结合的方式是为实现两个方面的整合：首先是多部门利益的整合。利益整合是贫困村灾后恢复重建多部门的基本整合对象，其他整合对象都是基于此衍生而来。因此，需要就贫困村灾后恢复重建工作与参与各部门进行沟通协商，进而取得一致的认同，形成在共同利益的基础上形成贫困村灾后恢复重建工作的多部门合作平台；其次是基于利益整合的资源整合。资源整合包括用于贫困村灾后恢复重建工作的人力、物力、财力和信息与知识/技术资源。人力资源是指各部门参与到贫困村灾后恢复重建工作的工作人员的劳动能力，包括人所具有的脑力和体力。物力资源是指有效开展灾后恢复重建工作所需要的设施、材料等。财力资源是用于贫困村灾后恢复重建工作的资金。贫困村灾后恢复重建工作的经费在整个恢复重建工作中占据重要的位置，它直接关系到贫困村灾后恢复重建工作的成效，决定政策的落实程度。知识/技术资源包括两个方面，其一，与解决实际问题有关的软件方面的知识；其二，为解决这些实际问题而使用的设备、工具等硬件方面的知识。

（六）构建保障体系

贫困村灾后恢复重建工作的多部门合作现已初步建构了保障体系，其包括制度、资金和人才的保障三个方面。制度保障是为贫困村灾后恢复重建工作提供的一系列制度、政策、措施等方面的支持；资金保障是确保开展贫困村灾后恢复重建工作的各项资金，资金的渠道来源应该多元化，不能仅仅局限于政府部门的资助；人才保障是为促进贫困村灾后恢复重建工作的多行业的人才。

1. 贫困村灾后恢复重建工作的制度建设

包括四个方面：第一，多部门合作的制度。通过贫困村灾后恢复重建工作社会影响的宣传，进而影响政策的制定和设计，将多部门合作的工作模式形成一种工作制度。多部门合制度是多部门参与贫困村灾后恢复重建工作的依据。第二，部门责任制度。通过明确工作目标和责任建立贫困村灾后恢复重建工作的部门工作责任制度。该制度对各部门的工作目标、具体工作内容、工作责任予以规定。第三，工作督导制度。为提高多部门参与活动的规范性和质量，贫困村灾后恢复重建工作领导小组应组织专家定期对多部门参与活动进行督导。第四，考核评价制度。通过明确工作任务和工作效果来建立工作考核评价制度，实现对参与各部门工作的考评。

2. 要做好贫困村灾后恢复重建工作的资金保障

贫困村灾后恢复重建工作的资金保障制度包括两个方面的内容：一是保证灾后恢复重建工作顺利开展的资金保障；二是贫困村灾后恢复重建工作运行过程中保障资金的使用安全。

3. 要加强人才队伍建设

人才队伍建设主要包括两个方面的内容：第一，通过专题培训、多部门交流会、专家研讨会、考察学习等方式提升参与贫困村灾后恢复重建工作的工作人员的能力；第二，建立一支专家队伍，涉及地理学、地质学、灾害政治学、传播学、社会学、管理学、农学、心理学、环境资源学、工学等等各个领域，借助其强大技术优势推进多部门合作。

（七）建立沟通协调渠道

贫困村灾后恢复重建工作模式是一个由政府统一领导，多部门、多组织协作开展工作的模式。这个模式的优点是可以通过政府的行政手段，迅速形成社会参与的规模和气势，在较短的时间内产生社会影响和效果。但是，这一模式需要政府投入大量人力和资金，同时需要根据变化的情况不断完善各种协调政策。如果缺乏这些前提，就很容易出现部门和组织之间的协作障碍，从而影响贫困村灾后恢复重建工作的持续有效发展。

贫困村灾后恢复重建工作中已基本建立沟通协调渠道。沟通渠道以垂直流向为主，表现为各单位和部门直接对直属领导部门负责。这种沟通主要通过文件下达、工作布置等方式实现，下级完成上级下达的具体工作，同时负责执行、落实并上报给上级部门。横向沟通，即不同的部门与部门之间的沟通协调渠道还未形成，部门之间的协调与配合也主要在各自体系来实现。如汶川地震灾后恢复重建过程中，具体到市县一级各部门的工作，主要是按照当地政府的一个整体的部署及总体要求来实施。实现整体推进，各司其职，各负其责。

三、贫困村灾后重建的主要经验

贫困村灾后恢复重建工作通过积极大胆的探索，建立了社会各部门共同参与灾后恢复重建的工作模式，各部门在合作平台上共同参与项目的设计与实施，取得了良好的效果。

（一）建立合作平台，探索长效合作的机制

在灾后贫困村恢复重建过程中，UNDP 联合国家各部委开展了灾后贫困村恢复重建项目，在这个项目中，国务院扶贫办、UNDP 和商务部组织、协调各部委参与灾后贫困村恢复重建工作，建立了多部门合作平台，形成了一种非常态的工作机制。为了灾后贫困村恢复重建工作的顺利开展，多部门合作中各部委或多或少地放弃了自己的部门利益，实现了灾后贫困村恢复重建工作的利益整合。而且从灾后贫困村恢复重建工作来看，从项目的论证设计到项目的实施运营整个过程，各部委全程参与，进行了广泛积极的交流沟通，相互了解彼此的工作计划和内容，分享项目成果。这些对于我们探讨常态下多部门合作参与有所助益。

在各部门共同推进灾后贫困村恢复重建工作的过程中，多部门合作的工作机制不仅为灾后贫困村恢复重建工作提供了巨大的帮助，为灾区的人民恢复生产生活、发展生计提供帮助，同时在这样一种跨部门的合作中，参与各部门在项目的设计实施中获益颇丰。

近年来，中国经常面临各种灾害的威胁，在国家进行各类救灾扶贫的过程中，都需要有多部门的参与，在进行扶贫救灾的实践中，多部门合作是一种非常有益的尝试。在灾后贫困村恢复重建工作开展之前，各部门间缺乏合作交流渠道，在项目实施上采用的是分部门的管理方式，各部门只负责自己管辖范围内的事情，每一个部门只负责一类或几类项目，项目之间很少能相互协调，从而影响了救灾扶贫投资的效率，而在多部门合作平台下，各部门共同参与，在统一协调的基础上开展灾后贫困村恢复重建工作，并能够促进本部门的工作与其他部门工作的相互补充。相信在以后的救灾扶贫工作中，这种有益的探索能够为长效的多部门合作机制的形成提供借鉴。

（二）更新工作理念和方法，创新工作方式

各部门在实际参与 UNDP 项目的过程中，UNDP 开展项目的工作理念和方法与多部门合作的工作机制为政府部门工作的开展提供了新思路和模式。灾后贫困村恢复重建工作的基本流程是：首先，进行前期调查。通过联合各部委下到村里面，实地了解贫困村的真正需求。其次，在了解到村里和村民的需求后进行项目的规划设计和论证，在此过程中，各部门根据村民的需求开展相应的工作；在实施的过程中，根据实际情况的变化进行适当的调整；同时及时地进行跟踪监测和评估，以保证后续项目的顺利推进。

在灾后贫困村恢复重建的过程中，首先，强调将救灾和扶贫联系起来，将国际先进的理念带入到项目实施；其次，注重培养村民防灾救灾的思想意识，关注培养村民自我发展的能力，强调从住房、养殖、种植、环保、心理等多方面、多角度给予村民指导，充分发挥多部门联合支援的综合优势。其次，强调项目实施的持续性，不断进行后续资源、资金和技术的跟进，关注项目的实施进程、监测及效果的评估，真正建立起贫困村的自我"造血"功能。在开展灾后贫困村恢复重建的过程中，通过召开联合会议，制定目标任务，形成分工有序、管理有效的多元项目管理体系，各部门的功能作用得到最大程度的发挥。

灾后贫困村恢复重建项目对于参与其中的许多部门来说，其项目实施的理念及开展的方式及做法将影响到各部门今后政策的制定、规划和工作的开展。如在科技部官员看来，灾后贫困村恢复重建工作是为了解决民生问题，通过科技支援帮助灾区恢复生产发展，而多部门合作工作机制在这方面的优

势是毋庸置疑的。

通过 UNDP 与中国政府的合作，UNDP 的项目工作开展的理念和方法也对政府部门产生了积极影响，在一定程度上影响了国家政策的改进和完善。

灾后贫困村恢复重建工作的多部门合作工作机制和模式，充分发挥了各部门的优势，解决了灾后贫困村恢复重建工作中的诸多问题，壮大和激发了更多的部门和团体的参与，这既是加快贫困村灾后恢复重建进程的需要，也是社会发展的需要。在此过程中，政府部门的工作理念和方法因受影响而得到改进。分工有序、管理有效、稳步推进的多部门合作平台，最大程度地发挥了各部门和组织在恢复重建工作中的地位与功能，广泛调动力量参与灾后重建，从而确保了贫困村恢复重建工作的有序开展。

（三）下移工作重心，探索和总结恢复重建的模式和经验

灾后贫困村的恢复重建是整个灾区长期恢复重建的基础和重要的内容。在震后救灾的过程中，包括汶川地震和玉树地震，所有大的工程设施、公共事业，这种恢复和重建是不需要担心的，也是无需质疑的。但是对于贫困村，落后群体，落后地区这些特殊人群的恢复重建却有很多的空间，需要开展各种试验和探索，以完善国家政策，改进工作，提高工作效率。

灾后贫困村恢复重建工作采取基层化的倾向。灾后农村社区重建多元而复杂，受灾农户家庭中，有可能是因灾失去住房、或找不到工作等经济问题，也可能是因灾失去亲人朋友、或自己就因灾致残等健康和心理问题。

因此，不同情况需要来自不同领域的帮助，通过多部门的合作能满足灾后农村社区重建众多的需求，也能满足广大受灾群众的自救和互助的需要。深入基层能全方位了解灾后农村社区，近距离接触受灾群众，了解灾后农村社区重建的现实需求，满足受灾群众生产发展、心理救助、社区重建等实际需要，有利于灾后农村社区重建工作的顺利开展。

在贫困村的灾后恢复重建工作中，各部门根据项目的实施计划和安排，针对不同领域开展了相应的活动。民政部救灾司和国家减灾中心的工作主要包括：通过前期的调研，摸清实际情况，把受灾地区相关的人员接到北京，对他们进行防灾减灾的培训，同他们一起做一个社区层次的应急预案，在制定这些预案后，再通过演练等实际操作，另外还帮助贫困村发展产业，对弱势群体进行帮扶，开展心理援助活动。住建部开展了贫困村示范工程建设，

对于灾后房屋的规划建设给予指导。环保部主要开展了三方面的工作：一是实施了二十多个村的环保规划和六个示范村的环境优先功能规划；二是六个示范村的环境设施建设；三是通过实施项目而总结出来的贫困村环境保护守则。妇联也参与了灾后的评估，开展了对弱势群体的帮扶救助活动。

不仅仅是项目本身取得了巨大成功，从整个贫困村灾后重建，从各部门系统来看，都取得了很大的成效，获得了丰富的经验，把这些经验总结后用以指导其他地区的灾害管理，用以防灾减灾，灾后重建，其意义是十分明显的。

在一个村的范围内根据需要同时实施多种类型的扶贫项目，使项目之间能够相互配合，获得最大扶贫效率；制定整体的村级规划和把分散在各部门的扶贫资源整合起来；村级项目规划是在参与式的基础上制定的，由村民、村干部和技术人员共同完成。在村级规划的基础上，对每个部门进行了明确的责任分工，解决了单个部门开展项目带来的问题。如此工作方式对整村的综合性扶贫效果是显著的，效果大大高于单项扶贫措施，相信这些经验能够对于以后的救灾扶贫工作有帮助。

（四）增强交流合作，促进国际经验和中国实践的结合

在灾后贫困村恢复重建工作中，UNDP 作为国际机构与中国政府各部门的合作很大程度上促进了国际救灾扶贫经验和中国经验的交流。国际和双边发展机构在不同程度上参与了农村救灾扶贫行动，并在多方面作出了自己的贡献。国际机构参与中国的扶贫不仅给中国带来了资金，更重要的是促进了中国扶贫工作在理念、方式和管理模式上的创新。总体而言，国际机构的救灾与灾后重建工作有更严格的管理程序，有更高的效率、更有效的监督和评估机制。

作为国际机构，UNDP 拥有完善的国际经验网络，拥有丰富的资源和专业的技能。当需要一些外部支持的时候，UNDP 可以把相关的经验介绍到中国，也把中国的经验介绍到国际社会。它起到一个平台和桥梁的作用，提高了中国灾后贫困村恢复重建规划和实施工作的质量，积极影响和改善中国政府地震后恢复和重建计划的执行。具体到贫困村灾后恢复重建的项目，UN-DP 依据其国际视野优势总结世界各地的经验，在通过和中国具体情况相结合的背景下，联合各部委开展项目活动，充分利用各部委在相关领域的工作

经验，共同推进贫困村灾后恢复重建，总结经验教训，探索发掘新的机制和模式。这些经验和知识将有助于我们在全球更好地减贫防灾。

在项目的实施中，强调国际经验和中国经验的提炼和结合。从这一点来讲，像以工代赈、互助基金，也包括一些防灾减灾等方面都体现了，这种结合就是一种创新。比如各种经验在具体某个村的应用，通过经验与实际相结合，能得到新的东西。不论是成功还是失败，对于救灾工作的长久发展是有益的、有借鉴的。

国际经验和中国经验的交流结合对于地震灾区农村的恢复重建来说有巨大的作用，能更好地在多方面促进贫困村的脱贫发展，同时在项目开展过程中总结的经验教训对于国际扶贫救灾经验的完善和中国扶贫经验的丰富都有巨大的意义。

第一章

评估背景、目标和方法

一、评 估 背 景

汶川特大地震过去已经两年多了，按照"三年重建任务两年基本完成"的要求，到 2010 年 9 月底，两年的重建时限就将到达。在近两年的恢复重建过程中，党和国家快速反应、缜密部署，社会各界积极参与、倾力协作，灾区人民艰苦奋斗、自强不息，灾后恢复重建按照规划稳步推进，各类重建项目顺利完成。

近两年的灾后恢复重建工作既取得了举世瞩目的成绩，同时也存在一些问题需要去总结。因此，在两年灾后恢复重建期即将结束之际，对灾后恢复重建的整个过程进行梳理，对恢复重建的效果进行评估，对恢复重建的经验和教训进行总结，具有重要的理论和现实意义。通过这种及时、全面、系统的回顾、评估和总结，一方面可以了解国家制定的灾后恢复重建总体规划的实施效果及存在问题，为地震灾区今后的全面恢复和长远发展提供政策建议；另一方面也可以从中总结出我国开展灾后恢复重建的成功经验，为全球范围内的灾害风险管理提供借鉴示范。

2008 年 10 月，国务院扶贫办、商务部和联合国开发计划署（UNDP）签署了"中国四川地震灾后重建暨灾害风险管理计划"，UNDP 承诺资助 350 万美元并 200 万加元支持国务院扶贫办负责组织的贫困村灾后恢复重建。除了国务院扶贫办外，商务部、民政部、住房与城乡建设部、科学技术部、环保部等政府部门，中华全国妇女联合会及其他国际多双边机构、民间组织、企业单位、科研机构也以不同形式参与到项目中来。

2009 年 2 ~ 4 月，华中师范大学社会学院受国务院扶贫办贫困村灾后恢复重建工作办公室（以下简称"国务院扶贫办灾后重建办"）、UNDP 的委托，承担了该项目资助的汶川地震年度系列评估课题，通过大规模的问卷调查和实地研究，收集了大量的数据和资料，并形成了 10 余万字的评估报告。本次综合评估是 UNDP"汶川地震灾后重建暨灾害风险管理计划"的结果之一，也是上年"汶川地震贫困村恢复重建试点效果评估"的延续。

二、评 估 目 标

值此恢复重建两周年即将到期之际，本研究所开展的"汶川地震灾后重建暨灾害风险管理计划"综合评估，将充分利用灾后重建年度评估的数据资料和结果，通过比较一周年和两周年的评估数据、结果，评估国务院扶贫办、UNDP 联合实施的 19 个试点贫困村恢复重建的成效；同时通过综合已有的和最新的调查数据资料，对汶川地震试点贫困村恢复重建两周年的总体重建效果进行评估，并总结贫困村恢复重建的运行机制和模式；以此为基础，就贫困村早期恢复重建完成后如何开展长期重建提出建议。

基于上述总体目标，本项目以汶川地震灾后贫困村恢复重建第一批试点为对象，以评估效果、总结经验、发现不足、提出建议为出发点，以充分的调查数据、资料为依据，对 UNDP 支持的试点贫困村灾后恢复重建工作进行全面评估。

具体来说，本次评估要达到的四个基本目标是：

◇ 评估 UNDP 项目的基本效果及影响；

◇ 探讨 UNDP 参与灾后重建的运行模式；

◇ 提出灾区由早期重建到长期恢复的机制及可持续生计发展的对策建议；

◇ 总结多部门合作经验，提炼可用于国际交流的灾害风险管理模式。

三、评 估 方 法

（一）研究思路

本次调查评估项目将采取定量和定性相结合的方式进行。

在定量方面，为保证与年度评估调查研究的延续性，调查将继续在国务院扶贫办确定的第一批 19 个恢复重建试点贫困村中开展。根据国务院扶贫办灾后重建办及相关专家的意见，本项目研究在这 19 个村中选取 8 个村进行抽样调查，具体选取的村庄为：四川省绵阳市游仙区白蝉乡陡嘴子村、四川省德阳市中江县集凤镇云梯村、四川省德阳市旌阳区柏隆镇清和村、四川省广元市利州区三堆镇马口村、甘肃省陇南市武都区汉林乡唐坪村、甘肃省陇南市文县中庙乡肖家坝村、陕西省汉中市略阳县马蹄湾乡马蹄湾村、陕西省汉中市宁强县广坪镇骆家嘴村。在选取的 8 个村中采取以入户问卷调查为主的方式收集农户抽样调查数据，并结合这些村已有的其他调查数据，深入评估试点村恢复重建的总体状况，阐述试点村恢复重建工作所取得的成就及面临的挑战，揭示试点工作的价值。

定性方面，本研究将以不同层次的汶川地震灾后贫困村恢复重建参与主体为调查对象，运用以座谈、访谈为主的调查方法收集定性资料，结合对相关政策文本及具体实施过程的认识和分析，探讨试点贫困村恢复重建的运行机制和模式。

最终以定量和定性数据的评估结论为依据，总结试点贫困村灾后恢复重建工作的基本经验，归纳试点贫困村恢复重建的运行机制和模式，提出后重建时期贫困村长期恢复和发展的相关政策建议，提炼我国在灾害风险管理方面的可供国际交流的做法和经验。

（二）评估技术路线

根据综合评估的基本思路，本次调研活动的基本技术路线如图1所示。

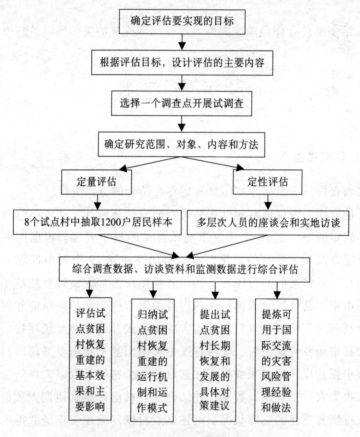

图1　综合评估技术路线

（三）具体方法和手段

1. 问卷调查

设计结构式问卷，对选取的 8 个灾后重建试点贫困村，运用简单随机抽样方法在每个村中抽取若干个村民小组①，在这几个村民小组内逐户进行入户问卷调查。根据预定的 1200 份样本量，按照等比例原则，平均每个村调查约 30% 的农户家庭，具体到每个村的样本量及最终回收的有效样本量如表 1-1 所示。调查员入户调查时，户内抽样基本按照生日法（Last Birthday）来实现，即选取家庭成员中生日距离调查当日最接近（既包括调查当日之前，也包括之后）的人为调查对象。② 实际调查入户 1200 户，经审核甄别回收有效问卷 1143 份，有效率 95.3%，农户样本基本情况如表 1-2 所示，其与 2009 年的年度评估相似度极高。

表 1-1　　　　　　　　　　　调查地点及样本分布

	总户数	预计样本量	有效样本量	占总样本%
德阳市中江县集凤镇云梯村	524	170	142	12.4
德阳市旌阳区柏隆镇清和村	1254	420	401	35.1
绵阳市游仙区白蝉乡陡嘴子村	239	80	80	7.0
广元市利州区三堆镇马口村	210	70	70	6.1
陇南市武都区汉林乡唐坪村	515	170	169	14.8
陇南市文县中庙乡肖家坝村	226	75	67	5.9
汉中市略阳县马蹄湾乡马蹄湾村	205	70	71	6.2
汉中市宁强县广坪镇骆家嘴村	434	145	143	12.5
合　　计	3607	1200	1143	100.0

2. 座谈会

主要是在省、市（县）、乡镇、村等不同层次中组织座谈会，听取相关人员的工作介绍，了解灾后恢复重建的运行机制，发掘灾后恢复重建的成功

---

① 具体一个村内组/社的抽取方法是：（1）调查员到达一个行政村时，搞清楚该村有多少人，分几个组（社），每个组（社）有多少户，计算出平均每个组有多少户（用 K 表示）。（2）用下表中的样本量 M 除以 K，即得到在该村需要调查的组（社）数 M/K。（3）运用简单随机抽样方法（可在每张纸条上写一个组名，用抓阄的方法抽取），抽取 M/K 组，对被抽取的组逐户进行调查，直至满足该村样本量。

② 这种方法所基于的原理有三：第一，据人口学家的研究，人的出生日是个随机事件，所以按最近生日抽样，其结果是一个随机样本。第二，家庭成员的生日是家中的大事，所以不管入户首先撞见谁，对方都能准确地告诉你谁的生日最近。第三，年龄是个敏感问题，但生日则不是。

表 1 - 2　　　　　　　　　　农户样本基本情况

		频次	百分比
性别	男	642	56.2
	女	501	43.8
民族	汉族	1123	98.3
	少数民族	20	1.7
是否户主	是	668	58.4
	否	475	41.6
是否村组干部	是	48	4.2
	否	1095	95.8
是否党员	是	84	7.3
	否	1059	92.7
重建类型	重建户	897	78.5
	维修户	246	21.5
平均年龄		48.8 岁	
平均受教育年限		5.0 年	
家庭平均人口数		4.12 人	

经验、存在问题和教训，获取定性资料。本次调研，四个调查小组在三个省总共召开了不同层次座谈会近 20 次，听取了所涉及的 8 个县区、乡镇即村庄灾后重建的基本情况汇报。

3. 深度访谈

采用半结构式访谈，根据研究目标的需要和访谈对象的特点，列出与研究主题相关的若干开放式问题，然后与访谈对象进行无选项设定的面谈，并适时对访谈主题作出调整。具体的访谈对象从中央到地方的各级灾后恢复重建的参与主体，包括国务院扶贫办灾后重建办、中央相关部委及社会组织的人员、省级扶贫办和灾后重建机构人员、县级扶贫办和相关部门人员、村干部、村民代表。具体来说，各层次的访谈对象及数量如下：

在中央及社会组织灾后恢复重建的参与者层面，选取国务院扶贫办分管灾后重建工作官员 2~3 人，UNDP 灾后重建办公室 1~2 人，民政部（救灾司）、环境保护部、住房和城乡建设部、科学技术部（农业技术开发中心）以及全国妇联、中国法学会、国际行动援助等分管灾后重建工作的官员各

1~2人。

在省（市/县）级灾后恢复重建的参与者层面，选取每个省（市、县）扶贫办官员2~3人，民政、环境保护、住房和城乡建设、科学技术、妇联等部门参与灾后重建工作的官员各1~2人，UNDP绵阳办公室1~2人。

在镇（乡/村）级灾后恢复重建的参与者层面，选取每个村的村支书、村主任以及村民代表3~5人。

4. 文献分析

在调研和评估工作中，注意收集、整理与分析和本项目有关的国家法律、法规和政策，试点村所在省市等出台的规范性文件，相关统计资料和档案文献以及国内外相关研究成果。以这些资料和成果为对照或参考，丰富本项目研究的资料和视角。

5. 实地观察

在实地调查的过程中，运用非参与式观察方法，获取感性认识及收集定性资料，用作定量资料的补充。各调研小组通过深入现场、深入农户家庭，获得了很多体验和感受，同时还留下了许多图片资料。

试点贫困村灾后恢复重建效果评估

一、指标体系

　　UNDP 参与的第一批试点贫困村恢复重建是根据《汶川地震贫困村灾后恢复重建总体规划》（以下简称《总体规划》）来设计恢复重建项目内容的，考察试点重建近两年的基本效果，将主要按照《总体规划》中的基本项目内容来设计调查指标体系，同时还涉及与 UNDP 项目建设内容及整合的部门活动相关的指标。试点重建的核心指标体系如表 2-1 所示。

表 2 – 1　　　　　　　　　　　　评估指标体系

评估内容	一级指标	二级指标
需求满足程度	➢ 住房	• 重建：形式、进度、质量、便利性、安全性 • 维修：进度
	➢ 公共服务	• 学校 • 卫生室 • 活动室 • 便民商店
	➢ 基础设施	• 村内道路 • 灌溉设施 • 饮水设施 • 基本农田 • 可再生能源 • 入户供电设施
	➢ 生产发展	• 村级互助资金 • 生产启动资金
	➢ 能力建设	• 农业实用技术培训 • 劳务转移培训
	➢ 环境改善	• 村内环境"五改三建"
	➢ 心理与法律援助	• 心理援助：满意度、当前需求 • 法律援助：满意度、当前需求
重建执行过程	➢ 及时性	• 救援及重建及时性
	➢ 合理性	• 规划合理性、规划与农户意愿的相符性
	➢ 协调性	• 政府部门协调性、政府与社会组织协调性
	➢ 公平性	• 资源分配的公平性
	➢ 益贫性	• 恢复重建是否照顾贫困户
生计及阻碍因素	➢ 生计来源与支出	• 2009 年家庭收入、支出状况
	➢ 负债状况	• 目前家庭不同渠道借款状况
	➢ 生活、生产现状	• 生活、生产恢复程度
	➢ 生活、生产困难	• 目前主要困难
UNDP 项目建设	➢ UNDP 建设内容	• 对作为试点村的看法
	➢ 多部门建设内容	• 对 UNDP 项目整合的多部门活动的评价

二、数据分析

（一）需求满足程度

1. 住房

灾后重建一个最重要的内容就是住房重建和维修，本次调研所抽取的 8 个试点贫困村基本是受灾程度比较重的村庄，总体的住房重建率高达 77.6%，有些村几乎是完全重建（见表 2–2）。问卷调查的 1143 户样本中 78.5% 的是重建户，21.5% 的是维修户。

表 2–2　　　　　　　　　　样本村的住房重建需求

省份	村庄	总户数	重建户数	重建百分比
四川	德阳市中江县集凤镇云梯村	524	149	28.4
	德阳市旌阳区柏隆镇清和村	1254	1216	97.0
	绵阳市游仙区白蝉乡陡嘴子村	239	140	58.6
	广元市利州区三堆镇马口村	210	154	73.3
甘肃	陇南市武都区汉林乡唐坪村	515	512	99.4
	陇南市文县中庙乡肖家坝村	226	208	92.0
陕西	汉中市略阳县马蹄湾乡马蹄湾村	205	92	44.9
	汉中市宁强县广坪镇骆家嘴村	434	329	75.8
合计	8	3607	2800	77.6

（1）重建。本次调查的 897 户重建户重建形式主要有三种：村里集中选址重建，即集中安置，占 50.3%；自行另外选址重建，占 16.8%；原址重建，占 33.0%。重建住房的方式主要体现为两种，即自行建设和统一建设，其中自建户占 54.4%，统一建设的户数占 35.6%。

从住房建设进度来看，截至目前，897 重建户中的 93%（833 户）已经入住新房，住房已重建好但暂时未入住的占 3.7%（42 户），正在建设的占 1.7%（19 户），而未启动建房的仅有 3 户。如果将本次调研数据与 2009 年 4 月开展的年度评估数据作比较，可以发现在住房重建方面，一年多来还是取得了不小的进展，具体如图 2–1 所示。但是，需要指出的是，在调查中我们也发现有些村中存在这种现象：农户在地震中的房子已经倒塌或存在重大安全隐患不能居住，但因种种原因未能被纳入重建。因此，他们也未被纳入到本次调查的重建户对象之中，但是他们当前的住房重建需求非常强烈，相应地抱怨也较多。

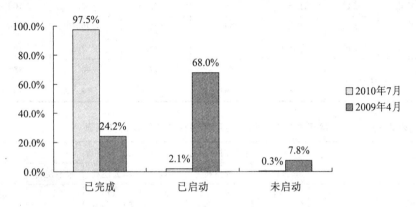

图 2 - 1　2009 年、2010 年住房重建进度比较

从住房建设质量来看，由于灾后住房重建得到了相关部门的技术指导和监督，61.9% 的村民认为重建房的质量很好。当然，这其中，农户对住房质量的看法受到不同的建房形式的影响，具体表现为，住在自行建设的住房的农户比住在村里统一建设的住房中的农户更认同重建房的高质量。从表 2 - 3 可以发现，自建住房的农户认为住房质量很好的比例比统建住房的农户要高 7 个百分点，卡方检验验证了建房形式对农户主观质量判定的影响具有显著性（P < 0.001）。当然，需要指出的是，对建房质量的看法是农户自身的主观判断，尽管其能够反映一些信息，并不能一定证明集中安置点统一建设的住房质量一定比农户自己建设的住房差，相信自己亲自建设的住房比他人建设的住房质量更好，这与人的心理效应有一定关联。

从住房的生活便利性来看，涉及农户住房建设好后，是否能够满足基本生活需要、生活配套设施是否完善等问题。79.1% 的农户表示非常便利或比较便利，表示不太便利和很不便利的仅有 7.6%。进一步考察建房形式与住房生活便利性之间的关系，可以发现，自行建设住房的农户认为住房的生活便利性好的占 74.7%，而统一建设住房的农户认为住房的生活便利性好的占 84.3%，两者相差近 10 个百分点（见表 2 - 4 及图 2 - 2）。主要原因是集中安置点的住房建设规划相对完善，保障措施、配套设施、技术规格、施工要

表2-3　　　　　　　建房形式对住房质量的看法交互表

			农户对住房质量的看法			合计
			质量很好	质量一般	质量不好	
建房形式	自行建设	频次	311	156	11	478
		百分比	65.1	32.6	2.3	100.0
	统一建设	频次	236	141	29	406
		百分比	58.1	34.7	7.1	100.0
合计		频次	547	297	40	884
		百分比	61.9	33.6	4.5	100.0

表2-4　　　　　建房形式对住房与生活便利性的总体评价交互表

			农户对住房与生活便利性的总体评价					合计
			非常便利	比较便利	一般	不太便利	很不便利	
建房形式	自行建设	频次	73	288	69	47	6	483
		百分比	15.1	59.6	14.3	9.7	1.2	100.0
	统一建设	频次	91	252	49	12	3	407
		百分比	22.4	61.9	12.0	2.9	0.7	100.0
合计		频次	164	540	118	59	9	890
		百分比	18.4	60.7	13.3	6.6	1.0	100.0

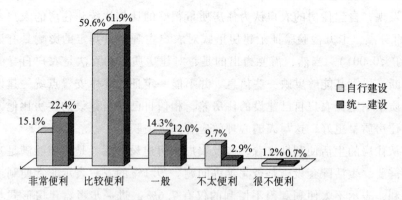

图2-2　建房形式对住房与生活便利性的总体评价的比较

求一般都有硬性规定，这些规定对提高住房的生活便利性发挥了积极作用。而相反，农户自行建设的住房具有相对的随意性，受到土地、经济、人力等多方面条件的限制，很多农户的配套设施未能修建或没有作用。在访谈中，课题组发现，有的农户厨房未修只能在简易棚屋中做饭，有些农户家庭没有修建厕所，有的农户住房边的水沟未修下雨时不方便，有的农户家庭修建了沼气池，但是因为没有建圈舍不能养殖牲畜从而无法生产沼气。

从住房的生产便利性来看，主要涉及新建住房对于农户开展生产经营是否便利，如离生产地点是否较远、住房附近的生产圈舍等生产设施是否配套等。调查数据表明，约3/4的农户认为新建的住房在生产上具有便利性，而认为不便利的仅占1/8。同样，如果进一步考察建房形式与住房生产便利性的关系，可以发现，自行建设住房的农户认为住房的生活便利性好的占71.7%，而统一建设住房的农户认为住房的生活便利性好的占78.6%，两者相差近7个百分点（见表2-5）。究其原因，同样也不外乎上述考察住房生活便利性时提及的各种因素，即集中安置点的选择往往在规划时就考虑到了生产方面的便利性，加之土地集中供应更有保障、施工设计相对更为严格，因此一定程度上提高了生产的便利性。这可以从考察重建形式与住房生产便利性的关系得到进一步的印证，在集中安置重建的农户中有80.5%的认为住房具有生产上的便利性，而自行选址重建的农户中这一比例仅为63.8%（参见图2-3）。

表2-5　　　　建房形式对住房与生产便利性的总体评价交互表

			农户对住房与生产便利性的总体评价					合计
			非常便利	比较便利	一般	不太便利	很不便利	
建房形式	自行建设	频次	72	268	66	58	10	474
		百分比	15.2	56.5	13.9	12.2	2.1	100.0
	统一建设	频次	89	231	45	35	7	407
		百分比	21.9	56.8	11.1	8.6	1.7	100.0
合计		频次	161	499	111	93	17	881
		百分比	18.3	56.6	12.6	10.6	1.9	100.0

而那些认为住房的生产便利性相对较差的农户，不少是原先居住的山上的农民，现在因原址不适宜居住，就只能另行择址重建住房，因而离生产地较远。访谈中，有村民反映，从山上搬到马路边后，山上的地因为野猪的问题就没法种了，彰显出生态保护与灾后重建间的矛盾。

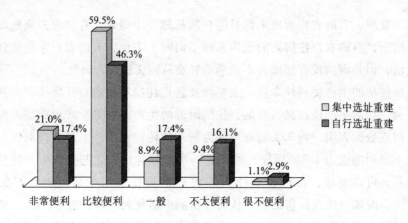

图 2 - 3　重建形式对住房与生产便利性的总体评价的比较

　　现在这个野猪啊也厉害得很。……而且政府还不让你打，说是生态保护。前不久青木川有个人打了个野猪，一个小野猪，被举报了。罚了 3000块钱。……现在家里能出去的就出去打工去了。庄稼没有种，野猪又吃，投资又高。不出去的在家种地，现在地又没法种（PGGA - 107 - 37①）。

　　从住房的安全性来看，相比地震前的房子，85% 的农户表示现在的新房子非常安全（见图 2 - 4）。进一步地交叉分析表明，农户对住房安全性的评价在不同重建形式和建房形式下的差别均不显著。

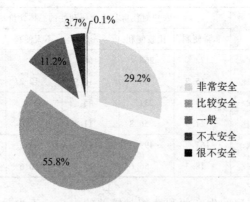

图 2 - 4　农户对住房安全性的评价

　　（2）维修。在本次调研中，共有 246 个维修户样本。在住房维修上，问卷调查主要考察了维修进度问题。72.4% 的农户（178 户）表示其维修工作

_____

① 指调查问卷的编号。

已经完成，另外 27.6% 的农户（68 户）则表示维修工作未完成。

这一数据与 2009 年 4 月调查时 42.1% 的农户未完成维修相比似乎有较大进步，但令人费解的是，为什么地震两年多后仍然有这么多的农户住房维修未完成？这其中，与农户主观的看法有很大关系。访谈中发现，一些维修户认为他们应该被纳入到重建户之中，因为住房的损坏也比较大，诸如墙壁裂缝的损坏状况如果要完全修复需要不少资金，而国家补贴的维修资金又无法实现完全修复的需求，因此很多农户只是用水泥或泥巴将裂缝填充起来。在他们看来，这种由于国家维修补贴无法满足维修需要而导致住房未能完全修复的情况，便是维修未完成的表现。这种现象一定程度上反映了在农户受灾类型识别认定上的某种偏差，当然，不同农户家庭的特殊情况也需要具体分析，不能一概而论。

2. 公共服务

在《总体规划》中，公共服务涉及到四个基本内容：村小学校、村卫生室、村活动室和便民商店。[①] 本次调查中，问卷主要考察了农户对这四个项目的满意度，调查表明，大多数村民对村内公共服务设施的重建比较满意，总体满意程度与 2009 年 4 月开展的年度评估相比均有所提升，但是"非常满意"的比例无一例外地有所下降，一定程度上表明村民对享受公共服务的高期望并未被完全满足。在公共服务方面，两次评估的村民的满意度得分[②]的比较见图 2 - 5，可以发现四方面都有小幅提升，其中小学校和卫生室的满意度得分提升稍高。

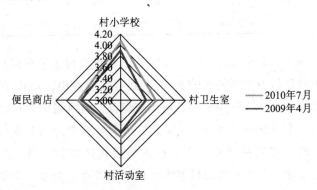

图 2 - 5　2009 年、2010 年农户对公共服务设施恢复重建的满意度得分比较

————————————

① 在这四个方面，问卷调查时先向农户询问这些项目是否重建，再问农户对其重建的满意度。
② 按照从"非常满意～很不满意"的五个等分，分别赋值"5～1"分，经过加权计算满意度变量的得分。下面的其他变量的满意度得分的计算方法以此类推。

（1）村小学校。1143 份样本中，235 人表示没有村小学或村小学不需重建①，而不清楚村小学校情况的 94 人。在有效应答中，26.5% 的人表示对村小学重建非常满意，57.6% 的表示比较满意，两项相加为 84.2%；而表示不太满意和很不满意的比例较低，仅为 2.8%。这一数据真实反映了灾后重建中政府在公共服务方面所开展的切实工作，也与调研组在灾区实地调查看到的情况完全一致，很多灾区贫困村的村民都反映小学校现在成了当地最漂亮、最安全的房子。

如果与 2009 年的年度评估做比较，可以发现村民对村小学校重建的总体满意程度提高了 13.2 个百分点，相应地不满意比例下降了 9.2 个百分点（见表 2-6）。如果进一步计算村民对小学校重建的满意度得分，可以发现其分值为 4.07 分，相比 2009 年 4 月份年度评估的 3.90 分，提高了 0.17 分。

表 2-6　　2009 年、2010 年农户对村小学校恢复重建的满意度比较

	2010 年 7 月数据			2009 年 4 月数据		
	频次	百分比	累积百分比	频次	百分比	累积百分比
非常满意	216	26.5	18.9	323	34.1	34.1
比较满意	469	57.6	84.2	348	36.8	71.0
一般	106	13.0	97.2	161	17.0	88.0
不太满意	20	2.5	99.6	90	9.5	97.5
很不满意	3	0.4	100.0	24	2.5	100.0
合计	814	100.0		946	100.0	

（2）村卫生室。1143 份样本中，218 人表示没有村卫生室或村卫生室不需重建，而不清楚村卫生室情况的 85 人。在有效应答中，9.6% 的人表示对村卫生室重建非常满意，54.0% 的表示比较满意，两项相加为 63.7%；而表示不太满意和很不满意的比例为 7.0%。村民满意度的提高与灾后重建公共服务设施方面的重建项目逐步完工、投入使用直接相关。但是在实地调研中，课题组也发现，有些地方的村卫生室修得很漂亮，但是一直紧闭大门未投入使用。

---

① 就村小学校而言，考虑到目前很多农村基础教育网点调整，很多村小学生源缺乏、师资薄弱而被撤销，在考察村小学这一指标时，如果存在村小学就调查村民对村小学恢复重建的满意度，如果没有村小学则调查了解乡镇小学的情况。

村里有卫生室，好像是红十字会援建的，就在马路边边上，修得漂亮哦！……没有在里面看过病，好像一直没开张，小病就挺过去，要不就到镇上去（PGGA - 107 - 36）。

与2009年的年度评估进行比较，可以发现村民对村卫生室重建的总体满意程度提高了6.6个百分点，相应地不满意比例下降了12.9个百分点（见表2 - 7）。进一步计算其满意度得分为3.65分，相比2009年4月份年度评估的3.47分，提高了0.18分。

表 2 - 7   2009 年、2010 年农户对村卫生室恢复重建的满意度比较

	2010 年 7 月数据			2009 年 4 月数据		
	频次	百分比	累积百分比	频次	百分比	累积百分比
非常满意	81	9.6	9.6	106	15.0	15.0
比较满意	454	54.0	63.7	298	42.1	57.1
一般	246	29.3	93.0	163	23.0	80.1
不太满意	52	6.2	99.2	105	14.8	94.9
很不满意	7	0.8	100.0	36	5.1	100.0
合计	840	100.0		708	100.0	

（3）村活动室。1143 份样本中，405 人表示没有村活动室或村活动室不需重建，而不清楚村活动室情况的153 人。在有效应答中，10.9%的人表示对村活动室重建非常满意，53.3%的表示比较满意，两项相加为64.3%；而表示不太满意和很不满意的比例为7.4%（见表2 - 8）。村活动室由于得到专项资金的支援，在试点贫困村中都有相应的规划，多数已经投入使用。但是实地调查中有些村民反映，村活动室只不过是村里干部的办公场所，村民根本没有文化、娱乐等活动场所；或者这些活动场所只是一个摆设，没有发挥实际作用。

表 2 - 8   2009 年、2010 年农户对村活动室恢复重建的满意度比较

	2010 年 7 月数据			2009 年 4 月数据		
	频次	百分比	累积百分比	频次	百分比	累积百分比
非常满意	64	10.9	10.9	56	21.2	21.2
比较满意	312	53.3	64.3	89	33.7	54.9
一般	166	28.4	92.6	82	31.1	86.0
不太满意	38	6.5	99.1	26	9.8	95.8
很不满意	5	0.9	100.0	11	4.2	100.0
合计	585	100.0		264	100.0	

与 2009 年的年度评估进行比较,可以发现村民对村活动室重建的总体满意程度提高了 9.4 个百分点,相应地不满意比例下降了 6.6 个百分点。进一步计算村民对村活动室重建的满意度得分为 3.67 分,相比 2009 年 4 月份年度评估的 3.58 分,几无差别。

(4) 便民商店。1143 份样本中,152 人表示没有便民商店或便民商店不需重建,而不清楚便民商店情况的 35 人。在有效应答中,13.7% 的人表示对村便民商店重建非常满意,59.9% 的表示比较满意,两项相加为 73.6%;而表示不太满意和很不满意的比例为 4.4%。①

与 2009 年的年度评估进行比较,可以发现村民对便民商店重建的总体满意程度提高了 5 个百分点,相应地不满意的比例下降了 5.6 个百分点(见表 2-9)。进一步计算村民对便民商店恢复重建的满意度得分为 3.80 分,相比 2009 年 4 月份年度评估的 3.73 分,基本没有变化。

表 2-9　　2009 年、2010 年农户对便民商店恢复重建的满意度比较

	2010 年 7 月数据			2009 年 4 月数据		
	频次	百分比	累积百分比	频次	百分比	累积百分比
非常满意	131	13.7	13.7	180	16.6	16.6
比较满意	573	59.9	73.6	562	51.9	68.6
一般	210	22.0	95.6	231	21.3	90.0
不太满意	12	1.3	96.9	86	7.9	97.9
很不满意	30	3.1	100.0	23	2.1	100.0
合计	956	100.0		1082	100.0	

3. 基础设施

基础设施涉及村内道路、灌溉设施、饮水设施、基本农田、可再生能源、入户供电设施等六个主要方面。本次调查中既考察了与农户家庭相关的入户路、饮用水、替代能源、供电等方面恢复重建的进度,同时还考察了农户对整个村庄在基础设施六个方面的总体满意度。数据表明,在村内道路、饮水设施、可再生能源、入户供电设施方面,农户对其恢复重建的总体满意的比例相比 2009 年 4 月的调查数据有不同程度的小幅提升,而在灌溉设施、

---

① 就便民商店而言,前期调查表明尽管《总体规划》中包含此项目,但是具体实施中此项目基本没有太多体现,因此问卷主要通过考察农户购买日常生活用品的方便程度来测量农户的满意度。

基本农田恢复重建两方面则有所下降。如果从满意度得分的角度来分析，可以发现除了基本农田恢复重建的得分有一定下降、入户供电设施恢复重建的得分有一定提高之外，其他项目在两次评估中的得分差异并不显著，两次评估的比较如图2-6所示。

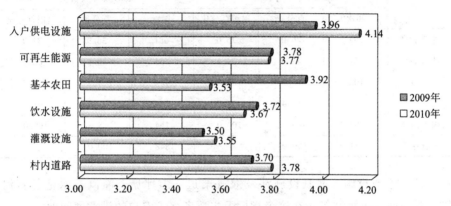

图 2-6 2009 年、2010 年农户对基础设施恢复重建的满意度得分比较

（1）村内道路。村内道路除了村级公路、村组（社）道路、桥涵外，规划中还包括入户路建设，这也是与农户直接相关的基础设施建设内容。在村内道路这一指标上，问卷既考察了入户路的建设进度，也考察了农户对村庄整体道路恢复重建的满意度。

在入户路重建进度上，数据表明，79.0%的农户（900户）表示已完成了入户路的修建，2.5%的农户（28户）正在修建，而仍然有18.4%的农户（210户）表示没有启动修建。一些村民对入户路没有修建颇有微词，这与2009年4月年度评估的状况大致相似。

......（基础设施）其他方面都还可以，就是入户路还没有修（PG-GA-107-16）。

......我们这个门前这个泥，下雨都进到屋里来。......反正按上面的规定我们听说是修水泥路的，也不知道咋回事，至今没有修，我们自己又没有钱......（PGGA-107-35）。

从村民对村内道路的总体满意度来看，农户的总体满意比例达到74.3%，不满意的比例为16.7%。相比2009年4月，农户对村内道路的总体满意度水平上升了7.4%，不满意程度下降了9.6%（见表2-10）。但其中，2010年相比2009年，农户对村内道路恢复重建"非常满意"的比例下

降了近 16 个百分点。① 进一步计算农户对村内道路恢复重建的满意得分为
3.78 分，相比 2009 年 4 月评估的 3.70 分，变化可以忽略不计。

表 2-10　2009 年、2010 年农户对村内道路恢复重建的满意度比较

	2010 年 7 月数据			2009 年 4 月数据		
	频次	百分比	累积百分比	频次	百分比	累积百分比
非常满意	297	26.0	26.0	681	36.9	36.9
比较满意	551	48.3	74.3	555	30.0	66.9
一般	102	8.9	83.3	144	7.8	74.7
不太满意	130	11.4	94.7	314	17.0	91.7
很不满意	61	5.3	100.0	154	8.3	100.0
合计	1141	100.0		1848	100.0	

（2）灌溉设施。灌溉设施涉及灌溉渠道、山坪塘、灌溉蓄水池、石河
堰、提灌站、机沉井等，在这个指标上主要考察了农户的满意度问题。

数据表明，农户的总体满意比例为 61.7%，不满意比例为 19%（见表
2-11）。相比 2009 年 4 月，满意度有少许下降，不满意程度也略有下降，
表明农户对灌溉设施恢复重建的成效基本认可。进一步计算满意得分为
3.55 分，相比 2009 年 4 月的评估得分 3.50 分，基本没有变化。

表 2-11　2009 年、2010 年农户对灌溉设施恢复重建的满意度比较

	2010 年 7 月数据			2009 年 4 月数据		
	频次	百分比	累积百分比	频次	百分比	累积百分比
非常满意	134	18.1	18.1	281	22.0	22.0
比较满意	323	43.6	61.7	522	40.9	62.9
一般	143	19.3	81.0	125	9.8	72.7
不太满意	97	13.1	94.1	251	19.7	92.4
很不满意	44	5.9	100.0	97	7.6	100.0
合计	741	100.0		1276	100.0	

---

① 对这一现象的初步解释是，2009 年 4 月部分村的道路建设尚未完工或初步完工，村民尚且
看不到道路的实际质量或价值，村民根据规划施工中的道路与地震前的经验比较而更认同其质量或
价值，因此非常满意的程度更高。而到 2010 年 7 月时，大部分村内道路已经修建，还有不少规划中
的道路尚未修建，因此关于道路质量和价值、规划与现实之间的差距导致村民对村内道路恢复重建
"非常满意"的比例下降。

不过，调查中，我们也发现有些村原先规划的灌溉设施修建工程至今仍未动工或者仍未完成，因此也招致农户的不满。同时，调查也发现，灌溉设施的恢复重建与调查地的气候、地理条件等有关，这也导致不是每个试点村都开展了灌溉设施的恢复重建工作。

> 灌溉是靠天哦，靠天。那个（堰塘）是高头的，……像我们这里要扯水的话，那恐怕，还要打坝，从上面打起的。……整个我们这七个组是全部都是断了的。……我们这边栽秧靠天。……现在是只管人家了，我们这地下都没有水，所以我们这底下都靠天（PGGA - 107 - 25）。

> ……这里靠天吃饭，没有水源灌溉。田地干旱，……但是（修建灌溉设施）很困难。地理条件的局限，这里没有水源（PGGA - 107 - 44）。

（3）饮水设施。饮水设施涉及供水站、人饮管道、蓄水池、人工井、人饮水窖等，在这个指标上考察了农户家庭人饮设施设备恢复重建的进度以及农户对整个村庄饮水设施重建的总体满意度。

在进度方面，有效应答中 82.8% 的农户（943 户）表示已完成了饮水设施设备的修建，4.5% 的农户（51 户）表示正在修建，而还有 12.7% 的农户（145 户）表示没有启动修建。实地访谈中了解到了农户对吃水不方便的一些反映，说明饮水设施的恢复重建事关居民日常生活，不能仅仅只是架设起自来水管线就不管了，同时还需要后续的运行及维护，从而保障居民持续用水。

> 我家用水是从自己打的井里抽上来的，还算方便，组里很多人家用水不是很方便，要么从其他组那引水过来，要么就得去山上挑水（PGGA - 107 - 51）。

> 我们这里的自来水也不通水啊。问了也不行……谁管呢，没人管。自来水去年的这个时候，7 月份修好。……找过（干部）嘛，我这个坪上，纯粹没有水吃，好几年了。地震以前，我们这自来水一直都有，地震之后，我们这个坪上，就没有了。……（现在只能）下雨接个管管放到水窖里头（PGGA - 107 - 43）。

在满意度方面，共有 71.3% 的农户对饮水设施的恢复重建表示满意，不满意的占 17.6%。相比 2009 年 4 月份的情况，总体满意的比例略微提高，但其中"非常满意"的比例下降了 12.1%，同样显示出了理想与现实的差距，不满意的比例略有下降（见表 2 - 12）。计算农户对饮水设施恢复重建的满意度得分为 3.67 分，与 2009 年 4 月评估的满意度得分 3.72 分相比，差别细微。

表 2 - 12　　2009 年、2010 年农户对饮水设施恢复重建的满意度比较

	2010 年 7 月数据			2009 年 4 月数据		
	频次	百分比	累积百分比	频次	百分比	累积百分比
非常满意	189	16.6	16.6	423	28.7	28.7
比较满意	622	54.7	71.3	584	39.6	68.3
一般	127	11.2	82.4	165	11.2	79.5
不太满意	161	14.1	96.6	231	15.7	95.2
很不满意	39	3.4	100.0	71	4.8	100.0
合计	1138	100.0		1474	100.0	

　　（4）基本农田。基本农田涉及石坎梯地、保护农田的河堤护坎等，调查主要考察了农户对基本农田恢复重建的总体满意度。

　　由于各地的地理环境不一样，因此各地重建项目也有所不同，而且调查也发现，震后大部分农民将主要精力放在了房屋重建上，因此在基本农田恢复重建方面做的工作都不是很多。数据表明，农户对基本农田恢复重建非常满意的只有 12.6%，比较满意的 50.4%，两项相加为 63.1%，不满意的比例共计为 16.5%。与 2009 年 4 月调查数据相比，农户对基本农田恢复重建"非常满意"的比重下降了 13.3%，总体满意的比重下降了 13.0%，不满意的比重则上升了 7.0%（见表 2 - 13）。计算农户对基本农田恢复重建的满意度得分为 3.53 分，相比 2009 年 4 月评估的 3.92 分，下降了近 0.4 分。满意度得分的下降表明，规划中的农田恢复重建与最终的实际效果之间存在一定的差距。

表 2 - 13　　2009 年、2010 年农户对基本农田恢复重建的满意度比较

	2010 年 7 月数据			2009 年 4 月数据		
	频次	百分比	累积百分比	频次	百分比	累积百分比
非常满意	102	12.6	12.6	332	25.9	25.9
比较满意	407	50.4	63.1	645	50.2	76.1
一般	165	20.4	83.5	185	14.4	90.5
不太满意	84	10.4	93.9	114	8.9	99.4
很不满意	49	6.1	100.0	8	0.6	100.0
合计	807	100.0		1284	100.0	

（5）可再生能源。可再生能源包括沼气池、节能灶、太阳能等，在这一指标上考察了农户家庭可再生能源设施设备的重建状况，也考察了农户对可再生能源恢复重建的总体满意度。

就重建状况来说，1143 份样本中，截至目前只有 657 户完成了某项可再生能源的修建（主要是沼气池和节能灶），占 57.5%，还有 86 户仍在修建之中，占 7.5%，其他 400 户要么没有修建、要么没有听说过该项目，占样本的 35.0%。以沼气池为例，农户之所以没有修建，一方面与灾后重建在每个村规划沼气池建设的指标有限有关，也与当地传统、农户意愿及观念有关。

> 沼气池我们没得建，没地方建。……你像我们这不是长期用，没有建。我们这个镇往下用沼气的人很少。……沼气池下雨还进水。以前也没用沼气的历史。……在我们县很少用沼气，咱们都是烧的煤和柴（PGGA - 107 - 38）。

就农户的满意度来看，农户对可再生能源恢复重建总体满意的比例为70.1%，不满意的为 9.0%。相比 2009 年 4 月调查数据，总体满意水平略有提高，但其中"非常满意"的比重下降了 10.3%，不满意的比重下降了7.5%（见表 2 - 14）。交叉分析显示，重建户对可再生能源的满意度大大高于维修户。本项满意度得分为 3.77 分，相比 2009 年 4 月的 3.78 分，几乎没有变化。

表 2 - 14　　2009 年、2010 年农户对可再生能源恢复重建的满意度比较

	2010 年 7 月数据			2009 年 4 月数据		
	频次	百分比	累积百分比	频次	百分比	累积百分比
非常满意	162	18.4	18.4	228	28.7	28.7
比较满意	455	51.7	70.1	319	40.1	68.8
一般	184	20.9	91.0	117	14.7	83.5
不太满意	62	7.0	98.1	109	13.7	97.2
很不满意	17	1.9	100.0	22	2.8	100.0
合计	880	100.0		795	100.0	

（6）入户供电设施。入户供电设施恢复重建涉及到低压线路、变电站和入户线架设等三个主要方面，在这一指标上问卷调查考察了农户家庭用电设施修建的进度以及农户对村内供电设施设备恢复重建的总体满意度。

在进度方面，95.0% 家庭完成了入户供电设施的重建，只有 3.0% 的农

户表示入户供电设施仍未修好，其中部分是因为他们的住房仍在修建过程之中，因此入户供电的线路还未安装完成。

在满意度方面，超过 90.0% 的农户对入户供电设施恢复重建表示满意，大大高于 2009 年 4 月的 78.0%，不满意的比例只有不到 3.0%，也比 2009 年 4 月份的数据低了 11.0%（见表 2 - 15）。这说明，经过一年多的重建，在入户供电设施方面，有了较大进步。计算农户的满意度得分为 4.14 分，比 2009 年评估时的分数 3.96 份，高出 0.18 分。

表 2 - 15　　2009 年、2010 年农户对入户供电设施恢复重建的满意度比较

	2010 年 7 月数据			2009 年 4 月数据		
	频次	百分比	累积百分比	频次	百分比	累积百分比
非常满意	299	26.3	26.3	591	35.2	35.2
比较满意	740	65.0	91.2	720	42.8	78.0
一般	67	5.9	97.1	137	8.1	86.1
不太满意	26	2.3	99.4	175	10.4	96.5
很不满意	7	0.6	100.0	58	3.5	100.0
合计	1139	100.0		1681	100.0	

4. 生产发展

生产发展恢复重建项目主要包括两个内容，一个是村级互助资金，一个是生产启动资金。本次调查中，在村级互助资金一块不仅考察了农户对项目的满意度，而且还考察了农户借款状况；而在生产启动资金一块主要考察了农户对项目的满意度以及目前家庭对生产启动资金的需求度。与 2009 年 4 月份的评估相比，农户对两个项目的满意度得分都下降了（见图 2 - 7）。

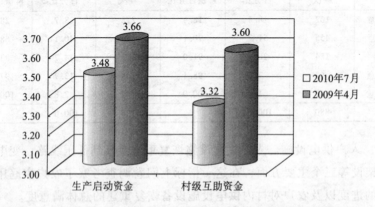

图 2 - 7　2009 年、2010 年农户对基础设施恢复重建的满意度得分比较

（1）村级互助资金。贫困村灾后恢复重建中的村级互助资金项目主要由财政扶贫资金（每个村 15 万元人民币）、UNDP 项目资金（每个村 5 万元）加上农户入股资金构成，其目的在于解决农户因资金不足而导致的生产困难，特别是要扶持妇女发展生产。

在调查的 1143 个样本中，只有 292 户参与了村级互助资金，占 25.5%，参与率较低。其他的农户中：324 人不知道有互助资金，占 28.6%，527 人表示家里没有参加互助资金，占 46.1%。就参与了互助资金的农户而言，满意度也并不高，总体满意度仅为 45.9%，不满意度为 18.5%。与性别进行交叉分析，发现男性的满意度略高于女性（见表 2–16）。计算总体满意度得分为 3.32 分，相比 2009 年农户对互助资金规划的满意度得分 3.60 分，有所下降。

表 2–16 　　　　　　　　　　性别对村级互助资金的满意度交互表

		入户农户对村级互助资金的满意度					合计
		非常满意	比较满意	一般	不太满意	很不满意	
男	频次	16	66	52	25	5	164
	百分比	9.8	40.2	31.7	15.2	3.0	100.0
女	频次	8	44	52	18	6	128
	百分比	6.3	34.4	40.6	14.1	4.7	100.0
合计	频次	24	110	104	43	11	292
	百分比	8.2	37.7	35.6	14.7	3.8	100.0

从借款状况来看，参与互助资金的 292 户中，目前有借款的农户只有 22 户，占 7.5%，最低借款为 200 元，最高借款为 23000 元，平均借款额度为 6354.5 元。

相比 2009 年 4 月村级互助资金基本没有启动的状况，本次评估中各个村均已启动村级互助资金，但是其运转仍然非常不顺畅。当问到农户为什么没有参与互助资金或没有借款时，农户主要认为是因为没有钱入股、没有好的发展项目或贷款额度太低，同时村级互助资金的借款规则、村里的宣传等都对农户入股参户的积极性有影响。而一些扶贫系统的政府官员则认为互助资金太难运作了，资金量少、操作困难，农户参与积极性不高。

问：知道村里的互助资金吗？你们参加了吗？

村民1：我们参加不上。

村民2：那是人家有人、有面子的就能参加上。

村民3：像我们这么大（年纪），你拿上去人家还不要你。

问：不是说谁拿500块钱就可以了吗？

村民2：那我们知道的迟，等我们知道，人家已经不要了，我和我爸去人家都不要了，不要了算了。

村民3：那我还知都不知道。

村民1：我也不知道。

问（村民2）：那你是怎么知道的呢？

村民2：我爱转（逛），我跑着转去了，听广场上人家讲着呢，说是入股着呢，入500元贷3000元，我后头去了，人家说不要了。

村民3：我们村子大，我们也不常在村子里转，再说我们这里本来就很背（偏），像我们这里，有时候村干部在喇叭上讲话，我们都听不见，听不懂在说什么（PGGA - 107 - 43）。

参与了（互助资金），就是一户500元。……但是没有借钱……主要是因为没有好的发展项目，也没有什么大的开支。……我们现在没有参加，可以为以后做预备。而且我们没有好的项目，很可能别人看到好的项目，别人可以干嘛（PGGA - 107 - 33）！

问：村里有没有这个互助资金，互助社有没有？

答：就是那个小额贷款吧，那个有。

问：那您觉得那个好不好呢？

答：这个怎么说呢，像我们这样，我说我要修房子，要先贷1万元，他们说贷5000元都贷不到还贷1万元。他只能贷3000元，这个小额贷款，像我贷款了还不够，还不够，我说算了、算了，不贷款了（PGGA - 107 - 25）。

ZJ县民政局S科长：我们扶贫村建立了互助扶贫互助社，……根据老百姓的实际情况，还款方式需要改进。目前借款时的担保是非常保险的方式，但贷款方式程序太繁琐，可以再简单一点，要进一步的简化。……还有就是占有费的问题，也需要探讨，太少互助社运转不动，太高老百姓也不愿意，比银行高了也不合适。

（2）生产启动资金。生产启动资金主要是为了解决农村生产资金的缺乏问题，调查中考察了农户对生产启动资金项目的满意度以及农户当前对生产启动资金的需求度。

就满意度而言，1143 份样本中，未听说过生产启动资金的农户有 310 户，占样本的 27.1%，而没有获得生产启动资金的有 239 户，占样本的 20.9%，两项相加占样本总量的 48.0% 的农户并没有享受生产启动资金的扶助。在得到过生产启动资金的农户家庭中，农户的总体满意度只有 35.5%，相比 2009 年 4 月的评估数据降低了 26.3%，不满意的比例增加了 7.3%（见表 2－17）。计算满意度得分为 3.48 分，比 2009 年 4 月评估得分 3.66 分下降了 0.18。

表 2－17　　2009 年、2010 年农户对生产启动资金扶助的满意度比较

	2010 年 7 月数据			2009 年 4 月数据		
	频次	百分比	累积百分比	频次	百分比	累积百分比
非常满意	44	7.4	7.4	197	25.8	25.8
比较满意	167	28.1	35.5	276	36.1	61.8
一般	234	39.4	74.9	156	20.4	82.2
不太满意	110	18.5	93.4	108	14.1	96.3
很不满意	39	6.6	100.0	28	3.7	100.0
合计	594	100.0		765	100.0	

就需求度而言，调查中 71.5% 的农户表示家庭目前最大的困难之一就是缺乏生产启动资金，直接制约了家庭的生计恢复。

5. 能力建设

能力建设主要包括农业实用技术培训和劳务转移培训等内容，调查中主要考察了农户对这两个方面的满意度问题。当住房维修和重建基本完成之后，农户的主要精力转向生计恢复，要增强农户的生计能力，其中非常重要的就是其人力资本的提升。开展农业实用技术培训和劳务转移培训便是其中最重要的两个方面。农户对这两个方面的满意程度相比 2009 年 4 月份的调查都有较大幅度的下降。两次评估中农户的满意度得分都下降了 0.5 分（见图 2－8）。

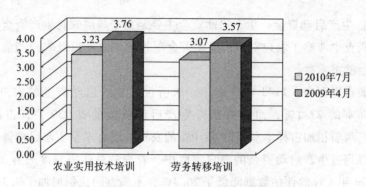

图 2 - 8　2009 年、2010 年农户对能力建设的满意度得分比较

（1）农业实用技术培训。农业实用技术培训能够切实提高农户开展农业生产的基本技能，与农户的切身利益相关。调查中，402 人未听说过有农业实用技术培训项目，占样本的 35.2%，254 人听说了但是没有接受过培训，占 22.2%，总计有 57.4% 的农户没有参加过农业实用技术培训。在参加过培训的 487 户中，总体满意度只有 43.9%，比 2009 年 4 月的评估数据下降了 23.1%，其中"非常满意"的比例下降了 20.9%；不满意的比例为 21.8%，比 2009 年 4 月的数据升高了 6.1%（见表 2 - 18）。计算满意度得分为 3.23 分，相比 2009 年 4 月的得分为 3.76 分，下降了 0.53 分。

表 2 - 18　2009 年、2010 年农户对农业实用技术培训的满意度比较

	2010 年 7 月数据			2009 年 4 月数据		
	频次	百分比	累积百分比	频次	百分比	累积百分比
非常满意	36	7.4	7.4	182	28.3	28.3
比较满意	178	36.6	43.9	249	38.7	67.0
一般	167	34.3	78.2	111	17.3	84.3
不太满意	73	15.0	93.2	75	11.7	96.0
很不满意	33	6.8	100.0	26	4.0	100.0
合计	487	100.0		643	100.0	

农户对农业实用技术培训的不满意根源于几种原因，一是农业实用技术培训没有到户；二是培训不具体、流于形式；三是培训资源分配不公。下面的访谈资料集中体现了这几点。

问：那种核桃树，有没有给你们一些技术方面的指导或者培训？

村民 1、村民 2、村民 3：那没有讲。

问：有发书吗？

村民2：没有，就是树苗发给我们，自己栽就行了。

问：那有说过怎么栽吗？

村民1：这个说过。

村民2：说是间距一般8米。

问：谁说的呢？

村民2：乡镇府的。

村民3：喇叭上说的。

问：就是讲多少米，怎么栽？

村民2：就是的，乡政府的人到有的人的地里面去，8米打一个树洞，打了一两户之后，大家就知道了。

问：也就是做个示范，告诉打多大多深？关于核桃树的后期怎么管，说过吗？

村民2：没有。

问：种花椒树有没有给大家做过培训呢？

村民2：没有。

问：那村里有没有搞种植业、养殖业之类的产业（技术培训）呢？

村民1：这个没听说过。

村民2：养鸡的好像听说过，但是代表知道，其他人我们不知道。

问：代表是大家选的吗？

村民1：我不知道，每次开会就叫代表去（PGGA－107－43）。

听说过镇上好像办了一次（技术培训），但只是个形式，敷衍上面的。你看我们这个镇培训了多少人次，培训了些什么、什么技术。实际一点作用都没起。就像饲养这个生猪啊，农村的农家妇女都有养猪的经验，不需要他这个培训，每家如果有粮食的情况下，在地震前啊，每家喂两头的话，都能有三四百斤猪。但这要有粮食，价格要好，价格好了就能卖钱，价格不好就是不行，他培训培训了起什么作用，你说一块二一斤的玉米四块钱的毛猪，就没法饲养。……还不如出门打工。一天出门挣五十块钱都比在家里强。要是能拿到五十块钱是可以的（PGGA－107－37）。

（2）劳务转移培训。贫困村大部分都是以劳务经济为主，多数家庭中，打工收入占家庭收入的大部分。劳务转移培训主要针对那些外出务工的农民，通过提升技能来增强他们获取利益的能力。调查中，452人没有听说过劳务转移培训项目，占39.5%；253人听说过该项目但并未接受培训，占22.1%；对问卷中的满意度问题做出回答的438人，占38.3%。① 在应答者中，满意度非常低，只有35.8%的农户表示满意，比2009年4月的数据低了24.8%，其中"非常满意"的比例下降了19.0%；不满意的比例为24.7%，比2009年高了3.7%（见表2－19）。计算其满意度得分为3.07分，比2009年的3.57分降低了0.50分。

表2－19　　2009年、2010年农户对劳务转移培训的满意度比较

	2010年7月数据			2009年4月数据		
	频次	百分比	累积百分比	频次	百分比	累积百分比
非常满意	24	5.5	5.5	116	24.5	24.5
比较满意	133	30.4	35.8	166	35.1	60.6
一般	173	39.5	75.3	91	19.2	79.8
不太满意	67	15.3	90.6	70	14.8	93.7
很不满意	41	9.4	100.0	30	6.3	100.0
合计	438	100.0		473	100.0	

6. 环境改善

环境改善作为灾后恢复重建的一项基本内容，主要是指农户的"五改三建"，"五改"是指改水、改路、改厨、改厕、改圈，"三建"是指建沼气池、建生态经济园、建文明家庭。因各地的具体情况不同，具体的重建项目也不太一样。本课题的问卷调查主要考察了农户对村落环境改善的满意度。结果表明，与2009年4月的调查期间获得的数据相比，农户的满意度有所提高，相应地农户对环境改善的满意度得分与2009年相比也有少许提高。

具体来说，从表2－20可以看出，有效应答的1137名农户中，总体满意的有798名，占有效样本的70.2%，相比2009年4月份调查的数据，

① 需要指出的是，本次调查时值7月，家庭的务工人员大多在外地打工，因此调查对象没有听说过或没有参加过劳务转移培训的比例偏高也较为正常。并且，劳务转移培训并非是安排到户，而是每个村安排一定的指标，因此绝大部分人没有参与培训也是实情。对问卷中的相关问题作出回答的农户也并不一定自己亲自参与过劳务转移培训，有可能是其家人参与过。

满意的比例提高了5.6%，但是其中"非常满意"的比例则下降了5.3%；不满意的比例为11.1%，比2009年4月调查数据下降了6.5%。计算其满意度得分为3.74分，相比2009年4月评估的3.65分，仅有细微提升。

表2－20　　　　2009年、2010年农户对环境改善的满意度比较

	2010年7月数据			2009年4月数据		
	频次	百分比	累积百分比	频次	百分比	累积百分比
非常满意	198	17.4	17.4	354	22.7	22.7
比较满意	600	52.8	70.2	654	41.9	64.6
一般	213	18.7	88.9	277	17.8	82.4
不太满意	100	8.8	97.7	204	13.1	95.5
很不满意	26	2.3	100.0	70	4.5	100.0
合计	1137	100.0		1559	100.0	

当然，实地调查中还发现，有些地方的环境改善尽管做了不少事情，甚至是环境示范工程建设村，但是由于生产生活配套设施的不完善，整体环境仍然比较差。比如四川马口村，尽管是环境保护对外合作中心的"示范村"，但是调查期间发现，当地家家户户养蚕没有修建专门的蚕房，很多家庭直接在新建住房的大厅里席地养蚕，整个屋子里都是蚕粪，散发出非常浓烈的臭味，而且导致村子里到处飞舞着细小的蚊蚋，很可能引发疾病。

7. 心理与法律援助

心理和法律援助虽然并不是《总体规划》中的项目，但是显然也是贫困村灾后重建中与农户的日常生活密切相关的重要内容。本次评估主要考察了农户对两年来相关部门所开展心理和法律援助活动的满意度，同时也考察了截至目前农户对心理和法律援助的需求状况。数据表明在总体的满意度方面，相比2009年4月份所做的调查评估数据，有一定程度的下降。如果计算满意度得分，可以发现农户对心理援助和法律援助的满意度得分相较2009年4月都下降了。而农户当前对心理援助和法律援助的需求度与2009年4月相比则差异并不显著（参见图2－9）。

图 2-9　2009 年、2010 年村民对心理和法律援助满意度得分的比较

（1）心理援助。在心理援助方面，灾后主要各级政府特别是基层政府为灾民开展慰问和心理安抚活动，还有一些外部的志愿者在老人、妇女以及在校学生中开展心理援助活动。针对这些方面的活动，农户的看法如何？调查表明，1143 名样本中，344 人未听说过心理援助等活动，占 30.1%；409 人表示未接受过相关心理援助，占 35.8%。在接受过慰问、安抚等心理援助的 390 人中，满意率为 60.3%，但其中"非常满意"的比例仅为 6.4%，相比 2009 年 4 月的调查数据，灾民对心理援助的满意度下降了 11%（见表 2-21）。计算农户对心理援助的满意度得分为 3.57 分，相比 2009 年 4 月的评估分 3.66 分，略微下降。

表 2-21　　　　2009 年、2010 年农户对心理援助的满意度比较

	2010 年 7 月数据			2009 年 4 月数据		
	频次	百分比	累积百分比	频次	百分比	累积百分比
非常满意	25	6.4	6.4	43	18.1	18.1
比较满意	210	53.8	60.3	126	53.2	71.3
一般	124	31.8	92.1	37	15.6	86.9
不太满意	27	6.9	99.0	7	3.0	89.9
很不满意	4	1.0	100.0	24	10.1	100.0
合计	390	100.0		237	100.0	

地震过去两年多了，目前灾民是否还有心理援助需求呢？问卷数据表明，有效应答中（944 人），仍然有 30.7% 的表示有较强或很强的心理援助需求。相比 2009 年 4 月份 35.1% 的需求度，稍有下降（见图 2-10）。当然，去年和今年村民心理援助需求的根源应该有所差别的，如果说去年村民的心理脆弱状态主要是缘起于地震的话，那么今年村民的心理脆弱状态主要缘起于生活

的压力和对未来的迷茫，特别是那些出现重大疾病或重大变故的家庭。

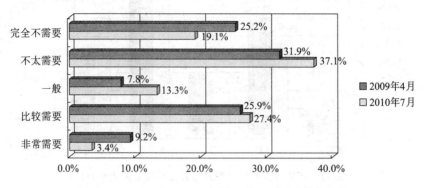

图2-10　2009年、2010年村民的心理援助需求比较

如果进一步做交叉分析，分性别来看，男性对心理援助活动的满意率为63.6%，高于女性的56.3%（见图2-11），卡方检验显示两者的差异存在显著性（$P<0.01$）；男性目前的心理援助需求率为27.5%，低于女性的34.8%（见图2-12），卡方检验也表明两者的差异存在一定的显著性（$P<0.01$）。按重建户和维修户分类来看，重建户对心理援助活动的满意率为62.4%，高于维修户的51.8%，而重建户的不满意比例5.5%大大低于维修户的17.3%（见图2-13），卡方检验显示两者的差异存在显著性（$P<0.01$）；重建户和维修户目前的心理援助需求均为30.7%，基本没有差别（见图2-14）。按是否为村组干部来看，干部的满意率为88.2%，而一般群众的满意率仅为59.0%，两者差别较大；同样，村组干部当前的对心理援助的需求率为37.5%，高于普通群众的30.6%。

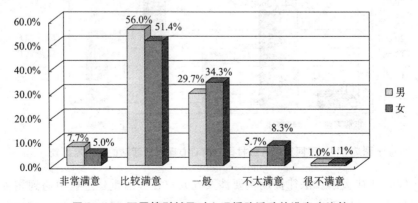

图2-11　不同性别村民对心理援助活动的满意度比较

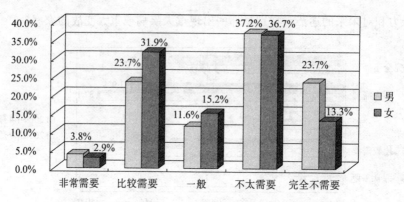

图 2 - 12　不同性别村民当前对心理援助活动的需求度比较

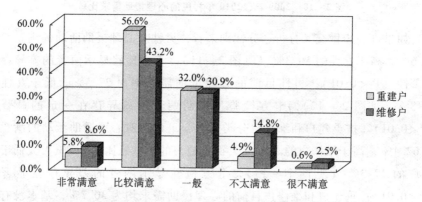

图 2 - 13　不同重建类型村民当前对心理援助活动的满意度比较

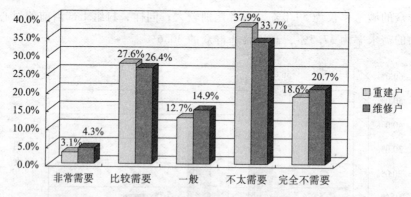

图 2 - 14　不同重建类型村民当前对心理援助活动的需求度比较

（2）法律援助。法律援助主要涉及到农户在灾后重建过程中遇到相关法律问题是否得到帮助以及灾后法律知识普及问题。地震之后，相关部门和人员对灾区农民开展了某些形式的法律援助服务和普法知识宣传，村民对这些活动的满意度水平如何呢？在 345 个有效应答中，表示满意的总共有 166人，不到 50.0%，而不满意的 48 人，占 13.9%，相比 2009 年 4 月的评估数据，满意率下降了 12.3%（见表 2－22）。计算此项的总体满意度得分为 3.36 分，比 2009 年 4 月调查时的评估分 3.51 分下降了 0.15 分。通过进一步的交叉分析显示，男性的满意度高于女性、村组干部的满意度高于普通群众、维修户的满意度高于重建户、自行选址重建的农户满意度高于集中重建的农户和原址重建的农户。

表 2－22　　　　　2009 年、2010 年农户对心理援助的满意度比较

	2010 年 7 月数据			2009 年 4 月数据		
	频次	百分比	累积百分比	频次	百分比	累积百分比
非常满意	19	5.5	5.5	21	12.4	12.4
比较满意	147	42.6	48.1	81	47.9	60.4
一般	131	38.0	86.1	44	26.0	86.4
不太满意	34	9.9	95.9	9	5.3	91.7
很不满意	14	4.1	100.0	14	8.3	100.0
合计	345	100.0		169	100.0	

从需求状况来看，在 958 个有效应答中，非常需要法律援助的 55 人，占 5.7%，比较需要的 296 人，占 30.9%，两项合计占 36.6%，相比 2009年 4 月 39.7% 的总体需求水平略有下降。但总体而言，两次评估在总体需求度上的差异并十分不显著（见图 2－15）。

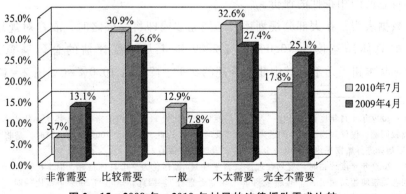

图 2－15　2009 年、2010 年村民的法律援助需求比较

（二）重建执行过程

1. 及时性

灾难发生后，救援是否及时、早期重建是否迅速，事关灾区的稳定、恢复和发展。在这次评估调查中，问卷方面主要考察了村民对国家灾后救援和重建的及时性的总体评价。数据表明，灾民回顾地震发生后两年多以来的情况，绝大多数（91.3%）的农户认为国家的救援和重建都是及时的。如果与2009年4月的数据相比较①，可以发现，本次评估中，村民对救援和重建的及时性评价更高（见图2-16）。

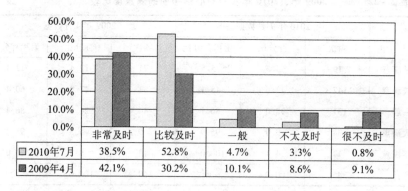

	非常及时	比较及时	一般	不太及时	很不及时
□2010年7月	38.5%	52.8%	4.7%	3.3%	0.8%
■2009年4月	42.1%	30.2%	10.1%	8.6%	9.1%

图2-16　2009年、2010年村民对国家灾后救援和重建及时性的总体评价比较

2. 合理性

在灾后重建中，涉及大量的规划是否合理、科学的问题。调查中，主要考察了灾民对各种重建规划的合理性的总体看法以及村民对重建规划及活动与自身意愿的相符性的评价。

数据表明，在大部分规划项目已经完成或即将完成之时，农户对规划合理性的总体满意度为73.0%，与2009年4月年度评估的总体满意度②73.2%基本相当，不过其中非常合理的比重下降了近10.0%（见图2-17）。

---

① 2009年4月年度评估时将"及时性"变量操作化为11个更细的指标，而本次评估考虑到问卷的篇幅问题，仅仅只通过一个问题来测量"及时性"。因此，这里与2009年做比较时，是将2009年11项指标进行加权平均计算出一个总体的"及时性"数值。

② 2009年年度评估时"规划合理性（科学性）"操作化为9个具体指标，而本次评估同样考虑到问卷篇幅问题只通过一个问题来测量"规划合理性"。因此，这里与2009年做比较时，是将2009年9项指标进行加权平均计算出一个总体的"合理性"数值。

在重建规划和活动与村民自身意愿的相符性方面，认同政府规划及重建活动符合自身意愿的比例达到了 67.6%，相比 2009 年 4 月调查评估时的 76.8%，有近 10.0% 的下降幅度，一定程度反映出了村民对重建规划合理性的质疑（见图 2－18）。

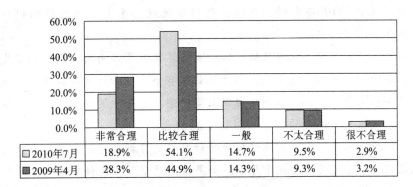

	非常合理	比较合理	一般	不太合理	很不合理
□2010年7月	18.9%	54.1%	14.7%	9.5%	2.9%
■2009年4月	28.3%	44.9%	14.3%	9.3%	3.2%

图 2－17　2009 年、2010 年村民对灾后重建中各种规划合理性的总体评价比较

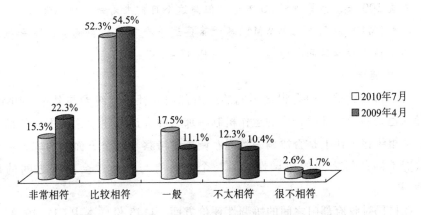

图 2－18　2009 年、2010 年村民对政府规划和重建活动与自身意愿相符性评价的比较

同时，在访谈中我们也发现了不少村民对重建规划合理性的评价，表明灾后重建中尽管倡导和实践"参与式"规划，但仍然存在着诸如规划不合村民意愿、规划得不到落实、规划受各种因素影响流于形式等种种问题。

规划这些基本还可以。……但是你这个规划呢，是不是正确哦。如果说，这个规划起不到什么作用，那等于是白规划了。规划是对的，但是规划你要起作用呢。有些规划是没起作用，知道吧。……有些是经济款还没到位。……（比如）我们的那个水沟，腊月份就挖好了，到现在都还没通水。有的不是说水，沟沟都没打（PGGA - 107 - 25）。

问：刚才提到核桃，因为你们当时预计是把核桃作为你们村最重要的产业。预算是要发展优质核桃1500亩。现在真正做到的是120亩。所以这个1/10都不到。所以我就想核桃规划是不是当时你们规划的主导。

（MTW乡副书记WWM）答：这个涉及政策方面的问题。核桃发展原来咱们的规划是最早的。因为林业上有个核桃种植的扶持政策，他必须要求集中连片，达到500亩以上集中连片才给政策扶持。所以在这方面，这里集中连片的较少。但这个我们也在争取，看争取能不能取得，我们现在正在联系。如果这样子的话我们的目标就可以实现。所以没有达到这个目标是因为这个原因。如果这个政策下来的话实现这个目标就没有问题。

问：当时预算中间还讲到了养蚕。你这个村子有养蚕吗？预算是年养蚕500张，预算投资80万元。但是这个目前来看是一项都没有。

（MTW乡副书记WWM）答：养蚕这个受市场的影响。厂里老板拿不到钱，所以这两年缫丝厂……（PGJT - 107 - 10）。

3. 协调性

贫困村灾后重建中有很多不同的政府部门和社会组织参与其中，UNDP倡导的也是一种多部门合作的运作机制。那么在灾后重建中这些不同的部门和社会组织在工作上是否协调一致呢？调查中考察了两个方面的内容，一个是政府不同部门之间的协调性，另一个是政府与其他社会组织之间的协调性。①

在村民对政府部门之间的协调性评价方面，1143份样本中，11.9%的人认为非常协调，36.7%的人认为比较协调，两项相加占48.6%，认为一般的占17.3%，而认为不太协调和很不协调总共占7.2%，其他人则对此无法作出评价。与2009年4月的评估数据比较，去年村民中认为政府各部门工作协调的比例有57.3%，一年多来村民对政府部门工作的协调性评价下降了8.7%（见图2 - 19）。

---

① 当然需要指出的是，由于农户有时并不了解究竟是哪些部门在灾区开展相关活动，并且关于这方面的测量只是一个主观指标，因而并不一定能准确反映客观真实。

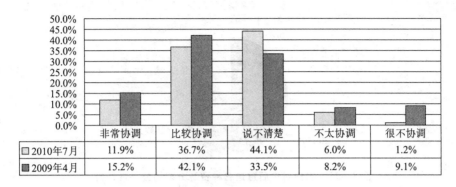

	非常协调	比较协调	说不清楚	不太协调	很不协调
□2010年7月	11.9%	36.7%	44.1%	6.0%	1.2%
■2009年4月	15.2%	42.1%	33.5%	8.2%	9.1%

图 2－19　2009 年、2010 年村民对政府不同部门工作协调性的总体评价比较

在村民对政府部门与社会组织之间协调性的评价方面，8.8% 的人认为非常协调，24.8% 的人认为比较协调，合计只有 33.6% 的认为两者的工作是协调的，而认为不协调的人也仅仅只占 3.5%，其他人则无法对此做出有效评价。与 2009 年 4 月相比较，去年村民中认为政府部门和其他社会组织的工作协调的人有 47.8%，今年的评估数据相比去年下降了 14.2%（见图 2－20）。

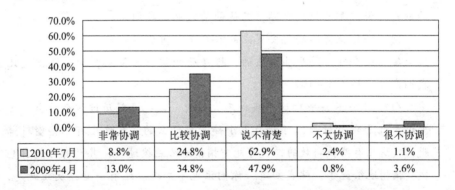

	非常协调	比较协调	说不清楚	不太协调	很不协调
□2010年7月	8.8%	24.8%	62.9%	2.4%	1.1%
■2009年4月	13.0%	34.8%	47.9%	0.8%	3.6%

图 2－20　2009 年、2010 年村民对政府与社会组织工作协调性的总体评价比较

4. 公平性

公平性主要考察灾后救援和重建中各种面向农户的资源分配是否公平，问卷主要是从农户主观感受的角度来进行考察。数据表明，在有效应答的 1101 人中，认同资源分配公平性的总共占 55.7%，而认为不公平的占到了 24.2%（见图 2－21）。可见农户对灾后救援和重建过程各种资源分配的公平程度还是存在不小的负面评价。

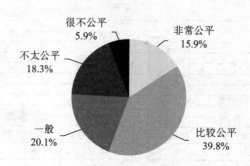

图2-21　农户对灾后重建各种资源分配的公平性评价

如果进一步做交叉分析，可以发现党员、村组干部、集中安置户更为认可资源分配的公平性，不同性别、年龄、受教育程度、家庭人口数等因素与对资源分配公平性的影响不大。在实地访谈中，证实了问卷调查的发现，资源分配受到规则之外的其他因素的左右。

问：您觉得灾后重建在这个资源分配啊，还有其他的地方搞得公平不呢？

答：这个咋说呢，我们比起安置点的来说呢就不太好，那些安置点的贴瓷砖啊，都享受到补贴，其他的待遇也比我们高。

问：那你晓得不晓得安置点的农户是如何确定的呢？

答：这个嘛就是那些滑坡的，垮房子的就去安置点，但待遇就是比我们高些（PGGA-107-52）。

ZJY：（公不公平）这个我也不太好说，我也没经历过这个社会。比如说，就是我是村长，可能我家小姨子要什么的，我这儿有一些塑料薄膜，我这儿有些钱啊款的，我可能先悄悄地给她拨过去，甚至有可能有些钱我悄悄地给她了，就我知道，你们谁也不知道。还有一些，反正就是，我都不太很懂，反正村上的人，大家说的都可恶心了，我不太懂这个。

ZJY之父：（资源分配）是根据关系定夺。谁有关系就多拿点，没有关系呢，像我们啊，"5·12"地震以后，像享受国家什么补贴就太稀少了。因为你和他没有很好的关系啊，像棉被啦，那些救灾物资吗，那就是，言不过中的情况下，大批的人都有，有些人都没有。就是什么亲朋好友啊，亲戚啊（PGGA-107-15）。

（资源分配不公的情况）多啦！你到哪里去采访啊，他都会提到这个问题，但是没有办法。上面来的什么物资啊，献爱心的捐赠机构啊一些物资来，那么他从政府到村干部再到老百姓手里，你也不知道上面来了多少，你也不知道是些什么，反正是到了你老百姓手里，队长啊一开会有什么东西啊，就这些东西，你自己在里面选吧，反正就这么多。他先都取过了（PGGA - 107 - 37）。

5. 益贫性

这里所谓的益贫性是指灾后重建的政策、规划和活动是否照顾到了贫困人群，是否有利于贫困人口尽快恢复正常的生产生活并逐步脱贫致富。调查问卷主要考察了农户对灾后重建益贫性的主观评价，结果表明，69.3%的农户认为灾后重建照顾了贫困户，16.1%的认为没有照顾贫困户，其他人表示不了解情况。与 2009 年 4 月的调查相比较，当时有 57.7%的农户认为照顾了贫困户，20.4%的认为没有照顾贫困户，其他人则不了解情况。因此总体来说，农户对益贫性的总体评价提升了超过 10.0%。

虽然农户的主观评价有所提升，但是由于灾后重建的很多政策和规划带有普惠性，尽管总体上有利于贫困村，但是对特别贫困的农户以及老、弱、病、残等弱势群体而言，并没有在资源分配上有特别的倾斜，因此其益贫性仍然十分有限。

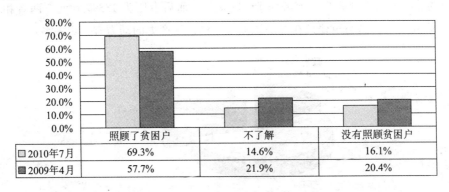

	照顾了贫困户	不了解	没有照顾贫困户
2010年7月	69.3%	14.6%	16.1%
2009年4月	57.7%	21.9%	20.4%

图 2 - 22　2009 年、2010 年村民对灾后重建是否照顾贫困户的看法比较

（三）生计恢复及障碍因素

1. 生计来源与支出状况

问卷中，考察了灾区贫困村农户 2009 年全年的现金收入状况和主要支出状况，1143 份样本的描述统计数据如表 2 - 23 所示。可以看出，农户家庭 2009 年平均总收入为 14972.3 元，人均 3630.3 元，平均总支出为 15157.9

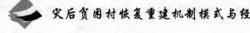

元，人均 3675.3 元，2009 年家庭收支相抵为 -185.6 元。

表 2 - 23   2009 年农户家庭收入和支出状况①

收入	最小值	最大值	平均值	标准差	支出	最小值	最大值	平均值	标准差
种植业	0	60000.0	1676.3	3101.4	种植业	0	40000.0	793.7	1510.6
养殖业	0	110000.0	817.1	4009.5	养殖业	0	300000.0	1057.4	11342.6
商业活动	0	100000.0	1751.7	7513.6	商业活动	0	170000.0	1088.1	7094.5
打工	0	80000.0	8320.9	9576.9	子女上学	0	50000.0	2186.2	4486.2
礼金	0	30000.0	745.4	2885.2	医疗	0	112000.0	2920.1	7415.7
政府补贴	0	48000.0	680.5	2749.1	吃穿用	0	150000.0	5463.8	6472.8
其他	0	80000.0	634.7	3892.2	送礼	0	112500.0	1671.2	5633.1
总收入	0	202000.0	14972.3	15116.0	总支出	0	302300.0	15157.9	19028.4

从收入角度看，可以发现打工收入占据了平均家庭总收入的 56.9%，贫困村农户在地震之后的主要生计策略是务工，这也与地震之前大致相当。除此之外，收入来源主要是种植业、养殖业、礼金和政府补贴等。1143 份样本中，平均每户总收入的构成如图 2 - 23 所示。进一步计算可以发现，2009 年重建户的户均总收入高于维修户，前者为 15403.6 元，而后者则为 13399.6 元，两者相差 2004.0 元，这与重建户在经济压力之下创造生产力的动力有一定关系。

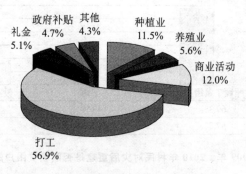

图 2 - 23 2009 年农户平均总收入构成

---

① 这里的描述统计是以 1143 份样本来进行统计的。在收入一块，实际上 2009 年并非每户在每一个方面都有相关收入，比如有些家庭都没有人在外打工就没有打工收入，有些家庭没有从事商业活动也就没有商业活动收入。因此，如果单独计算某一个方面的平均收入应该比表格中显示的单项平均收入高。其中特别是打工、商业活动、礼金等几项，2009 年中农户家庭可能出现没有人打工、没有可开展商业活动或没有红白喜事请客的情况。以打工为例，问卷中打工收入不为零的有 743 户，他们平均收入为 12800.5 元。

从支出角度看①，农户主要开支是日常生活的吃、穿、用等，占家庭2009年平均总支出的36.0%，之后分别是医疗、子女上学、送礼、商业活动、养殖业和种植业等（见图2－24）。因此可以发现在满足了家庭人口的日常生活、看病、子女上学和人情往来等必须开支之后，农户能够用于生产经营的资金是非常有限的。进一步计算，2009年重建户的户均总支出为15229.9元，而维修户为14895.1元，两者相差334.8元，除开建房支出外，两者相差不大。

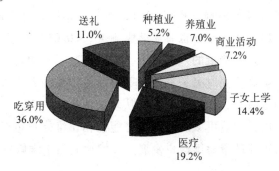

图2－24　2009年农户平均总支出构成

从收支平衡角度来看，在1143户中，2009年入不敷出的户有538户，占样本的47.1%，平均每户支出高于收入11808.1元；收支完全相当的12户，占样本的1.0%；收入高于支出的有593户，占样本的51.9%，平均每户收入高于支出10355.1元。具体分布参见表2－24。

表2－24　　　　　　　　　　　2009年农户收支平衡状况

	支出＞收入（N＝538）		收入＞支出（N＝593）	
	频次	百分比	频次	百分比
50001元及以上	19	3.5	7	1.2
20001～50000元	54	10.0	69	11.6
10001～20000元	103	19.1	138	23.3
5001～10000元	120	22.3	146	24.6
1001～5000元	191	35.5	174	29.3
1000元及以下	54	10.0	59	10.0

①　问卷在考察支出时着眼于考察农户的常规性支出，而建房支出并非常规性支出，因此在2009年支出中未考虑建房开支。

进一步考察重建户和维修户的区别，在897户重建户中，入不敷出的有438户，占48.8%，平均每户支出高于收入11127.6元；收支完全相当的11户，占1.2%，收入高于支出的448户，占49.9%，平均每户收入高于支出11226.9元。而在246户重建户中，入不敷出的100户，占40.7%，平均每户支出高于收入14788.6元；收支完全相当的1户，占0.4%，收入高于支出的145户，占58.9%，平均每户收入高于支出7661.8元。具体收支分布参见表2-25。经过卡方检验，可以发现，是重建户还是维修户，对于入不敷出的程度差异有显著影响（P<0.01）；而与此相同，是重建还是维修户，对于收入大于支出的程度差异也有显著影响（P<0.01）。这一结论说明，重建户家庭更易于陷入更严重的入不敷出，即其家庭一旦出现赤字，程度比维修户深的可能性更高；同时另一方面，重建户由于面临着重大经济压力，不得不想方设法创造收入，而且由于重建从政策的扶助，因此，其家庭一旦能实现收入大于支出，创造更多的财富的可能性相比维修户也要高，这在一定程度上也反映出重建政策对维修户发展生计的功能强于维修户。

表2-25　　　　　　　　重建户、维修户2009年的收支状况分布

	重建户				维修户			
	支出＞收入		收入＞支出		支出＞收入		收入＞支出	
	频次	百分比	频次	百分比	频次	百分比	频次	百分比
50001元及以上	13	3.0	7	1.6	6	6.0	0	0.0
20001～50000元	44	10.0	59	13.2	7	7.0	10	6.9
10001～20000元	89	20.3	112	25.0	14	14.0	26	17.9
5001～10000元	100	22.8	108	24.1	20	20.0	38	26.2
1001～5000元	147	33.6	119	26.6	44	44.0	55	37.9
1000元及以下	45	10.3	43	9.6	9	9.0	16	11.0
合计	438	100.0	448	100.0	100	100.0	145	100.0

　　2. 负债状况

　　大量的农户家庭入不敷出，加之建房的开支巨大，因此很多农户家庭都有较为沉重的债务负担，问卷也考察了这方面的情况。1143户中，完全没有债务的只有241户，占样本的21.1%，其他的902户都有各种渠道的借款，占样本的78.9%。

　　在有借款的农户中，从亲友处借款的有588户，从信用社或银行等正规

金融机构借款的有 765 户，从互助资金借款的有 22 户，从其他渠道借款的有 19 户。不同借款渠道的借款状况如表 2 - 26 所示，可以发现有借款的农户平均每户借款额度为 32507.7 元，其中大部分是向亲朋好友和银行借款。如果考察有借款农户家庭借款数的分布状况，可以发现，77.0% 的农户借款额度居于 10001 ~ 50000 元的区间（见图 2 - 25）。

表 2 - 26　　　　　　　　　　农户目前借款状况

	频次（户）	最大借款额（元）	平均值（元）	标准差（元）
亲友处借款	588	120000.0	19291.9	15258.7
信用社/银行借款	765	300000.0	22768.0	16838.6
互助资金借款	22	23000.0	6354.5	6867.9
其他渠道借款	19	55000.0	22157.9	14477.0
总借款	902	400000.0	32507.7	23802.5

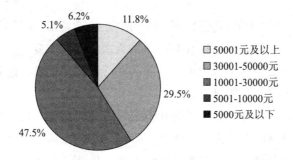

图 2 - 25　农户平均借款分布图

分不同重建类型来看，在 897 户重建户中，只有 108 户没有欠债，占 12.0%，其他 789 户均有不同途径的借款，占 88.0%，平均每户借款 34008.3 元，其中从信用社或银行借款的 700 户，平均借款额度为 23171.4 元，向亲朋好友举债的 508 户，平均借款额度为 19913.1 元。在 246 户维修户中，有 133 户没有欠债，占 54.1%，其他 113 户均有外债，占 45.9%，平均每户借款 22030.1 元，其中从信用社或银行借款的 65 户，平均借款额度为 18423.1 元，向亲朋好友举债的 80 户，平均借款额度为 15347.5 元（见表 2 - 27）。因此，比较来看，重建户的债务压力比维修户高出近 12000 元，而且他们向正规金融机构借款的比例和平均额度都大于维修户，今后几年中重建户的还贷压力会很大，也会制约其家庭生产、生活。

表 2 - 27　　　　　　　　　　重建户、维修户负债状况比较

	重建户（N = 897）	维修户（N = 246）
有借款农户数	789 户，88.0%	113 户，45.9%
平均借款	34008.3 元	22030.1 元
信用社/银行借款	700 户，23171.4 元	65 户，18423.1 元
亲朋好友借款	508 户，19913.1 元	80 户，15347.5 元

3. 生产生活恢复状况

经过近两年的灾后重建，贫困农户目前的生产生活是否恢复到正常状态？与地震前相比生活水平有什么变化？调查中对这些方面进行了考察。

在问到农户"日常生活是否恢复到正常状态"时，应答者中 87.7% 的人表示已经恢复，只有 12.3% 的人表示没有恢复。交叉分析表明，年龄越大者更倾向于认为日常生活已经恢复正常，而其他因素与此项指标之间的关系并不明显。

在问到农户"生产经营活动是否恢复到正常状态"时，应答者中 88.1% 的人表示已经恢复，只有 11.9% 的人表示没有恢复。交叉分析同样表明，年龄越大者更倾向于认为生产经营活动已经恢复正常，而其他因素与此项指标之间的关系并不明显。

在问到农户"家庭生活水平相比地震之前有何变化"时，46.4% 的人认为提高了，35.3% 的人认为没有变化，而 18.3% 的人认为下降了。交叉分析表明，男性、年龄更大者、户主、村组干部、党员、维修户更倾向于认为家庭生活水平相比地震之前有所提高。

尽管调查中农户的主观评价总体并不差，但是具体访谈中遇到的一些案例表明，一些特殊人群的生活、生产等仍然面临着众多的困难，因为缺钱的窘迫感和压力感非常普遍。

（这两年）我们都辛苦，两口子都在矿上忙的话，一个月挣点钱，我们俩夫妇的话，一直都是在矿上。现在的生活还不如以前，如果没有地震的话，生活会更好。……修房子受伤花了八九万元，我们儿子出了车祸花了 5 万元，对我们来说是雪上加霜，我们村子里面的人都有上进心，辛苦一点生活还是可以好起来的，要是没有信心，就生活不下去了（PGGA - 107 - 46）。

我们家目前最大的困难就是我们这个小孩这个腿啊，我们这个家庭

困难比较重，我们现在也想不出怎么才能给她一条生活之路。……孩子的手术花了十四五万元，有学校捐的政府给的，还有贷的借的……自己家里也出好几万块钱。……现在我们欠的总共下来有 8 万多块钱（PGGA - 107 - 35）。

4. 生产生活主要困难

问卷调查还考察了农户对当前主要生产生活困难的主观感受，基本情况见表 2 - 28。数据表明，诸如资金、项目、技术、信息、设施等被多数农户认为是困难的方面，也都是与生产紧密相关的一些要素，这些要素直接关系到农户家庭的增收，进而也影响着农户家庭的生活状况。与此同时生活设施不配套、粮食不够吃、饮用水缺乏也是一些农户遭遇的问题，需要引起有关部门的关注。

表 2 - 28　　　　农户对当前生产、生活中的困难的看法

	频次	响应率（%）
缺乏生产启动资金	814	71.5
家庭债务比较重	799	69.9
没有合适的产业	733	64.5
缺乏技术培训	720	63.4
缺乏劳务转移信息	699	61.9
生产配套设施不到位	466	42.4
生活配套设施不到位	362	31.7
粮食不够吃	263	23.1
饮用水源缺乏	210	18.4

同时，在生产方面，除了一些内源性因素外，外部环境特别是市场的变化也直接影响和制约灾区贫困村农户的增收，特别是农户本身驾驭市场的能力十分有限。

（产业发展）最大的障碍，我觉得还是协调村民与村民，村民与村干部之间的关系。比如说村干部想在上面干一番轰轰烈烈的事儿，但是下面只有一小部分的人服从；还有一部分人就是中立的态度，他不表态；还有一小部分人他完全就是，会去上面上告，其实对他本人也没什么影响。我感觉现在的村官，他可能自己本身不够廉洁，导致他在大家面前威信不高，大家也不太愿意服从他们的（PGGA - 107 - 15）。

养猪哦，养猪不赚钱的。去年猪饲料贵，猪价不高，这样一折合，养猪不怎么赚钱，好多人家养猪还折钱呢。……反正去年猪肉价格都是不高的。

政府动员他搞（产业），他不搞，他宁愿出去打工。我们就动员说不要搞短小的，搞点长远的。你像我们这原来有柴胡，有两千亩左右。原先他们出去打工的一天挣20块钱时，价格在一公斤12块钱左右。后来务工收入到60块钱左右，柴胡价格基本没有涨，十五六块钱一公斤。去年突然涨到30块钱一斤。价格一上来，他胡噜胡噜去种。关键是缺乏个经济观念（PGGA - 107 - 28）。

（四）对 UNDP 项目内容的看法

UNDP 参与汶川地震灾后试点贫困村恢复重建最大的特点，是形成一种多部门合作的机制，同时有多个部门参与到一个村的重建过程之中。针对农户的调查问卷也对这些方面的内容进行了一定的考察。当然，需要指出的是，UNDP 在第一批试点贫困村的重建过程中，其他的诸如民政部、环境保护部、住房和城乡建设部、科学技术部、中华全国妇女联合会、中国法学会、国际行动援助等部门并非每个部门都参与了第一批的所有试点村的灾后重建，而且有些部门从事的项目也并非是与村民直接互动的项目。除此之外，加之村民本身对这些机构的工作并没有深入的认识和了解，这就导致了调查中村民对这部分问题的应答率较低。

1. 对作为试点村的看法

调查首先考察了村民对其所在村庄作为 UNDP 参与重建的试点村的看法，数据揭示有 174 人并不清楚自己所在村庄是 UNDP 参与重建的试点村，另外 21 人没有作答。在有效应答的 948 人中，相比其他灾后重建村，228 人认为作为试点村的好处很大，占 24.1%，530 人认为好处较大，占 55.9%，两项相加占 80.0%；而认为好处较小和没有好处的仅有 96 人，占 10.1%（见图 2 - 26）。

尽管实质上试点村的资金投入更多，尽管多数人认为作为试点村给村庄带来了切实的好处，但是也有部分地方的试点村村民认为试点村反而不如某些非试点村重建搞得好，也表明灾后重建试点工作在某些地方一定程度上是存在问题的。

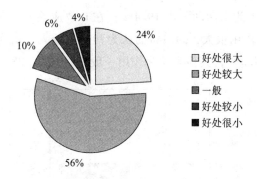

图 2 - 26 村民对作为试点村的好处的看法

2. 对社区减灾能力建设的看法

此项活动主要是由民政部组织开展的，调查中主要向村民询问了对此项活动内容的看法。1143 份样本中，不清楚这项活动的有 205 人，占 17.9%，还有 437 人表示该村没有这项活动，占 38.2%；在有效应答的 501 人中，认为作用很大的占 14.0%，认为作用较大的占 40.5%，认为作用较小和没有作用的合计占 9.0%，其他人认为一般（见图 2 - 27）。

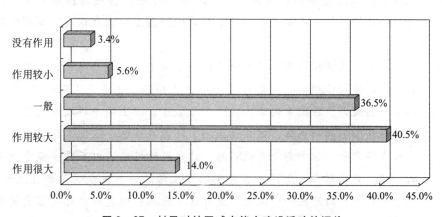

图 2 - 27 村民对社区减灾能力建设活动的评价

3. 对环境保护活动的看法

此项活动主要由环境保护部开展，本次调查的 8 个试点村中，有 4 个村是其环境建设的示范村，分别是四川的马口村和清河村，甘肃的肖家坝村，陕西的骆家嘴村。问卷调查主要考察了村民对相关部门开展的环境保护活动的看法。结果显示，1143 份样本中，有 196 人不清楚此项活动，占 17.1%，

222人表示该村无此项活动，占19.4%；在有效应答的725人中，12.2%的人认为此项活动作用很大，44.1%的认为其作用较大，认为作用较小和没有作用的合计占14.5%，其他人认为作用一般（见图2-28）。

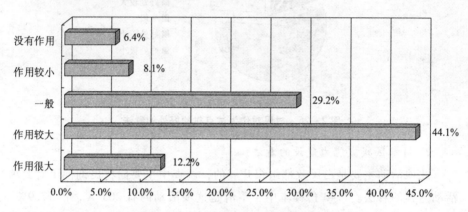

图2-28　村民对环境保护活动的评价

不过，需要指出的是，访谈中了解到有些环境保护项目仍然没有落实，特别是配套设施没有落实。而且，环境改变暂时主要表现为物质方面的改变，良好环境的维持更需要人们的观念和意识的改变，而在这一方面则变化不大。

现在的生活垃圾啊，只是简单地弄了两个场所，一个是这边的，还有一个是学校旁边的，现在修了一个卫生挡墙，去年是UNDP设计了，搞了一些规划，在集中的地方放一个垃圾桶，配上两个垃圾车，再一个就是在两个不同的地方，建立垃圾场。还是在设想，还没实施，还有一个污水排水渠，这个都是有规划的，就是说垃圾渠道以后要像城市里面的一样，要盖起来，免得臭味影响农户生活。……现在还是都在规划，处于项目审批的阶段……现在就是有这个设想，但是什么时候落实还是说不上的……（PGGA-107-42）。

问：你们街上这个各家各户的人也多了，这个垃圾处理方面政府有没有想些办法啊？包括环保局的，有没有想过办法？

答：这个垃圾呢，在沟里建立个垃圾场所嘛！离这里大约1公里远。

问：平时大家是怎么样处理垃圾的？

答：往河里倒。

问：那这水会污染啊。

答：吃的水没有那个浑，吃的山泉。

问：大家平时垃圾有没有设施收集起来？

答：垃圾没的收起来（PGGA－107－38）。

4. 对农房建设技术指导活动的看法

此项活动主要由住房和城乡建设部开展，但其主要是在四川省青川县开展工作，本次调查的8个试点村均没有其具体活动内容。不过，有些地方的县级相关政府部门也开展过类似的技术指导和培训，因此调查仍然考察了这一指标。在1143份样本中，190人不清楚此项活动，占16.6%，608人表示该村没有该项活动，占53.2%；在有效应答的345人中，6.7%的认为作用很大，33.3%的认为作用较大，认为作用较小和没有作用的合计占11.3%，其他的人认为其作用一般（见图2－29）。

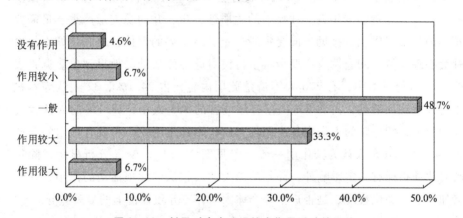

图2－29　村民对农房建设技术指导活动的评价

5. 对发展规划和技术指导活动的看法

此项活动主要由科技部开展，本次调查的8个村中，有4个村是其具体实施项目的村，分别是四川的马口村和清河村，甘肃的肖家坝村，陕西的骆家嘴村。问卷调查主要考察了村民对相关部门实施的村庄发展规划和技术指导活动的总体看法。调查表明，1143份样本中，323人不清楚此项目，占28.3%，260人表示该村没有此项目，占22.7%；在有效应答的560人中，认为此项活动作用很大的占9.1%，认为作用较大的占37.1%，认为作用较小和没有作用的合计占15.6%，其他人认为其作用一般（参见图2－30）。

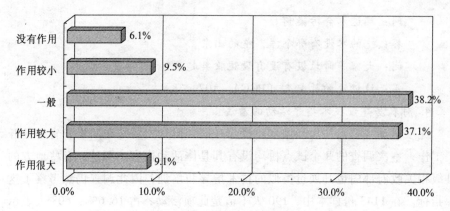

图 2 – 30　村民对社区发展规划和技术指导活动的评价

6. 对针对特殊人群帮助的看法

此项活动主要由中华全国妇女联合会开展，对三个省第一批 19 个试点村的妇女、儿童、老年人、残疾人的脆弱性分析，并向受灾最严重、最需要帮助的妇女提供生计援助，向受灾最严重、最弱势的群体，尤其是妇女提供社会心理支持。问卷调查主要考察了村民对此方面活动的效果评价。调查表明，1143 份样本中，有 276 人不清楚此项内容，占 24.1%，32 人认为本村没有开展此项活动，占 2.8%；在有效应答的 835 人中，12.1% 的人认为其作用很大，49.6% 的人认为其作用较大，认为其作用较小和没有作用的合计占 14.7%，其余人认为其作用一般（参见图 2 – 31）。交叉分析显示，除年龄对此项指标有一定影响外，即年龄越大的人越认同此项活动的作用，其他诸如性别、文化程度、是否户主等个体因素并不导致评价上的显著差异。

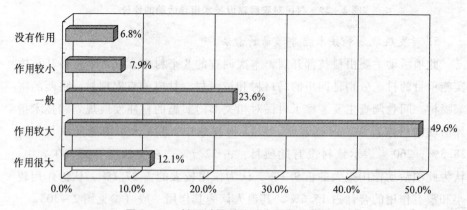

图 2 – 31　村民对针对特殊人群帮助的评价

三、本章小结

(一) 数据概览

通过对问卷调查数据进行的大量分析，可以大致发现试点村村民对灾后重建近两年的主要建设内容的看法，进而一定程度上反映出贫困村灾后重建的试点效果。以下是对这些数据进行的进一步归纳和总结，并同时与2009年4月份进行的年度评估调查数据进行比较，了解各项指标的升降变化趋势和幅度（参见表2-29和图2-32）。

表2-29　　　　　　　贫困村恢复重建试点效果数据概览

内容	一级指标	二级指标	主要数据概览
需求满足程度	住房	重建：形式、进度（A1）、质量、便利性、安全性 维修：进度（A2）	54.4% 自建户、35.6% 统一建设户；93.0% 已入住，61.9% 认可住房质量，79.1% 认可生活便利性，74.9% 认可生产便利性。 72.4% 维修完成，27.6% 未完成。
	公共服务	学校（B1）	84.2% 表示满意，满意度得分4.07分。
		卫生室（B2）	63.7% 表示满意，满意度得分3.65分。
		活动室（B3）	64.3% 表示满意，满意度得分3.67分。
		便民商店（B4）	73.6% 表示满意，满意度得分3.80分。
	基础设施	村内道路（C1）	74.3% 表示满意，满意度得分3.78分。
		灌溉设施（C2）	61.7% 表示满意，满意度得分3.55分。
		饮水设施（C3）	71.3% 表示满意，满意度得分3.67分。
		基本农田（C4）	63.1% 表示满意，满意度得分3.53分。
		可再生能源（C5）	70.1% 表示满意，满意度得分3.77分。
		入户供电设施（C6）	91.2% 表示满意，满意度得分4.14分。
	生产发展	村级互助资金（D1）	45.9% 表示满意，满意度得分3.32分。
		生产启动资金（D2）	35.5% 表示满意，满意度得分3.48分。
	能力建设	农业实用技术培训（E1）	43.9% 表示满意，满意度得分3.23分。
		劳务转移培训（E2）	35.8% 表示满意，满意度得分3.07分。

续表

内容	一级指标	二级指标	主要数据概览
需求满足程度	环境改善	村内环境"五改三建"（F1）	70.2%表示满意，满意度得分3.74分。
	心理与法律援助	心理：满意度（G1）、需求度（G2）	60.3%表示满意、3.57分，30.7%仍有需求。
		法律：满意度（G3）、需求度（G4）	48.1%表示满意、3.36分，36.6%仍有需求。
重建执行过程	及时性	救援及重建及时性（H1）	91.3%认可及时性。
	合理性	规划合理性（I1）	73.0%认可规划合理性。
		规划与农户意愿相符性（I2）	67.6%表示规划与意愿相符。
	协调性	政府部门间协调性（J1）	48.6%认可政府部门间协调性。
		政府与社会组织间协调性（J2）	33.6%认可政府部门与社会组织间协调性。
	公平性	资源分配的公平性	55.7%认可公平性，24.2%认为不公平。
	益贫性	恢复重建是否照顾贫困户（K1）	69.3%认可益贫性，16.1%不认可益贫性。
生计现状及阻碍因素	收支状况	2009年收支状况	户均总收入14972.3元，总支出15157.9元。
	负债状况	当前借款状况	78.9%负债，户均负债32507.7元。
	生产生活恢复	生活恢复程度	87.7%表示已经恢复，12.3%表示没有恢复。
		生活水平变化	46.4%表示提高了，18.3%表示下降了。
		生产恢复程度	88.1%表示已经恢复，11.9%表示没有恢复。
	生产生活困难	目前主要困难	缺启动资金、债务重、无合适产业、缺技术培训、缺劳务转移信息居于前5位。
UNDP项目建设	UNDP建设内容	对作为试点村的看法	80.0%认为作为试点村好处大。
	部门建设内容	对UNDP项目整合的各部门活动的作用的评价	54.5%认可社区减灾能力建设的作用。56.2%认可环境保护活动的作用。40.0%认可农房建设技术指导活动的作用。46.2%认可发展规划和技术指导的作用。61.7%认可对特殊人群的帮助的作用。

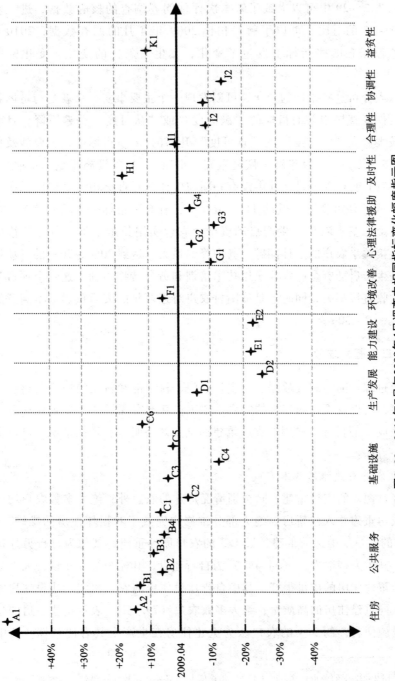

图2-32　2010年7月与2009年4月调查中相同指标变化幅度指示图

从表 2 - 29 中可以大致了解本次评估问卷调查的核心数据，进一步通过图 2 - 32 的对比，可以了解：相比 2009 年 4 月的调查数据，2010 年 7 月调查数据在哪些指标上发生了变化，发生了怎样的变化，变化幅度有多大。①

深入分析这些指标的变化，可以发现一个主要事实，那就是与贫困村村民生计恢复直接相关的指标的"满意度"或"认可度"普遍下降，且幅度相对较大。在"满意度"或"认可度"升高的 14 项指标中，主要涉及住房重建（2 项）、公共服务设施恢复重建（4 项）、基础设施重建（4 项）、环境改善（1 项）等项目，其中没有一项与生计恢复直接相关。相反，在"满意度"或"认可度"降低的 11 个指标中，有 6 项指标——灌溉设施、村级互助资金、基本农田、生产启动资金、农业实用技术培训、劳务转移培训——直接关乎农户的生计问题，其中降幅最大、达到 20% ～30% 的三项指标分别是生产启动资金、农业实用技术培训和劳务转移培训。这三个项目与农户的增收直接相关，同时也是贫困村农户对近两年的灾后重建最不满意的方面（见表 2 - 30）。

（二）基本成效

通过综合问卷调查数据、对主管部门、村干部和村民的访谈资料以及实地观察，可以发现，两年来的灾后重建工作基本实现了"三年重建任务两年基本完成"的目标，贫困村灾后重建的试点效果明显。具体来说，可以概括为八个方面：

1. 农房重建维修基本完成

经过两年的灾后重建，除个别情况特殊的农户外，绝大多数农户均已完成了农房重建并入住新房，绝大部分维修户完成了对损坏住房的维修工作；1/2 强的农户集中选址重建，近 1/3 的农户原址重建，其他为自行另外选址重建，其中大多数农户（54.4%）为自行建设，其他为统一建设；大多数农户认为重建住房的质量很好，其中自行建设住房的农户比统一建设住房的农户更认同重建住房的高质量；绝大多数农户（79.1%）表示重建住房的生活配套设施便利，约 3/4 的农户认为重建住房在生产上具有便利性，其中统

---

① 图 2 - 32 中的各指标除 G2、G4 是"需求度"指标外，比较的主要是"满意度"或"认可度"方面的变化及其幅度。

表 2 - 30　　　　　　　　　　　　　主要指标升降幅度分类[①]

		指　标	
升高	≥20%	A1：重建进度	
	10% - 20%	A2：维修进度	B1：村小学校重建满意度
		C6：入户供电设施重建满意度	H1：救援及重建及时性
		K1：重建益贫性	
	≤10%	B2：村卫生室重建满意度	B3：村活动室重建满意度
		B4：村便民商店重建满意度	C1：村内道路重建满意度
		C3：饮水设施重建满意度	C5：可再生能源重建满意度
		F1：村内环境改善满意度	I1：规划合理性
降低	≤10%	C2：灌溉设施重建满意度	D1：村级互助资金开展的满意度
		I2：规划与农户意愿的相符性	J1：政府部门间的协调性
	10% - 20%	C4：基本农田重建满意度	G1：心理援助满意度
		G3：法律援助满意度	J2：政府与社会组织间的协调性
	≥20%	D2：生产启动资金扶助满意度	E1：农业实用技术培训满意度
		E2：劳务转移培训满意度	

　　① 这里没有考察 G2、G4 这两个"需求度"指标，因其本身并不带价值评判取向，只是反映客观事实。

一建设住房的农户对住房生活和生产便利性的评价均高于自行建设住房的农户，两者相差分别达到 10 个和 7 个百分点；相比地震前的房子，绝大多数农户（85%）表示现在的新房子非常安全。

　　2. 公共服务体系基本恢复

　　经过两年的灾后重建，农村公共服务体系已经得到基本恢复，贫困村居民在基础教育、医疗卫生、文化娱乐、便民服务等方面的基本服务需求得到满足。具体而言，绝大多数农户（84.2%）对村小学校重建满意；大多数农户（63.7%）对村卫生室重建满意；大多数农户（63.7%）对村活动室重建满意；绝大多数农户（73.6%）对村便民商店重建满意。

　　3. 基础设施明显改善

　　经过两年的灾后重建，大大改善了贫困村落后的基础设施面貌，村庄的路、水、电等基础条件得到极大改观，灌溉设施、替代能源、农田改造等方面改善明显。具体而言，绝大多数农户（74.3%）对村内道路满意，近八成的农户已完成入户路的修建；农户对灌溉设施的总体满意度较高（61.7%）；七成多的农户对村庄饮水设施的恢复重建满意，八成多的农户已完成饮水设施设备的修建；基本农田恢复重建工作相对滞后，只有一成多的农户对基本农田恢复重建非常满意，不过仍然有一半的农户比较满意；截至目前1/2强的农户完成了某项可再生能源的修建，七成农户对可再生能源恢复重建满意；入户供电设施的恢复重建进度和农户满意度都较高，几乎全部农户（95%）完成了入户供电设施的重建，九成农户对入户供电设施恢复重建满意。

4. 生产发展全面启动

经过两年的灾后重建，贫困村普遍建立起了村级互助资金并实施生产启动资金扶助，实现项目到村、资金到户、效益到户，为农户提供生产发展资金，农户的生计恢复和生产发展逐步进入快车道。

5. 能力建设初见成效

经过两年的灾后重建，通过开展农业实用技术培训和劳务转移培训等能力培训项目，贫困村村民在民主管理、自我发展能力方面得到增强，为今后的社区发展和生计恢复打下了基础。

6. 环境改善成效显著

经过两年的灾后重建，"五改三建"活动深入人心，村落环境整治效果明显，特别是环境保护的硬件条件大大改善，七成农户对村落环境改善满意，人与自然的和谐初步彰显。

7. 心理和法律援助体现效果

经过两年的灾后重建，针对贫困村农户的心理重建工作体现出一定的效果，针对农户的法律援助基本满足了农户需求。在援助状况和满意度上，1/3强的农户接受过慰问、安抚等心理援助，其满意度较高（60.3%）；接受过法律援助的农户的满意度接近1/2。在援助需求上，三成多的农户（30.7%）表示有较强或很强的心理援助需求，1/3强的农户（36.6%）表示需要法律援助。

8. 多部门合作机制初步形成

经过两年的灾后重建，政府主导、多部门参与的灾后重建合作机制已经初步形成，为今后的灾害风险管理提供了成功的经验和可供借鉴的模式。只有少数农户（7.2%）认为政府不同部门之间的工作不协调，近1/2的农户认为两者工作协调；只有极少数农户（3.5%）认为政府部门与社会组织之间的工作不协调，1/3 强的农户认为两者工作协调；多部门合作机制是 UNDP 项目的重要特征之一，这种工作机制为灾后恢复重建工作提供了有效的平台，以至于八成农户认为作为 UNDP 灾后恢复重建试点村给村庄和村民都带来了较多的好处。

（三）主要问题[①]

在短短两年的重建中，试点贫困村灾后重建取得了明显成效，同时也存在着一定的问题，需要分析、总结。存在问题大致可以归纳为：

1. 重建具体项目方面

两年的重建中，《总体规划》中的项目预期目标基本实现，但是由于不同地区、不同人群的特殊情况，由于市场环境的变化、政策落实的力度不同等多种原因，项目实施的具体效果在各地是不一样的。具体包括以下方面的问题：

◇ 住房。仍然有部分农户因种种原因而未能重建住房；农房维修补贴较低不能满足部分受损程度较大的农户维修住房的需求。

◇ 公共服务。公共服务硬件设施的改善并不能真正满足农户的公共服务需求，服务具体化、维护制度化、享受均等化是未来贫困村公共服务面临的主要挑战。实地观察发现，较为突出的问题是部分村卫生室的利用率有限，部分村活动室没有有效承担文化娱乐功能。

◇ 基础设施。水、电、路等生活基础设施得到改善的同时，生产基础设施的改善并不明显，直接制约下一阶段的生计恢复。主要体现在以下几个方面：近 1/5 的农户仍然没有启动入户路的修建；有些村原先规划的灌溉设施修建工程至今仍未动工或者仍未完成；饮水设施的后续运行及维护还有待关注；1/3 强的农户没有修建或者没有听说过可再生能源项目。

◇ 生产发展。互助资金"只搭台不唱戏"的情况普遍存在，有组织无借款，宣传、引导、发动不够，农户参与不积极，借款少；生产启动资金扶助存在不公平甚至违规现象。

◇ 能力建设。存在流于形式、不切实际的情况，项目宣传发动不够，实

---

① 试点贫困村灾后恢复重建过程中的问题和挑战详见第四部分相关内容。

施过程中农户的参与性不高，影响项目实施效果。

◇ 环境改善。硬件改善的同时，对观念、意识等软件的改造不够，有些地区由于生产生活配套设施的不完善，导致环境改善和环境保护的不可持续性，存在形式主义问题，影响了整体效果。

◇ 心理与法律援助。心理重建工作不够深入细致，缺乏专业视角和策略，对农户目前的心理状态需要新的认识和把握；零星的外部法律援助活动无法很好解决农户的问题。

2. 重建执行过程方面

《总体规划》是按照中央领导关于"要把灾后重建与扶贫开发结合起来"的指示精神制定的，总的来说，《总体规划》的多数项目取得了较好的成效。但是，落实到每一个村，在重建规划的具体执行过程中，还存在一些需要认真总结的问题。大致如下：

◇ 灾后重建与扶贫开发一定程度上出现脱节。在两年的重建中，由于时间紧、任务重，不少地方出现"重重建、轻开发"的实际情形，灾后重建的阶段性及其目标定位欠合理，扶贫开发力度不够，产业发展进程缓慢。

◇ 规划内容与具体执行一定程度上出现脱节。某些村的具体规划与最终的项目之间差别较大，投入产出之间不成正比，投入多产出少，形式主义、面子工程的现象一定程度上存在。

◇ 规划及执行与农户意愿一定程度上出现脱节。在制定规划时，虽然强调参与式规划，但是在很多具体方面由于调查不深入、了解不全面，导致农户的很多意愿没有被考虑。

◇ 资源分配的公平性一定程度上受到挑战。从受灾程度识别、定性到重建资源分配、落实过程中，存在一些不能让村民信服的做法，引起了基层干群和村民之间的紧张和矛盾。

◇ 灾后重建的益贫性一定程度上体现不够。带有普惠性质的重建政策及其具体实施未能照顾到一些弱势群体和一些特殊家庭，导致他们未能通过灾后重建来实现家庭生产、生活的恢复。

3. 多部门合作机制方面①

UNDP 参与的第一批试点贫困村灾后重建，一个最大的特点就是多部门

---

① 这里仅仅是从问卷调查得出的结论，具体在后面的章节会就此问题进行更深入的分析。

合作，通过两年来的重建过程，多部门合作机制基本形成，也取得了非常明显的成效。不过，由于这是首次在灾害风险管理过程中采取这样一种运作模式，因此存在一定的问题既是必然，也是自然。具体有：

◇ 部门间的沟通协调机制不畅。从农户的感受来看，无论是政府各部门之间，还是政府部门与其他社会组织之间在沟通、协调、合作方面存在一些不顺畅的情形。

◇ 参与重建的多部门开展的项目宣传不够。村民对项目的知晓率不高，认识不够深入，参与很不充分，最终影响项目的实际实施效果。

◇ 参与重建的多部门开展的项目辐射效应不够。一方面这些部门并非是在 19 个试点村都有项目内容，另一方面示范村的建设未能有效地向其他试点村及面上村辐射。

◇ 参与重建的多部门开展的项目满意度不高。村民对这些部门开展的项目满意度并不高，表明项目的实施一定程度上未到达预期的效果。

第三章

试点贫困村灾后恢复重建
工作机制与模式

　　2008 年 10 月，国务院扶贫办、国家商务部与联合国开发计划署（UN-DP）合作，协同民政部（救灾司）、住房和城乡建设部、科学技术部、环境保护部、中华全国妇女联合会、中国法学会以及一些国际机构、民间组织等，在四川、甘肃和陕西三省选择试点开展了"灾后恢复重建暨灾害风险管理项目"，通过各部门的密切合作，试点贫困村灾后恢复重建工作取得了令人瞩目的成绩。试点贫困村在住房、基础设施、公共设施、生产发展、能力建设、环境改善、心理与法律援助、社会关系等方面都得到不同程度的恢复和改善。试点贫困村灾后恢复重建工作之所以能够取得有目共睹的成绩，在很大程度上得益于其所形成的多部门合作平台和良好的工作机制。本章内容着重分析试点贫困村灾后恢复重建工作的运行机制，通过对试点贫困村灾后恢复重建工作机制的分析，提炼贫困村灾后恢复重建的工作模式，为下一步更多贫困村的重建工作提供借鉴。

一、试点贫困村灾后恢复重建
工作多部门参与状况

试点贫困村灾后恢复重建是一项多部门参与的系统工程。国务院扶贫办是试点贫困村灾后恢复重建工作多部门合作平台的枢纽，促进了多部门的合作与交流。国务院扶贫办深刻认识到灾后重建工作任务的复杂性和繁重性，不是哪一个部门能完全承担的，必须发动多部门参与其中，发挥各自优势，实现多部门合作。国务院扶贫办与民政部、住房和城乡建设部、环境保护部、妇联、科技部等多部门达成合作，在制定发展规划、实行灾后恢复重建具体项目、扶贫开发等方面积极发挥各部门优势，提高灾区农村灾后重建的生活水平，实现灾区农村可持续发展。在试点贫困村灾后恢复重建工作过程中，各部门凭借自身的优势和特长开展工作，共同推进试点贫困村灾后恢复重建工作的进程。

（一）农房的重建和维修

"5·12"汶川地震不仅破坏了灾区的基础设施和公共设施，而且还致使农房的倒塌和严重损坏。对于中国的每一个家庭来说，房子是最为基础，也是最为重要的家庭财产，是其安身立命之本。因此，政府将基础设施、公共设施和农房的重建与维修作为灾后恢复重建工作中的重中之重。在很大程度上来说，农房的重建与维修不是简单的技术工程，它不仅要考虑当地生态、地理、社会和文化环境，而且还要考虑当地农户的经济和技术状况。特别是在农村地区，农房的重建面临着巨大挑战：工期紧，任务重，资源供给不均衡，技术、劳动力和原材料的缺乏，规则和监督的缺失，等等。

第一，UNDP和住房与城乡建设部形成了一系列建设技术和安全标准，用以解决潜在的问题和指导农户重建工作。第二，农房重建采用了"以工代赈""以奖代补"的方式，推动了抗震技术和绿色环保建筑材料的使用。而且 UNDP 项目还与企业合作，生产了绿色环保建筑材料，将建筑垃圾转化为建筑材料。第三，开展了农户和建筑工人的技术培训，农房建设技术培训惠及 6191 人，其中有 2017 人，包括 400 名妇女获得了农房建设的技术资格证书。农房建设技术培训提高了农户技能、安全意识和环保意识。第四，关注村庄的和谐恢复和重建。在马口村，住房与城乡建设部采用先进的节能技术，为当地的孤老和残疾人建设了近 1000 平方的"爱心民居"。

（二）环境保护

贫困村灾后恢复重建工作不仅关注社区农房、基础设施和公共设施的重建与维修，农户的生计发展，同时还关注社区发展过程中的环境保护问题。UNDP 与环境保护部合作，基于环境需求评估，形成了农村社区环境和生态资源保护规划，并且在重建过程和重建内容中采用了多种方法，比如环保知识和政策的宣传、环卫设施建设、环保能源利用等措施，提高了社区居民环保意识和社区环境的自我净化能力，为村级环境保护的做出了有效实践，为村级环境保护工作的继续开展积累了经验。

1. 编制试点村、示范村环境保护大纲

环境保护部确定了"制定试点村环境规划——编制环境示范工程规划——筛选并制定优先工程规划——组织优先工程招标——开展优先工程建设示范——工程验收——总结和论证——编制《贫困村环境建设导则》"的技术路线，并编制 20 个试点村的《环境保护规划》和其中 6 个示范村的《示范村优先工程规划大纲》，使得受灾村庄在长期的恢复重建中有效地管理环境风险。

2. 使用可再生能源

可再生能源包括沼气池、节能灶、太阳能等。可再生能源的使用将人和动物的排泄物转化为沼气，在很大程度上减少了农户生产和生活过程中对于木柴和燃料的需求，改善了农户和村庄的环境。

3. 开发新技术

通过与工作伙伴的合作，项目开发出了一种提高能源效率和环境保护的技术，例如，通过回收建筑垃圾，它可以减少建筑材料生产过程中的环境污染。在青川，这种尝试还用于临时安置房向牲畜棚的转化上。

4. 建设环卫设施

环境保护部针对六个环境建设示范村，实事求是考察地区情况，以环境可持续发展为原则，根据不同地区不同的环境问题，因地制宜地开展环境规划示范建设和环境保护建设。如在马口村开展环境保护建设，在光明村开展了污水处理建设，在清河村开展农村废品收集，在骆家嘴开展固体废物填埋和灶膛建设等工作。

（三）能力建设

以灾害与贫困的密切联系和社区与农户在防灾减灾中的重要作用为切入点，灾后恢复重建工作关注贫困人口在应对灾害及突发事件中的脆弱性，强调社区与农户自身能力的培育和建设对减贫进程的推动作用。因此，在贫困村的灾后恢复重建工作中，社区和农户能力建设是多部门工作的重要内容之一。

1. 社区与农户防灾减灾能力建设

UNDP 与国家民政部合作开展 ER&DRMP 的子项目——"农村社区减灾模式研究项目"。在实地调研成果基础上，项目结合当地社区特点开展干部及村民备灾减灾培训，应用参与式方法鼓励村民开发出包含本土防灾智慧的社区减灾应急预案，并据此进行实地应急演练，进而总结出适合中国西部震后贫困地区农村社区的综合减灾模式。为推动防灾减灾知识更大范围普及，项目还支持国家减灾委举办全国性防灾减灾知识竞赛，提高全民尤其是青少年学生的避灾自救能力和基层政府对灾害的应急管理能力，避免或减轻灾害给人类带来的危害。

2. 房屋建设技术指导

从 2008 年 11 月起，住房与城乡建设部依托四川省建设厅科技促进中心、青川县规划建设局，邀请国内外专家和技术人员采用案例讲解与现场指导相结合的方式，共开展 40 余次技术培训活动，主要培训对象是村镇建设管理员、村社干部、农村工匠，培训人数逾 6000 人，其中考核合格获得农村建筑工匠合格证的计 2017 名（包括 400 余名妇女），使工匠及村民掌握了目前灾区常用的农房建设形式的基本技术工艺，有效缓解了当地农村农房建设技术工人短缺的情况，推动了农房重建工程进度，为提高工程建设质量提供了有力保障。此外，住房与城乡建设部还发放《房屋抗震知识读本》《灾后重建适用技术手册》《新农村住宅建筑适用技术》《地震灾后建筑修复加固和重建手册》《新农村住宅施工技术及质量通病防治》《镇（乡）村建筑抗震技术规程》（JGJ161－2008）《农村民宅抗震构造详图》（国家建筑标准设计图集 SG618 - 1～4）等技术手册和图集 1000 余册，印制了轻钢结构房屋建设宣传光盘 2000 套，编写了浅显易懂、图文并茂，易于农民掌握的《农房重建与危改实用手册》，取得了良好的培训效果，农户的建筑水平得以提高。

3. 参与式脆弱性分析能力建设

2009 年 3 月 23 日至 28 日，全国妇联组织试点村所在的乡/镇、县、市、省级妇联主要工作人员和试点村的妇女干部与妇女代表参加了在四川省德阳市举办的参与式脆弱性分析深度培训会。通过培训，省、市、县、乡以及村的妇女干部和代表了解和学习了参与式农村快速评估的类型和方法，提高了掌握和运用各种工具开展参与式脆弱性分析的能力。

4. 农户意识提升

贫困村灾后恢复重建工作通过房屋技术培训、住房手册读本发放等手段，宣传农房建设的要求和标准，提高了人们在建房、住房安全性方面的意识；通过采用污物处理、垃圾分类、使用清洁能源和绿色科技、回收安置棚、宣传环境保护知识等方法，提高了社区农户环境保护的意识；通过"以奖代补""以工代赈"的方式，提升了社区农户参与社区管理和发展的意识。

（四）生计发展

贫困家庭和贫困人群在灾后早期恢复阶段以及长远发展中，均面临着资源环境脆弱、生计基础薄弱、生产结构单一、缺乏足够能力发展多样化生产、防灾减灾及灾后重建的能力较低等共性挑战。汶川地震后大规模集中建房虽然使灾区百姓很快重新拥有了住房，但高昂的重建成本、超前的建房标准等实际情况使灾区平均每户负债约 4～5 万元，还债以及今后的生活压力，使得对现金和稳定收入的迫切需求成为灾区今后相当长时间内必须面对的主要挑战。

贫困村灾后恢复重建工作协调了多个国家部门参与和探索贫困村生计恢复实践模式，通过以工代赈、村级互助资金、以奖代补、妇女培训和生计支持以及科技特派员帮扶等多种方式，支持农户通过自身参与重建项目增加现金收入。此外，项目还在灾后早期恢复阶段推动地方发展循环式产业链，尝试中国农村地区的低碳经济发展模式。

第一，国务院扶贫办在完成参与式规划编制的基础上，结合相应的规划实施，结合地区发展特色，将系统资金与项目资金整合使用，为试点贫困村生计恢复及发展探索产业化道路。2010 年国务院扶贫办主要做了四川的马口村、陡嘴子村，甘肃的唐坪村，陕西的秦家坝村的生计恢复发展工作。在制定四个村的生计恢复发展规划时，对四个村的地理位置、气候特点、可利用资源等情况作了综合的调查，同时还积极和相关部门合作，将低碳、环保等理念引入恢复重建工作中，因地制宜地制定出桑蚕养兔、种植核桃等环保高效的产业，极大促进了地区经济的科学发展。

第二，科学技术部对 19 个试点村中的 5 个示范村（四川清河村、光明村、马口村，陕西骆家嘴村，甘肃肖家坝村）进行科技援助，结合 5 个试点村农业主导产业和特殊产业进行研讨，进行科技需求分析、论证，制订了示范村产业整体发展规划，并建立科技特派员定点支持农户的制度管理体系。科学技术部在自愿基础上，围绕当地农业主导产业，为 5 个重点试点村建设科技特派员团队，以科技特派员为载体，着力打造 5 个科技示范基地，为试点村推广先进实用技术和产品，使每个试点贫困村重点扶持的 5 户示范户每户年均经济收入增长 5%。科学技术部实行的科技帮扶活动，为受灾农户家庭生计的发展提供了科学技术支持，有效改善了农户的家庭经济状况。而且这种科学技术的影响不会随着项目的结束而结束，具有可持续性和长期性，能够为灾区产业的恢复和发展提供长期支持。

第三，全国妇联开展的生计援助活动主要通过技能培训和物质支援两种方式实现。首先，全国妇联在四川、陕西、甘肃 3 省 19 个试点村组织了妇女生计实用技术和技能的培训。全国妇联通过组织专家团队到村里进行调研，了解灾区妇女的需求，而后根据各村的实际情况选出妇女代表，给予她们相关技术指导，并提供 1000 元左右的生产物资让她们发展生产。据统计，2009 年 6～12 月间，三省 19 个村近 600 名最需要帮助的妇女接受了培训。培训的主要目的是为了提高妇女参与恢复活动的能力，培训内容涉及核桃、花椒、茶、药材、食用菌的种植、病虫害防治、采收和保存；猪、鸡、兔和蚕的养殖、常见病防治、饲料配备和粪便处理，以及刺绣等。此外，全国妇联还根据培训内容和妇女的实际需求，向约 550 名参训妇女提供了雏鸡、仔猪、仔兔、幼蚕、核桃苗、茶苗等生产资料和小型播种机、草料机、塑料大棚、猪圈料槽、机动式消毒喷雾器、温湿度测量器、刺绣花样、刺绣半成品等相应的小型农用设备，支持她们重振生计，为家庭创收。

第四，贫困村灾后恢复重建工作鼓励受灾群众参与家园重建，通过以工代赈的方式支持了 6087 户当地居民参与维修了 336 户农房，建设或维修村社道路 26 公里，路肩保坎 6 公里，沟渠 8.5 公里，饮水工程 26 座，堰塘 4 座，总受益人数为 21531 人。不仅为受灾百姓提供了灾后匮乏的现金收入来源，而且提振了他们重建生活的信心。

（五）脆弱群体关注

同样的自然灾害对不同人群产生不同的影响。一个不争的事实是，任何灾害中受影响最严重的往往是妇女、儿童、老年人和残疾人等社区中最脆弱的群体。他们在灾害中不仅失去居所，丧失基本生产和生活条件，恢复生计的能力也会遭受重创，比任何人都更易于再次陷入贫困境地。这些群体不仅在应对能力方面比较薄弱，而且在争取应有权利时因常被边缘化而导致参与机会欠缺。中国社会快速推进城镇化的进程中，很多农村社区常驻人口主体正是这些"弱势群体"。他们的灾后恢复和发展生计、参与社区事务、重获生活信心等多项意愿和能力是农村社区重建的关键。然而，针对弱势人群灾后恢复的支持性政策和实践模式在中国农村社区还相当匮乏。

针对弱势群体灾后恢复重建的高脆弱性，项目协调多部门采用多重脆弱性减控方法，避免弱势群体在原有脆弱基础上背负更大的重建负担。项目针对农村妇女和弱势群体提供心理抚慰、法律咨询、能力培训、生计发展等支持活动，探索贫困社区在一定的外界帮助下，自立自强恢复就业和生产的经验和做法，也丰富了灾后恢复重建的人文关怀内涵。

第一，引入参与式脆弱性分析的工作方法并推动其本土运用。贫困村灾后恢复重建工作通过全国妇联与国际行动援助组织的合作，在四川、陕西、甘肃 3 省共 13 个试点村开展了针对社区弱势群体，即妇女、儿童、老年人和残疾人的参与式脆弱性评估。前后共有 800 余村民参与了评估。在此基础上，妇联系统近百余名骨干参加了灾后心理支持和干预方面的培训班，全国妇联还在试点村组织了妇女生计实用技术和技能的培训，并为 550 多名参训妇女提供了所需的小型农用设备或生产资料；通过在政府主导的恢复重建与特定人群的发展需求之间搭建桥梁，致力于更均衡地灾后早期恢复并为村落的长期发展打下了基础。

第二，开展灾后法律问题辨识研究，并为脆弱人群保护自身权益提供法律援助。UNDP 与中国法学会合作，研究灾后重建中涉及妇女、弱势群体保护、政府救助、环境保护等方面的法律问题，为立法、司法和行政管理部门提供决策参考。地震灾害引起的赔偿、财产继承等法律纠纷在恢复重建过程中不断出现，而脆弱人群运用法律保护自己权益的能力相对较弱，为此项目还支持合作伙伴为灾区提供专业、免费的法律援助服务，包括编印《灾后重建法律援助实用手册》，进入社区开展普法宣传、培训基层法律工作者和办理涉及灾民的法律援助案件等。

第三，关注脆弱群体的生计发展。贫困村灾后恢复重建工作特别关注脆弱群体的生计需要，为 423 个贫困家庭和妇女为主的农户提供户均 1972 元人民币的互助资金，支持发展种植和养殖业，以增加家庭经济收入。

需要特别指出的是，国务院扶贫办在贫困村灾后恢复重建过程中的工作和其所发挥的作用。首先，国务院扶贫办是贫困村灾后恢复重建工作的设计者。国务院扶贫办编制了"汶川地震贫困村灾后恢复重建总体规划"，为贫困村灾后恢复重建工作提供了指导，同时也为贫困村灾后恢复重建工作的开展提供了依据。贫困村灾后恢复重建规划突出了综合重建的理念，在重建经济时重视社会关系的重构，在恢复家园时重视生产的恢复和发展，在改变生活条件时重视生活方式的改变。同时，国务院扶贫办还采取整村推进的工作方式，将整村推进和贫困村灾后恢复重建结合起来，支持灾区的综合重建与可持续发展。其次，国务院扶贫办是贫困村灾后恢复重建工作多部门合作的协调者。在贫困村灾后恢复重建过程中，多部门的参与给贫困村的灾后恢复重建工作注入了新鲜的血液，带来了各种人力、物力、财力、知识等相关资源，为使这些资源在试点贫困村灾后恢复重建过程中发挥其最大效用，国务院扶贫办对与贫困村灾后恢复重建工作相关的诸多资源、信息进行协调、安排，以实现贫困村灾后恢复重建过程的高效率。再次，国务院扶贫办是贫困村灾后恢复重建资源的引导者。贫困村灾后恢复重建工作是一项责任重、时间紧的工作。地震发生后，中国政府和人民表现出空前的团结和人道主义、爱国主义精神，世界各国政府和民间团体也纷纷采取各种形式对灾区展开援助。国务院扶贫办根据贫困地区的需求和组织与机构的宗旨，将资源与需求进行连接，使资源投入的效用最大化。最后，国务院扶贫办还是贫困村灾后恢复重建工作的总结者与反思者。通过实地调研和研讨会等多种形式，有效总结试点贫困村灾后恢复重建工作的经验，并不断发现试点贫困村灾后恢复重建工作中出现的问题，为进一步开展贫困村灾后恢复重建和扶贫开发提出参考意见和建议，为贫困村灾后恢复重建的进一步实施奠定良好基础。

二、试点贫困村灾后恢复重建工作的运行机制分析

"机制"原是指机器的构造、功能及其相互关系。现"机制"概念已成为各个学科广泛使用的专业术语，其含义已经从原来专指机器的构造和工作原理，引申为泛指事物之间比较稳定的相互联系和相互作用。试点贫困村灾后恢复重建工作的运行机制主要是指贫困村灾后恢复重建工作运行中所遵循的规律。具体地说，就是试点贫困村灾后恢复重建的过程中，影响恢复重建的各组成因素的结构、功能及其相互联系，以及这些因素产生影响、发挥功能的作用过程和作用原理。

本部分主要对试点贫困村灾后恢复重建的动力机制、整合机制、沟通协调机制、保障机制进行分析。

（一）动力机制

动力是解释个体或组织行为产生、变化和发展的关键问题。动力机制，即是源动力建设。对于动力机制的研究是一种归因分析，即寻求动力产生的原因，用以说明事物为何会产生。任何事物的产生都是由于其有适度的动力，无一例外。从当代社会发展来看，一个社会只有当它拥有较为适度的社会动力的时候它才能保持其持续稳定的发展趋势。那么，从试点贫困村灾后恢复重建工作来看，多部门合作平台及其运行机制得以形成是基于试点贫困村灾后恢复重建工作的动力。因此，本书分析试点贫困村灾后恢复重建的动力机制，就是要分析为灾后恢复重建工作提供适度动力的原理、方式、手段与过程。

1. 需要是动力源

动力源，顾名思义是指动力的源头，即动力源自于哪里。贫困村灾后恢复重建工作缘于"5·12"汶川大地震，这一特大灾难给灾区和灾区人民带

来严重打击和破坏，同时它也震撼着许多社会组织、社会机构和个人的心灵。从国家和政府的角度来说，救灾是政府的责任；从灾区和灾区人民的角度来说，他们需要恢复或重建一个如震前般，甚至比震前更好的、安全的、宁静的家园；从社会组织、社会机构和个人的角度来说，他们想尽自己绵薄之力参与灾后恢复重建工作，和灾区人民一起重建家园。因此可以说，试点贫困村灾后恢复重建工作运行的动力是一个复杂的需求系统，其中国家、社会、组织和个人的各种复杂需要则是其最基本的源动力。试点贫困村灾后恢复重建工作的动力机制的第一个基本范畴就是需要。在国家、社会、组织和个人满足需要的驱使下，国家、组织和个人投入到试点贫困村灾后恢复重建工作中，此为试点贫困村灾后恢复重建工作的多部门合作平台和多部门合作运行机制的形成打下了稳固的基础。

> 灾后恢复重建能动员这么多部门参与其中，是存在驱动的东西，说驱动也好，说引导也好，就是说是什么让大家能够聚在一起，一起参与到项目中。同时，各个部委也会有自己的考虑，他会考虑自己的职责范围，自己的服务对象。他参与到这个项目中肯定带有一定的目的的。这个项目的推进必须满足各个部门的利益诉求，各个地方、各个民族，各个群体的……实际上，大家为什么能在一起合作，各部门也有各部门的需求。如果说各部门在项目当中没有收益，那就没有参与的动力了，包括我们参与到其中的每个成员。要么是一种知识的提高，要么是一种思想、一种观念的提升，这种需求是各个方面的（PGGA‑107‑5）。

在多部门参与试点贫困村灾后恢复重建工作的动力源分析中，本研究认为有两个重要的方面，即外部推动力和内部驱动力。从客观层面来讲是一种外部推动力。试点贫困村灾后恢复重建工作中有多部门参与的空间，即当前的灾后恢复重建工作的参与主体存在障碍，亟需多部门的参与，实际上也是为各部门的参与让渡出了空间。从另一个角度来看，这也意味着有一种外部的推动力驱动各部门进入该领域。这种外部的推动力主要源于国家和社会的需要。"5·12"汶川大地震给国家和社会带来的影响是巨大的，无数人的生命在此次灾难中丧生，受灾地区房屋垮塌、毁损情况严重，基础设施、公共设施遭受严重破坏，受灾群众的生产和生活受到严重影响。与此同时，受灾人民的心理也受到极大创伤。地震所带来的影响涉及社会生活的方方面面，灾后恢复重建工作既需要重建和维修住房、道路、供电供水设施等，还需要修复受灾群众的心理创伤，还需要恢复受灾人民的生产和生活，更需要关注受灾人民未来生计发展的问题……因此，灾后恢复重建工作是一项多部门、多主体参与的系统工程，需要多部门的合作、参与和共同努力。多部门合作与参与是试点贫困村灾后恢复重建工作有效开展的重要保证。

从主观层面来看则是一种内部驱动力，国家、社会、个人和组织有参与灾后恢复重建工作的需要。这种需要主要体现为国家、社会、组织和个人有为灾后恢复重建工作的目标群体提供支持和帮助的需要。目标群体的需要和多部门帮助目标群体满足其各种需求的动机或意愿，即一种内在驱动力。具体而言，这些主观需要首先表现为工作需要。就组织来说，任何一个社会组织所开展的工作都是为其工作目标服务的。在试点贫困村灾后恢复重建过程中，有众多的组织参与其中。作为营利组织来说是为了承担社会责任、扩大社会影响并获取经济利益，作为非营利组织来说是为了谋求人类福祉，实现其组织使命。例如，联合国开发计划署（UNDP）参与灾后恢复重建工作便是其使命使然。UNDP 是联合国从事发展的全球网络，倡导变革并为各国提供知识、经验和资源，帮助人民创造更美好的生活。在中国，联合国开发计划署致力于促进人类发展，赋予女性和男性平等的权利，共同创造更美好的生活。就个体来说，个体有原生性的需要（为了满足基本生存而产生的需要）和衍生性的需要（社会和精神需要）。不论是贫困村灾后恢复重建工作的目标群体，还是参与灾后恢复重建工作的个人，其第一需要是为了获得维持生活的物质生活来源，满足基本生活所需，所以作为灾后恢复重建工作的目标群体和工作人员都必须参与并很好完成灾后恢复重建工作。而且在完成工作的同时，他们从工作中也能体验到工作所带来的荣誉感、自我效能感，等等。其次表现为价值确定的需要。价值确定的需要是指参与试点贫困村灾后恢复重建工作的个人在工作中因得到别人支持和承认时产生自己有能力、有价值的感觉。参与灾后恢复重建工作的个体通过工作的开展，自我能力得以提升，自我价值得以确定，自我效能感得以提高。再次表现为得到指导的需要。参与灾后恢复重建的个人在与不同部门的工作人员的合作中，了解到不同领域的知识和经验，从合作伙伴那儿获得有价值的指导，不论是方法、技巧，还是思想、理念都有不同程度的提升。最后还表现为社会融合的需要。参与贫困村灾后恢复重建工作的个人通过此工作与他人进行交往和协作，进而拥有与他人相同的观点和态度，产生团体归属感。

因此，外部推动力和内部驱动力是相辅相成的，没有外部推动力即没有内部驱动力产生的可能性，而没有内部驱动力的话则没有参与的必要性。两者缺一不可，两者的共同作用，形成了试点贫困村灾后恢复重建工作多部门合作的动力源。

而需要之所以能成为试点贫困村灾后恢复重建工作运行的动力，在于它自身的内在属性：

（1）需要与满足两者之间具有不可分割性。任何需要，不管其程度强弱如何，也不管其满足的可能性有多大，它都有一个不可遏制的、要求满足的态势和趋势。在试点村灾后恢复重建工作中，多部门合作主体都是带有某种利益诉求的，这种利益诉求既是一种需要，也是一种需要的满足，对于需要的满足驱动多部合作主体采取行动。"需要—满足"的这种相关不可分割的特性，决定需要必然推动多部门参与试点贫困村灾后恢复重建工作中，成为个人、组织乃至整个社会的内在驱动力。

（2）需要之所以成为试点贫困村灾后恢复重建工作的运行动力，还在于需要具有一种永不满足的特性。也就是说，一种需要的满足并不意味着动力就消失了。需要具有无限性和广泛性。当一种需求得到满足时，会有更高一级的需求产生。比如说，从受灾人民的角度来说，在灾后恢复重建的初期阶段，农户的优先需要主要集中于农房的重建和村庄基础设施的建设，此需要为其积极参与灾后恢复重建的动力。随着灾后恢复重建工作的推进，农房得以重建，公共设施和基础设施也逐步修缮，但这并不意味着农户从此就满足了，就退出灾后恢复重建工作。此时，农户提出了更高层次的需要——生产、生活的恢复和发展。正是这种需要的无限性和广泛性，不仅使它成为灾后恢复重建的动力之源的原因和根据，而且还保证了它作为动力具有不可遏制地向前发展的趋势。

2. 动力机制的结构

试点贫困村灾后恢复重建工作动力机制的结构由外围结构与内核结构两个部分组成。

（1）外围结构。外围结构又包括动力主体、动力受体以及传导媒介。

试点村灾后恢复重建工作中的动力主体，也就是试点贫困村灾后恢复重建工作的多部门，具体而言有国务院扶贫办、联合国开发计划署、民政部（救灾司）、住房和城乡建设部、科学技术部、环境保护部、中华全国妇女联合会、中国法学会、国际行动援助组织和村庄。在具体的实施过程中，试点贫困村灾后恢复重建工作不仅有中央层级各部委、各组织和各团体的参与，还有各部委、各组织和各团体在地方层级的下属机构的参与，还有受灾农户的参与。所有这些都是动力主体。我们将其分为三个层次，个体（微观层次）、组织和团体（中观层次）与国家和社会（宏观层次）。这三个层次的主体所发生的动力及动力强度会通过一定的媒介进行传递。传递既可以在同一层次主体间进行，也可以在不同层次主体间进行。

动力传导媒介是将动力从一个动力主体传到另一个动力主体的渠道。在试点贫困村灾后恢复重建工作中，通过动力传导媒介传导动力的过程，也就是部门与部门之间、个体与个体之间、部门与个体之间在参与灾后恢复重建工作方面相互作用、相互影响的过程，通过这一过程，灾后恢复重建工作的多部门动力不断积累和增加，多部门参与的积极性得到增强。同时，动力传导媒介还将个人、组织和团体与国家和社会三个层次的动力整合为一体，成为试点贫困村灾后恢复重建工作运行的整体动力。试点贫困村灾后恢复重建动力传导的主要媒介为利益。利益既包括社会利益，又包括部门利益、个人利益，既要实现试点贫困村灾后恢复重建工作的顺利开展和有效完成，又要满足参与灾后恢复重建工作的各部门和个人的利益。国家和社会通过利益这一传导媒介，将自身的参与动力传导到部门和组织、个体等动力主体身上。部门、组织与个人在整体目标的利益导向下，积极开展灾后恢复重建工作。这样，利益就将宏观参与动力传导到中观、微观动力主体上。反过来，中观、微观的动力主体的工作又促使目标较为完满地实现，从而使宏观的整体的社会利益得到保证。

动力受体是指人们获得需求满足的对象、工具、资源等，即满足需求的满足物。试点贫困村灾后恢复重建工作中的需求是复杂、多样的，它既有灾后恢复重建工作的目标群体的住房重建、道路维修、人畜饮水与灌溉用水工程的恢复、生产和生活的恢复、心理创伤的治疗、生计的发展等等，涉及社会生活的方方面面，又有参与灾后恢复重建的部门、组织和个人的工作的需要、社会和精神的需要。

（2）内核结构。试点贫困村灾后恢复重建工作的动力机制的内核结构包括动力源、动力方向、动力贮存体和行动四个要素。动力源在前已论述，这里就不再赘述。

就试点贫困村灾后恢复重建而言，其动力方向是指动力要与试点贫困村灾后恢复重建的目标相一致，即经过灾后恢复重建，受灾贫困村基础设施、产业发展、民主管理与自我发展能力恢复到灾前水平，基本实现《中国农村扶贫开发纲要（2001～2010年）》目标。具体而言是指，规划实施前两年，结合农村住房建设，基本完成贫困村基础设施、公共服务设施的恢复重建；第三年，力争使农业生产设施、公共服务设施、基础设施、产业发展、民主管理、自我发展信心及能力基本恢复到灾前水平，群众收入及生活水平达到或超过全省贫困村当年平均水平。

动力贮存体则是指试点贫困村灾后恢复重建的多部门在动力的驱使下，实现试点贫困村灾后恢复重建目标所依凭的工具、方法和能力。动力贮存体的形式因层次的不同也有所差异。就参与试点贫困村灾后恢复重建的个体而言，其存贮体是个体行动的能力，包括其知识、经验、社会地位、个人魅力等；就参与试点贫困村灾后恢复重建的部门或组织而言，其动力贮存体就是组织或群体的凝聚力、经济和社会地位等；就宏观的国家和社会而言，动力贮存体是指现实生产力水平、科学技术水平以及建立在经济基础之上的权力体系。

行动是动力的外在表达方式。就试点贫困村灾后恢复重建而言，多部门开展的试点贫困村灾后恢复重建活动即是其动力转化为恢复重建的行动，就是在试点贫困村灾后恢复重建工作中国家、社会、部门、组织、个体将自身的动力整合为统一的动力，并将动力转化为实际的试点贫困村灾后恢复重建活动：重建和维修住房，保证住房质量和生活的便利性；重建和维修基础设施和公共设施，恢复社区的正常生活和生产秩序；注意环境保护，改善人居环境；关注脆弱群体，提升老人、妇女、儿童和贫困人群的社会生活参与度和能力，等等。

3. 动力机制运行过程

动力机制运行过程是围绕提供适度的动力展开的。在分析了试点贫困村灾后恢复重建工作运行机制的结构后，本书进而来分析试点贫困村灾后恢复重建工作动力机制的运行过程，探讨试点贫困村灾后恢复重建工作如何通过动力机制运作过程，挖掘灾后恢复重建工作多部门合作与参与的动力，使其动力方向与试点贫困村灾后恢复重建目标相一致，并将适度动力通过一些工具、手段和方法转化为实际行动的。试点贫困村灾后恢复重建动力机制包括动力源的开发与培育、动力转化、动力分配、动力监控与反馈四个方面（见图 3 - 1）。

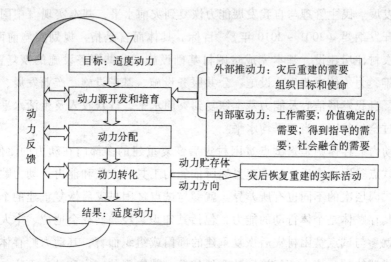

图 3 - 1 灾后恢复重建工作动力机制运行过程

（1）动力源的开发与培育。动力源的开发是对人们内在需要的开发。人们需要越是强烈，参与社会活动的积极性越高；人们需要越是广泛，参与各种社会活动的可能性就越大。适度动力要求人们的需要保持在一定限度、一定范围之内，并具有正确方向。在试点贫困村灾后恢复重建工作实践过程中，动力源的开发工作开展较少。参与试点贫困村灾后恢复重建工作的多部门的动力基本都是基于工作、基于使命、基于利益的一种原初动力，并没有一项工作或是一种方法来开发、挖掘其多方面、深层次需求，以调动试点贫困村灾后恢复重建工作多部门参与的工作积极性。因此，动力源的开发是灾后恢复重建工作中必须要重视的方面，特别是在后灾后恢复重建阶段。经过两年的灾后恢复重建，多部门参与的动力会出现不同程度的减弱，这时不仅需要开发动力源，还需要对动力进行培育，以积累、贮存增长动力。而此时，适当的激励是有效的手段。

（2）动力转化。蕴含于个体内部的需要是动力的一种潜在形式，它并不能转化为现实的行动，那么就需要动力转化这一环节来实现。动力转化环节是将潜在的动力转化为一种满足现实需要的行动。多部门参与试点贫困村灾后恢复重建工作仅有动力源是远远不够的，还必须在具备一些基本条件的前提下，通过一系列的动力传导媒介，将这些动力转化为现实的行动。动力转化的过程因参与主体层次的不同而有所区别，从微观层次来说，试点贫困村灾后恢复重建工作的目标群体基于自身的主客观状况产生需要，需要引发动机，动机唤醒目标人群的生理和心理紧张状态，他们急需寻找一种方式满足自身的需要，以缓解身心的紧张状态，那么此时目标群体就是指向一定的目标（或重建住房，或恢复生产、生活……）采取行动。从宏观层次来说，试点贫困村灾后恢复重建工作中的部门、组织根据地震灾区的受灾情况制定灾后恢复重建的目标，在目标的指引下，各部门、组织采取行动，推动灾后恢复重建工作的进展。

（3）动力分配。灾后恢复重建工作的动力机制是为了向试点贫困村灾后恢复重建工作提供适度动力而存在，因此，它不仅要开发和培育出适度的动力，而且还要将这种适度动力恰当地分配给试点贫困村灾后恢复重建工作的每个机制、每个部门和领域，从而保证发挥动力的功能和作用。动力的分配主要表现在两个方面：其一，试点贫困村灾后恢复重建动力机制为其他的工作机制，如整合机制、沟通协调机制、保障机制和监督机制提供动力；其二，参与试点贫困村灾后恢复重建工作的多部门的动力在试点贫困村灾后恢复重建工作中的各部门、各组织、各领域供给和调配。

（4）动力反馈。动力反馈是对试点贫困村灾后恢复重建工作动力机制的影响评估结果的反馈。也就是说，试点贫困村灾后恢复重建工作需要对其动力机制进行评估，评估内容主要包括经过动力源开发和培育、动力转化、动力分配等环节的动力机制是否能够为灾后恢复重建工作提供适度的动力，其中每个环节的状态如何，整个动力机制是否良性运转等三个方面的问题。纵观灾后恢复重建工作动力机制的结构和过程可以发现：第一，灾后恢复重建工作的动力源为需要，此需要是多方参与主体复杂、多样的系统，包括宏观层面上的国家和社会的需要，中观层面的群体和组织的需要，微观层面上个体工作需要、价值确定需要、得到指导的需要和社会融合需要等。这些动力源推动了灾后恢复重建工作的开展。但这些需要只是各参与主体的一种原初需要，灾后恢复重建工作缺乏对参与主体动力源的开展，导致灾后恢复重建工作后续力不强。第二，在国家方针政策的指导下，灾后恢复重建工作各参与主体的动力方向与灾后恢复重建工作的总体目标保持一致，使参与各部分在既定的目标框架下有条不紊地开展工作。第三，整个灾后恢复重建工作动力机制呈良性运行状态。通过将此评估结果反馈给相应的参与主体，能够促进各参与主体对自身动力进行调整，以发挥动力机制更大的效能。

（二）整合机制

"整合"是把一些零散的东西通过某种方式使其彼此衔接，从而实现资源共享和协同工作，其精髓在于将零散的要素结合在一起，并最终形成有价值、有效率的一个整体。试点贫困村灾后恢复重建工作的整合则是指将影响灾后恢复重建工作的各要素结合起来，使灾后恢复重建工作一体化。整合机制则是指影响灾后恢复重建工作整合的诸要素及其相互联系、功能以及整合的作用原理。试点贫困村灾后恢复重建工作的整合机制由三个部分组成：整合对象、整合方式和整合过程。

1. 整合内容

从目前试点贫困村灾后恢复重建的状况来看，整合内容主要包括利益整合、资源整合和知识整合三个方面。

（1）利益整合。试点贫困村灾后恢复重建工作整合的基本内容是利益整合，其他整合都是由此衍生而来的。也就是说，在试点贫困村灾后恢复重建工作中利益整合是资源整合和知识整合的基础，只有当试点贫困村灾后恢复重建工作中多部门的利益达成共识的时候，整合机制才得以形成。

试点贫困村灾后恢复重建工作需要解决以下五个方面的问题：一是住房及公共设施的建设。开展城乡住房和学校、医院等民生工程的恢复重建。二是基础设施的恢复重建。开展灾区交通、通信、能源、水利等基础设施的恢复重建。三是生产恢复。四是能力建设。对农户开展防灾、农户建设技术、农业实用技术和劳务转移的培训，提高受灾地区群众防灾减灾和生活、生计发展能力。五是环境保护，创设良好的人居环境。这就对各领域、各部门和各组织的工作提出了要求。他们需要不同程度地承担灾后恢复重建工作。因此，试点贫困村灾后恢复重建工作是一项涉及多领域、多部门、多学科的系统工程，其从工作上对各部门提出了要求。而此工作任务只有在多部门的共同协作下才能很好地完成。从此角度来说，试点贫困村灾后恢复重建工作的整合是基于部门、组织和团体的共同工作任务和共同利益。因此，在共同利益的引导之下，多部门凝聚为一个联系十分紧密的共同体，共同推进试点贫困村灾后恢复重建工作高效进行。

经验也有，教训也有，经验来讲，在一开始合作的时候非常难，各部门不理解不支持，所以我们开年会来打破部委之间的界限，然后在去年4月份搞了一次联合调研。通过联合调研，大家在一起讨论一个问题的时候，会忽然理解其他部门和自己在工作衔接上有意义，然后再引导他们从不同的角度考虑同一个问题，通过相互的交流，能够进一步加深理解，促进更好的合作（PGGA-107-1）。

（2）资源整合。资源整合是试点贫困村灾后恢复重建工作中日常的，同时也是非常重要的一项整合工作。资源整合主要整合的是各部门的人力、物力和财力。试点贫困村灾后恢复重建工作开展后，各部门、各组织和各团体基于本部门的工作职责和工作目标制定了重建规划，并投入了大量的人力、物力和财力。由于部门与部门之间工作的差异性和部分工作的重叠性，若是以部门为单位开展试点贫困村灾后重建工作，一是可能会承担不熟悉领域的工作而使工作效果甚微，二是可能会造成造成资源的浪费。这就需要将各种资源进行系统化的整理，最大化发挥资源的效用。试点贫困村灾后恢复重建的资源整合将不同来源、不同层次、不同结构、不同内容的资源进行识别与选择、汲取与配置、激活和有机融合，使其具有较强的条理性、系统性和价值性，并创造出新的资源的一个复杂的动态过程。

我们有很大的成就，我们各部委在里面做的工作，在一个村子里面得到了整合，从村里本身得到了不同的资源，得到了一些整合，整个村子的村容村貌啊、生计产业啊，包括老百姓的抗震救灾意识包括妇女意识都得到了提升，这是非常好的而且可能从另外一个角度成为四川灾区或者扶贫系统的一个范例，（没错），这都是很成功的合作，这个合作是个很好的经验，多部委的合作通过项目的实施使我们一个村庄或者将来再推广到一个县或者一个地区，能够得到推广，或者提升对于贫困地区、贫困村的发展，这非常有利的（PGGA-107-7）。

应该说这个效果是非常显著的，以我们陡嘴子村为例，我们陡嘴子村是我们市区两级扶贫办确定的灾后重建的重点的建设村，我们整个资金的投入呢，整合其他部门的资金，包括国务院扶贫办的投入，联合国开发计划署的投资，整个投资按照统一规划、分工协作、达成使用，就是按照这种模式使用，社会效益非常明显，这个村的基础设施发生了非常显著地变化，可以用翻天覆地来表达（PGGA-107-18）。

（3）知识整合。知识整合是试点贫困村灾后恢复重建工作整合的重要对象。因为试点贫困村灾后恢复重建工作不仅需要各部门和各团体的参与，更需要的是在各部门和各团体在本领域中有效开展工作、发挥领域和部门优势。试点贫困村灾后恢复重建的知识整合包含两个方面：其一，将各部门领域内的知识和经验进行重新整理，总结其中对于开展灾后恢复重建工作有益、有助的知识，摒弃那些对于开展灾后恢复重建工作无用的知识，并使之条理化、秩序化、系统化。这主要是通过规则或指令的方式实现。依照计划、程序与规则的方式进行的知识整合。其二，根据试点贫困村灾后恢复重建工作的需要，将不同领域、不同学科、不同专业的知识进行整合。通过协调相关资源、专家和系统，将分散的知识加以连接，使知识以可用的形式呈现，进而提升灾后恢复重建工作的效率与解决问题的能力。这主要是通过专家研讨会的方式实现。专家研讨会使得各类知识专家彼此进行交流，促进了不同知识的传递和整合。

特别是就调研数据来讲，整合是非常好的。为什么？第一个下到村里调研的是国务院扶贫办，扶贫办调研收集了很多第一手的资料和数据。由于我们的项目在之后开展，调研也相对滞后一些，那其他兄弟单位的一些调研数据和一些成果，我们都可以分享。然后我们在已有的基础上，专门针对环境保护方面，看有哪些还有欠缺的数据的，我们再进行补充（PGGA-107-3）。

2. 整合方式

整合方式是整合机制实现的方法和途径。试点贫困村灾后恢复重建工作将多部门的利益、资源和知识进行整合主要通过了行政和契约两种方式，我们在此称之为"行政整合"和"契约整合"（见图3-2）。

（1）行政整合。行政整合是以政府的权力运作为整合方式进行的。试点贫困村灾后恢复重建工作的行政整合是国务院扶贫办围绕贫困村灾后恢复重建工作，通过组织和协调将多部门的利益、资源、知识进行的整合。行政性整合实现了多部门试点贫困村灾后恢复重建工作的覆盖。这种整合方式可以保证多部门参与的长期性和持续性。但在试点村灾后恢复重建工作中行政整合的力度并不是太大。

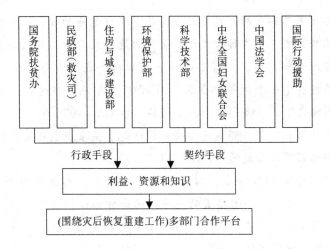

图3-2　灾后恢复重建工作整合机制图

从某种层面上来说，这就是一种制度约束（PGGA-107-5）。

国务院扶贫办是这样的，我们非常感谢国务院扶贫办在这个活动中的协调和牵头，和这个多部门合作的过程中，有很多的启发和很好的这种学习（PGGA-107-3）。

和每个部门都有项目协议，我们每年都会有和各部门的合作计划等，这个合作计划会每年都会进行调整（PGGA-107-6）。

（2）契约整合。契约是平等主体之间的一种合理关系。契约整合是以契约为整合方式进行的。试点贫困村灾后恢复重建工作的契约整合是以联合国开发计划署（UNDP）的"灾后恢复重建暨灾害风险管理"项目为基础，UNDP通过与多部门签订项目协议，规定双方的权利、义务关系而进行的整合。契约整合的方式在试点贫困村灾后恢复重建整合工作中所占比重较大，产生影响也较大。这种整合方式形成了一种基本的交往规范，它能够确保项目参与双方按一定的规范行事，保证试点贫困村灾后恢复重建工作顺利开展。

我们和UNDP签了一个协议，而且对于双方来说都是有约束性的（PGGA-107-5）。

就这个项目来讲，汶川地震发生后，UNDP向我们了解了恢复重建中妇女的参与状况，觉得在灾后恢复重建中需要重视妇女的发展，想把社会性别纳入整个灾后恢复重建项目。同时，我们作为一个妇女的团体也是非常关注妇女的。目前最多的贫困人口就是妇女，而且留守的妇女情况比较严重，在这种情况之下受灾的地区又是最脆弱的地方，受灾的程度可想而知。那么便有了这样一个契机。我们有个协议，当时2008年8月份签了一个两年的合同，到2010年年底。当时也是在 UNDP 和整个框架之下，主要集中于三个领域（PGGA－107－6）。

为什么能合作，那这是与项目设计是有关系。也就可以说，多部委的合作是因项目而起的（PGGA－107－7）。

我们是在2009年3月才接到这个项目的，那么在这个项目之前，国务院扶贫办和 UNDP 签署的一系列的合作协议。其他部委应该是在我们之前就介入了。在2009年3月，UNDP 和我们沟通希望我们参与到这个合作中，就有了这个项目。和这个 UNDP 合作的这个方式呢，有点像是一种合同型、契约型的，我们与 UNDP 签订合同，并按照 UNDP 的这种要求执行（PGGA－107－3）。

行政整合和契约整合两种方式共同作用于试点贫困村灾后恢复重建的整合，缺一不可。行政整合是契约整合的基础，契约整合是行政整合的有效补充。但契约整合却难保证其项目影响的长期性和持续性。项目结束后，多部门合作局面将会走向何方？这是值得我们思考的问题。

契约对于双方来说都具有约束力。就灾后恢复重建来说，在项目期开展活动，进行沟通和协调都没有问题。但通过契约的形式，它没能形成一种制度，只能靠各部委基于协议的合作。但是各部委也都有他自己的工作职责和价值取向。项目结束后，这就是有难度的（PGGA－107－5）。

这个项目完成之后，合作还能不能继续，现在很难说（PGGA－107－7）。

3. 整合过程

试点贫困村灾后恢复重建工作的整合过程是一种自上而下的宏观整合过程。由 UNDP、国务院扶贫办和商务部牵头发起，围绕试点贫困村灾后恢复重建工作，将民政部（救灾司）、住房与城乡建设部、环境保护部、科学技术部、中华全国妇女联合会、中国法学会和国际援助行动的利益、资源、知识进行整合，此整合过程具有认同性、互补性的特征。这一过程包括三个环节：确立中心、认同沟通、调整反馈。确立中心是指确立试点贫困村灾后恢复重建工作的整合中心，即推动试点贫困村灾后恢复重建工作的顺利、有序开展。认同沟通是指整合中心确立之后，国务院扶贫办和 UNDP 就整合中心与其他部门进行沟通，取得共识，并调动社会力量促使多部门的认同。调整反馈是指将试点贫困村灾后恢复重建工作整合机制的运行状况进行及时反馈，以对整合机制进行修正和调整，形成更为有效的整合机制。

试点贫困村灾后恢复重建整合工作的主要任务在于促进各部门、各组织和各团体认同整合中心——有效、有序推进灾后恢复重建工作，调整各部门之间的利益关系，形成一个有机的、充满活力的试点贫困村灾后恢复重建工作的整体。从目前工作开展的情况来看，试点贫困村灾后恢复重建工作的整合机制作用十分突出，主要表现为形成了试点村灾后恢复重建工作的多部门合作平台。试点贫困村的各项灾后重建项目都有了专业、专门的部门去做，提高了重建的质量，保证重建的效果，扩大了试点贫困村灾后恢复重建工作的社会影响。但这一任务又是艰巨的、复杂的，充满挑战性的。试点贫困村灾后恢复重建的整合过程仍然存在不少问题。

（三）沟通协调机制

沟通协调是对不同部门、不同组织开展的灾后恢复重建活动进行统一规划、统一协调、统一认可的过程。沟通协调机制是试点贫困村灾后恢复重建的工作机制的重要组织部分，是试点贫困村灾后恢复重建工作的基础。

1. 沟通渠道

试点贫困村灾后恢复重建工作的沟通工作主要通过正式和非正式的沟通渠道进行。

（1）正式沟通。正式沟通主要是在正式的组织系统内，依据明文规定的原则进行的信息传递与交流。这主要存在于中央各部委之间、中央各部委与UNDP之间、中央各部委与直属下级部门之间。具体进行沟通的手段和方式是部门与部门之间的来往公函、部门内部的文件、会议、上下级之间的定期信息交换等。正式的沟通渠道因为接受组织的监督，所以信息的真实性和准确性得到了保证。

> 首先，是与UNDP的沟通，更多的是基于对项目执行成果的沟通。与UNDP的沟通还是比较顺畅的，每周我们都会电话联系，随时沟通工作进展情况，然后，UNDP要求每月，以前是每隔两个季度有个报告，现在是每月。UNDP有一个项目管理体系，因为他们有很好的安排，执行的也不错，所以和UNDP沟通没有问题。其次，与国务扶贫办的沟

通，更多的是理念的沟通。这种理念上的沟通有时候就远远大于项目本身，理念对我们的影响可能是后续的。我们以后开发所有的这种环境保护的项目，会将贫困、弱势群体、社会性别等观念考虑进去，所以这种理念要远远大于实际。另外，我们还要协调三个省的环保厅，两个科研单位和四个科研专家，所以我们在内部也有一个沟通协调。与科研单位主要是一周一分享，分享项目进展，你下一步要做什么，你要完成哪些工作。针对每个省的，主要得利用我们现有的组织机构去进行沟通协调。关于沟通的主要工具，一个就是材料和文件的汇报，再就是平常的电话沟通和邮件的方式。另外，我们还请 UNDP 参加我们的项目启动会、经验交流会，一方面是给我们指导，另一方面就是通过这个会，我们给 UNDP 做这个汇报。在会上，UNDP 也会有一个反馈（PGGA - 107 - 3）。

我们跟 UNDP 最密切的联系就是递交相关的报告，再加上公文工作计划，以及平时一些日常沟通。UNDP 是直接跟国家级这一方面联系，但是你们工作开展的话，就必须要借助妇联的各个地方的这些单位去开展（PGGA - 107 - 6）。

我觉得这种机制从运作的情况来看，应该说我们对他从根本上就说，（有人插话：本身就没有一个协调机制）但是这个总的协调应该是在 UNDP，他们觉得这个整个成果，包括或者一个村或者一个县，是这么个情况。所以你说具体这种做法，国家扶贫办他们有他们自己的一套总结方法，我们也确实不太了解。那需要配合肯定是要找杨芳他们，他们在绵阳会有一个办公室，可以找办公室来协调这个事情。这个也很正常，如果是在别的部门，肯定也会有这种情况。这个有可能，但是我们没有遇到这种。要是有这种情况就应该是这样的。而且我们在一起开了好几次会，大家都有个交流，大家都在干什么做什么，都有分工的。至于像你说的这种情况在做的过程中可能有必要沟通的时候，因为我们在做的过程中还没有遇到这个事，所以如果要遇到的话，肯定也会找绵阳党组织，找杨芳他们，或者扶贫办出门协调这个事。因为谁牵头，谁就来协调。因为我们具体是干里面的某一件事的（PGGA - 107 - 4）。

但同时这一方式也有其弊端。一方面：正式沟通借助的是组织正式的系统，沟通是逐级进行的，以致沟通速度较慢，有可能延误信息传递的时间。

各个部门不一样，妇联和扶贫办在省市区县是有下属机构的。那么，妇联这边是国家一级，然后省市，然后区县，然后再加上乡镇，加上村，村就是那种大队主任。但是妇联的话从我们这边是想要报一个预算，从村里报，级级往上来，我们要是批了一个东西，我们级级往下去。UNDP 那边不直接对我们的任何一个地方，只对我们全国妇联（PGGA - 107 - 6）。

另一方面，正式沟通在系统内是垂直的沟通流向，沟通很少有同一水平的横向沟通流向。也就是说，在正式沟通过程中，更多的是各部委与其相应的下属机构的沟通，较少存在各部委下属机构在工作执行过程中的沟通，各部门各干各的工作，各完成各的任务。沟通过程中的条块分割状态状况导致多部门合作中各部门之间无法做到真正的融合和深度的协调。

多部门合作在目前突破不了这种机制，多部门合作协调非常费力，能取得成绩在目前来讲还是有限的（PGGA - 107 - 1）。

项目总协调是在 UNDP。就多部门的沟通协调，我们不好谈。我们各部委分工不同，我们的职责也不一样，我们是尽我们部委最大的职能和最大的努力去干好我们这方面的事情。那你说建设部他要搞建设，我们肯定看不到他是怎么搞的。比如说，几个部委同时在一个县来做一件事，这事会有几块分工，每个部门履行自己的职责，完成自己的分工。对于我们这块，我们是尽我们最大的努力去完成。在实际执行过程中，我们跟其他的部委也没碰到过。倒是开过几次会，让大家互相交流，交流的原因主要是（说明）大家都在干什么，就具体效果来讲（PGGA - 107 - 4）。

在后期实际施工的情况下，沟通协调就落实到很窄的面上。在中央方面沟通是国务院扶贫办，民政部或者发改委，落实到村里面就是村长和村支书。你跟村长一说，村长说哎不行，这块地谁谁说要干什么的，那就很好协调。因为最后他落脚的非常好，全部落实在这个社区这个层面，社区这个层面，谁管，村长管，村支书管，所以这样多部门合作就存在很多的矛盾（PGGA - 107 - 3）。

一般都是各个各干各的，重点是你上边是各个机构、各个部门，那么你到了乡上就和一个网似的，乡就是那个口，他需要什么，在哪方面还缺乏，就需要村联系和沟通，我们这些部门其实相互之间联系不是很多。这是需要强调的方面，大扶贫工作不是一个部门能干的，实际上是各个部门共同一起来做的，涉及农业部门、妇联啊、残联啊、民政部门等，需要有制度来将各个部门有效衔接（PGGA－107－18）。

多部门工作最后的落脚点在村庄，村庄中村书记和村主任与多部门一起协调一切事宜，但他们的协调工作仅止于对多部门恢复重建活动的配合。村书记和村主任没有能力，也没有权力根据村庄实际需要改变各部门既定的工作方案，也不能协调各个部门的工作在村庄层面的协作。

试点贫困村灾后恢复重建工作的沟通协调在最终的落脚处出现工作衔接不良的情况，是因为在前期项目活动开展之初，项目设计只明确了各部门应该完成的工作，而没有明确各部门配合的进度和进程，欠缺多部门工作的统筹安排。

> 我们可以举个很简单的例子，马口村和陡嘴子村，我们也都工作过，我知道陡嘴子村环保部、妇联、科技部、还有扶贫办全部都在里面做了相关的工作，这个相关的工作呢，相互之间的配合是有问题的。多部委合作，在部委与部委之间的合作之间，你比如说我们在做爱心民居工程，但是它的配套设施是由扶贫办或环保部来做。这些工作在整体的设计过程中是没有统筹考虑。你比如说，我做爱心民居了，这个爱心民居你要排水吧，我给他做的有，比如说我给他做的有马桶啊什么的，但是你用不了，那不白费嘛，你给他做的有厨房、下水什么的，但他没有水也用不了，这个东西要系统地配套。你比如说民政部，我不是讲他们做的好，我们做的不好，而是现在有这个问题，民政部你要做减灾，你要疏散，你要什么的，但是没用，如果你没有一个村庄的整体规划，包括这个，包括那个什么的，就是救灾的规划，你这个疏散都是一个项目的活动，通过这个活动大家会了解一些，可能事实上在发生灾害的时候，是不是这条就能用，没有一个评判，因为前期你没有一个科学的评判，通过规划啊，勘测啊来确定这东西。这个东西就是部门之间的合作，我们住房与城乡建设部呢是做这个，是规划的管理单位，城乡规划发展，规定是我们主管，因为没有相互之间的配套，包括扶贫系统的，相互之间的，包括经济，什么的，这个规划有总体规划，控制性规划，每一项之间的衔接还是有问题的。就是从规划，整体、大的、宏观层面，那项目以及与项目之间，我在做项目的时候，跟它的配合，没有在一起做，没有一个契合点（PGGA－107－7）。

而且贫困村灾后恢复重建工作利益涉及众多。由于多部门各自需求存在很大差异，不同的项目利益相关方对项目有不同的期望和要求，所关注的问题和重点也有所不同。因此，需要充分协调他们之间的关系，使各方面都满意，这是难度非常大的事情。

（2）非正式沟通。非正式沟通是除正式组织系统之外的基于个人品格、情感的信息传递与交流。非正式沟通在试点贫困村灾后恢复重建工作中占的比重非常小，但其具有灵活方便、速度快等特点，还是在试点贫困村的灾后恢复重建工作中发挥了些许作用。它是对正式沟通的一种有效补充，特别是在急需解决的状况发生时，它有正式沟通方式所不具备的有效性。

2. 沟通协调过程

沟通协调过程是沟通主体对沟通客体进行有目的、有计划、有组织的思想、观念、信息交流，使沟通协调成为双向互动的过程。沟通过程主要包括五个要素，即沟通协调主体、沟通协调客体、沟通协调渠道、沟通协调方式和沟通协调反馈。

首先，在试点贫困村灾后恢复重建工作中，各参与部门互为沟通协调的主客体，即各部门既是沟通协调的主体，也是沟通协调的客体，同时他们也互为沟通协调的出发点和落脚点，他们就其部门在试点贫困村灾后恢复重建中的工作对其他部门施加影响。沟通协调的主客体在沟通过程中处于主导地位。

其次，试点贫困村灾后恢复重建工作的沟通渠道包括正式的和非正式的沟通渠道。正式的沟通协调渠道是通过正式的组织系统而进行。正式的沟通协调渠道不仅能将工作内容、工作观念尽可能全而准地传达给沟通客体，而且还能广泛、准确地收集客体的思想动态和反馈的信息。非正式的沟通渠道则是沟通协调主客体基于个人品格和情感而进行，是对于正式沟通渠道的一种补充，对于紧急状况的处理有益。沟通协调渠道是实施沟通协调过程，提高沟通协调功效的重要一环。

再次，试点贫困村灾后恢复重建工作的沟通协调方式主要是公函、汇报文件或材料、总结会、研讨会、电话、电子邮件。各参与部门就试点贫困村灾后恢复重建工作，通过正式和非正式的沟通协调渠道，采用公函、汇报文件或材料、总结会、研讨会、电话和电子邮件等沟通协调方式，加强了各部门的联系，保证了试点贫困村灾后恢复重建工作的正常开展。

基本每个星期沟通一次。参加一些会议，提供一些资料，做一些报告，这些是通过书面文件的形式。而其他的一些日常的工作就是通过电话、电子邮件（PGGA－107－6）。

最后，试点贫困村灾后恢复重建工作的沟通协调是一个循环往复的过程。沟通协调的主体将所进行沟通协调的内容传递给沟通协调的客体后，客体会就沟通协调内容对主体进行反馈。

3. 沟通协调障碍

沟通协调过程涉及要素非常多，而且影响这些要素的因素也非常多。因而试点贫困村灾后恢复重建工作在实际的沟通协调过程中存在一些障碍，导致沟通协调受到阻碍。除了前文中提到的正式沟通协调渠道中的垂直沟通流向外，还存在组织结构障碍和社会地位障碍。

（1）组织结构障碍。首先，组织结构的庞大、层次重叠，使得信息传递的中间环节太多，从而造成信息的延误、损耗和失真。在沟通协调的过程中，不管是自上而下还是自下而上的沟通协调，信息在逐层传递时被过滤了。自上而下的沟通过程中，下级单位秉持"报喜不报忧"的原则，将工作成绩向上级进行汇报，具体工作中存在的问题被过滤掉了，那么在基层单位100%的信息传递到中央部门时可能就剩下30%了。由上而下的沟通过程中，在中央部门那里是100%的信息，下一级部门接收到再传递给下级部门时只将他认为其需要了解的那部分内容进行了传递，那么最后到最基层的实际操作单位时，这信息也就只剩30%了。而且在这整个的沟通过程中可能还会有不同层级对信息的误读，造成信息的失真。

我们现在做一个事，体系运转的时间特别长，工作环节特别多。你比如说我给你举个例子，UNDP 的 30 万元，村民都开始养兔子了，钱还没到位，我就问上面，说早就打过来了，已经到县里了吧，我说没有，他说那就可能到省里了，于是他打电话问省里，省里说。有这笔钱，但不知道是干嘛的，一直没动。体系运转时间特别长（PGGA－107－17）。

国家的条块体制，资源掌握在不同部门，协调工作难度很大。协调沟通基本在项目上。但是要协调的话一般是通过村支两委协调。这种协调如果是村支两委不透明的话就很难了。比如说打路，UNDP 给了钱，还差多少钱，村里就联系扶贫办或是其他部门，这些是村里说了算，我们也无法复核（PGGA－107－9）。

其次，受组织结构的限制，各方收集信息呈不对等状况。

在信息沟通过程中，还是觉得会存在一些信息的不对等性，这并不是说我的信息是错的或者他的信息是错的，而是我所知道的信息不一定是全部，没准我知道这个信息的60%，他知道那30%，还剩下10%我们都是不知道的，因为在项目活动开展之后，所有的活动都是扎根于最下面的。我们所获得的信息是通过我们自己内部系统挖掘的，另外的部门和人员会有他自己的一个信息收集渠道。那么最后关于同一类信息，不同的部门可能会有不同的数据（PGGA－107－6）。

再次，组织结构制约了工作内容的及时调整。

关于工作，这个我们之间会有沟通，我们事先沟通好再设计方案这样可以节省时间。在工作执行的过程中，我们也会到实施点去看，但是我们是不能直接下去的，而是先要跟扶贫办那边进行协商，那么在项目实施中就有很多工作是我们不可控的，或者说我们了解的信息是滞后的、不及时的。出现这种状况，我们就只能尊重现实，关注以后，采取补救的措施，跟踪后续的情况（PGGA－107－1）。

最后，组织机构内人员的流动造成的信息的遗失。而且人员的频繁流动也会增加沟通协调的成本。

我觉得可能有一点问题，比如说一个例子，我们在年底的时候会对整年的工作有个总结，在哪个村在哪些人之间做了些什么事情，那么会将这个总结提交给绵阳办公室。但因为人员流动的原因，这个过程中就会造成一些信息的丢失。再提交给另一个人时，这对于他来说是一个全新的东西，工作反馈的及时性就存在一些问题（PGGA－107－6）。

（2）社会地位障碍。沟通协调的每个个体都是处于一定的社会地位上，由于地位的差异，不同的人通常具有不同的意识、价值观念、道德标准和知识经验，从而造成了沟通协调中的障碍。试点贫困村灾后恢复重建沟通协调工作中的社会地位障碍主要存在于中央部门与其省、市部门，省、市部门与县/乡/村之间的沟通上，表现为知识背景的不一致而导致对同一事情认识上的差异；工作部门的差异导致的工作模式的差异；站在不同的角度看问题的视角也有所差异。

沟通协调过程中会有一些困难。首先，跟UNDP做项目，他们要求的产出、报告模式与我们以前所做的都不一样，包括文字表述方式；其次，UNDP 需要某些资料时，我们就需要通过我们的下属机构去收集，这其中会有一些专有词汇，不是很直观，也不能很好地为下属机构工作人员所理解，所以在这个过程中，我们需要去进行一些转化，转化成他们可以理解的（PGGA - 107 - 6）。

这个就是依靠信任。我们是想亲自下去看一看，然后设计项目，他们关注项目本身，我们更关心老百姓的收入，这就是着眼点的不同，我们在具体实施项目的时候，方式是多种多样的，同时我们也会有审核反馈等一系列工作（PGGA - 107 - 1）。

4. 沟通协调的作用

尽管试点贫困村灾后恢复重建工作中，沟通协调方面存在许多的障碍，但其在操作实施的过程中多部门都在努力克服这些障碍，积极探索工作方式。试点贫困村灾后恢复重建中的工作是不容小觑的。

其一，形成了多部门合作的平台，设立专门机构，负责合作事务。多部门合作平台是由国务院扶贫办、联合国开发计划署和商务部通过项目形式而组成的，所进行的是围绕试点贫困村的灾后恢复重建工作的多方面合作协调，是跨领域、跨部门、跨专业的合作平台。多部门合作的沟通协调是试点贫困村灾后恢复重建有效的协调机制与手段，有了多部门合作平台，试点贫困村灾后恢复重建工作才能在不同领域、不同层面、不同的专业技术上得以实施。

其二，签订了各部门试点贫困村灾后恢复重建协议、框架，作为多部门合作的依据和指导。在试点贫困村灾后恢复重建工作中，国务院扶贫办与联合国开发计划署（UNDP）通过沟通签订了"灾后恢复重建暨灾害风险管理"项目协议，而后在此项目协议的基础上，国务院扶贫办和 UNDP 与各部委通过沟通协调又分别签订了合作协议和合作框架。项目协议和合作协议是指导多部门合作的行动依据和指导。这也是试点贫困村灾后恢复重建工作整合多部门最为有效的一种机制。

其三，以合作会议的形式推动合作的深入发展。定期或不定期召开各种形式的合作会议，如项目启动会、项目交流会、项目协调会、论坛、项目研讨会、项目成果总结与宣传会议等，及时沟通和总结合作过程中所取得的成绩，并研究解决存在的问题，提出新的合作内容。

虽然如此，但从总体上来说试点贫困村灾后恢复重建工作尚未建立起有效的沟通协调机制。尽管多部门都参与了试点贫困村灾后恢复重建工作，签订了各自的工作合作计划，并明确了各部门在试点贫困村灾后恢复重建工作中的职责和任务，但在多部门合作开展试点贫困村灾后恢复重建工作中，由于沟通协调机制不完善，不利于协调各部门工作的衔接。

（四）保障机制

保障是为灾后恢复重建系统对其自身运行安全的防护与保卫。保障机制则是指灾后恢复重建工作的保障结构、功能及作用原理与作用过程。保障机制由三个部分组成：保障对象、保障手段和保障过程。

1. 保障对象

试点贫困村灾后恢复重建工作的保障对象有两个，一为试点贫困村灾后恢复重建工作；二为试点贫困村灾后恢复重建工作的制度、规范和机制、模式。对试点贫困村灾后恢复重建工作的保障，是保障试点贫困村灾后恢复重建工作的顺利开展，包括人力、物力、财力和政策的保障，不因为受到其他因素的影响而停滞。对试点贫困村灾后恢复重建工作制度、规范和机制、模式的保障是保障制度、规范和工作机制、模式的连续性、稳定性和有效性。这两者是一个问题的两个方面，它们相互依赖、相互影响。首先，贫困村灾后恢复重建工作的制度与规范和机制与模式决定了参与贫困村灾后恢复重建的各部门之间的关系，他们在灾后恢复重建工作中所处的地位。其次，贫困村灾后恢复重建工作对于贫困村灾后恢复重建工作的制度与规范和机制与模式也会产生很大影响。

试点贫困村灾后恢复重建工作的主要目标是为了高效、顺利、有序地开展灾后恢复重建工作，满足受灾地区农户的生产、生活和发展的需要。因此，为满足受灾地区农户的生产、生活和发展需要而开展的贫困村灾后恢复重建工作是保障的主要对象。但是，实现这一保障，是以贫困村灾后恢复重建工作的制度与规范、机制和模式为基本保证的，只有在制度与规范、有效的机制与模式的保障下，对试点贫困村灾后恢复重建工作的保障才可能实现，因此也需要保障贫困村灾后恢复重建工作的制度与规范、机制与模式，两者相辅相成。保障贫困村灾后恢复重建制度与规范、机制与模式的延续性和有效性就是保障了灾后恢复重建工作。

2. 保障手段

保障手段是指对保障对象实施保障的具体方式，这些具体方式有机结合起来就组成保障手段体系。这些保障手段作用的范围和作用的方式不尽相同，但其总体目标是一致的，即解除影响贫困村灾后恢复重建工作正常运行的因素，保证贫困村灾后恢复重建工作的进行。试点贫困村灾后恢复重建工作的保障手段主要有四种：国家制度、经济实力、契约和各部门的项目管理与投入。

首先是国家制度和政策。国家制度和政策强有力地保障了灾后恢复重建工作的开展。

> 这个就是我们国家的体制，就是社会主义的优越性吧，感受非常强烈。因为 2008 年汶川大地震之后，我也参加过一些国际减灾交流会议，他们觉得中国灾后救灾动员的能力不可想象，像日本的灾害管理能力已经非常强了，而且在理念等各个方面已经做的非常好了，他们自己都觉得如果此类地震发生在日本的话，在灾后救援动员他们做不到如中国这样。这个是已经达成共识的。这是因为中国的体制的优越性，是其他国家比不了，也没办法比的优势（PGGA – 107 – 5）。

> 这是我们国家制度决定的，体制的问题，因为我们是一个集权的国家，又是集中在一个政党的领导下，这个好处是什么呢，你比如说搞这个建设，国家大的宏观调控，金融危机了，地质灾害了，就有很大的优势了（PGGA – 107 – 18）。

其次是国家的经济实力。改革开放 30 多年，我国的经济实力大为增强，这也为灾后恢复重建工作的发展提供了强有力的经济保障。

> 经过改革开放 30 年，我们国家的确是强大了，包括汶川地震 2 个小时之后，总理就从北京……玉树地震，总书记……这个说的有点大。是个基础，非常重要的，也表明一个国家领导人对灾害的一种立场，一呼百应。就是通过这么多年的发展，我们国家这种救灾的能力还是有了很大的提升。提升了一大块，设备，硬件也好，如果没有这么多年的积累，从软件到硬件，从理想和现实方面来讲，非常希望，但是你没有这个能力支撑（PGGA – 107 – 5）。

再次是 UNDP 和各部门签订的协议。UNDP 和各部门签订的项目协议明确规定了双方的权利义务，这也是对贫困村灾后恢复重建工作的一个有力保障。

> 保障各部门合作的首先是有信任，部门之间彼此的信任。那其次就是合约，合约双方相互的制约。在制定方案或实施项目之前，我们都要考虑

可能出现的风险，我们都有项目工作计划，而且还要定期进行项目跟踪。像我们 UNDP，它要求前期的资金用出去 80% 后，有产出才会有下一期的资金投入。所以合作光有信任是不够的，还要有制约（PGGA - 107 - 1）。

签订协议，是 UNDP 对我们，包括项目设计、项目运营（PGGA - 107 - 3）。

最后是各部门的项目管理和投入。在贫困村灾后恢复重建的实施过程中，各部门的组织架构、人力资本和知识经验都在不同程度保障着项目的正常运行。

首先，从项目设计上，是从结果以导向，这样保障项目成果最大，项目资金最大使用在示范工程建设上；第二个，UNDP 项目来了之后我们压缩管理费，将更多的资金投入到环境工程示范建设（PGGA - 107 - 3）。

整个项目的实施，基本上是从两套制度或方式来约束和管理，一套是国务院扶贫办现有的体系或者制度，另一块就是 UNDP 投资方具体的一些要求或者是目标（PGGA - 107 - 18）。

3. 保障过程

保障过程是保障机制发挥其功能的动态运作过程。一般地说，保障过程由三个环节组成：评估、具体实施和反馈调整（见图 3 - 3）。

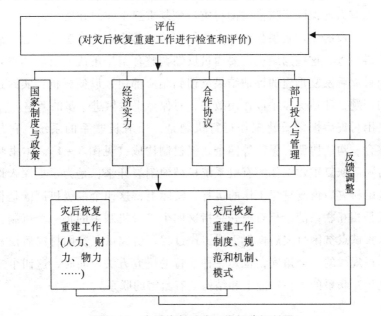

图 3 - 3 灾后恢复重建工作保障机制图

评估是对试点贫困村灾后恢复工作进行检查和评价，获取有关试点贫困村灾后恢复重建的具体状况的信息，为保障手段的具体实施提供客观依据。试点贫困村灾后恢复重建工作与其制度、规范、机制和模式构成了保障对象，两者的具体状况直接决定了试点贫困村灾后恢复重建的状况。显然，如果试点贫困村的灾后恢复重建工作处于一片混乱之中，那么，其工作是不可能正常开展的。同样，如果试点贫困村灾后恢复重建工作的规范与制度和机制与模式的稳定性、有效性都很差，那么这个工作也是不可能正常开展的。评估的功能就是要获取有关这方面的信息，以便制订保障计划，确定保障方式，实施保障。试点贫困村灾后恢复重建项目自实施以来，每年都会对项目进展和项目效果进行评估，以及时了解项目运行过程中存在的困难和问题，并及时调整，确定项目的正常运行。

　　具体实施环节是保障手段发挥其保障功能的具体运作过程。国家制度、经济实力、契约和各部门项目管理与投入四种保障手段的具体实施过程是不一样的，国家制度手段的具体实施是以国家机器的系统运行作为保障的，经济实力手段的具体实施是以国家的经济发展水平作为保障的，契约手段是以基于平等关系双方自愿的要约形式进行的，各部门的项目管理与投入是以各部门的组织架构、人力与物力资本、知识与经验进行的。这四种手段的有效结合，强有力地保障了试点贫困村灾后恢复重建工作的开展。

　　保障手段的作用效果如何，在具体实施过程中产生了哪些问题，遇到了哪些障碍等等，这些问题就需要通过反馈调整环节来解决。反馈调整是将试点贫困村灾后恢复重建的评估结果反馈到相应部门，以便分析在实践过程中产生的问题，评估保障手段作用效果，对保障手段做进一步的调整。

　　贫困村灾后恢复重建工作运行机制是一个有机联系的系统，它是由动力、整合、沟通协调、保障等四个二级机制构成（见图 3-4）。本书将试点贫困村灾后恢复重建工作的有机系统机械地割裂开来，是为了更深入地剖析试点贫困村灾后恢复重建工作的运行。实际上，这四个二级机制既是相对独立，又是相互联系的。相对独立是指这四个二级机制中的每一个机制，实质上是考察试点贫困村灾后恢复重建工作过程，研究试点贫困村灾后恢复重建工作运行规律的一个角度，也是一种独特的研究方法。同时，这四个二级机制又是相互联系的，在功能上和结构上有紧密的联系。

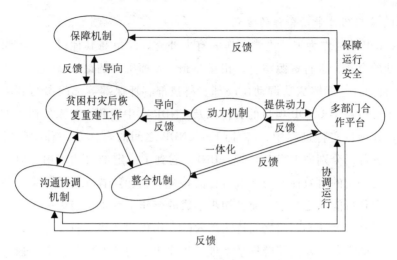

图 3 - 4 灾后恢复重建工作运行机制图

三、试点贫困村灾后恢复重建
工作模式分析

贫困村灾后恢复重建工作模式是一个有机联系的系统，它是对动力、整合、沟通协调、激励、监督等五个二级机制运行所形成规律的总结，是贫困村灾后恢复重建工作的方法论，即采用什么样的方式来开展贫困村灾后恢复重建工作。贫困村灾后恢复重建工作模式能够指导贫困村的灾后恢复重建工作，有助于灾后恢复重建工作的完成，并达到事半功倍的效果，对贫困村的灾后恢复重建工作有借鉴意义。

（一）贫困村灾后恢复重建的工作模式

贫困村灾后恢复重建的工作模式主要回答贫困村灾后恢复重建工作该如何开展，怎么开展的问题。从试点贫困村灾后恢复重建工作来看，贫困村的灾后恢复重建工作模式为采用项目带动合作的方式，充分动员政府和社会组织的参与，搭建政府主导的多部门合作平台，并在此基础上形成多部门合作框架，通过整合多部门资源，构建保障体系，建立沟通协调渠道等方式，实现贫困村灾后恢复重建的目标。

1. 采用项目带动合作的方式

UNDP 项目作为灾后重建工作的有力补充，注重与其他机构、组织和部门活动的合作，进行资源整合，相互补充，发挥资源的最大效益。对于 UNDP 项目而言，能够成功调动民政部、科技部、环保部等部门参与到项目中来，主要得益于 UNDP 项目的支持以及 UNDP 在中国几十年来所树立的正面形象。在项目实行过程中，各部门与 UNDP 之间的合作是一种契约式的合作，即各部门分别向 UNDP 负责，UNDP 起到了一定的协调作用。但是这种合作具有一定的时效性，与项目自身的特征有关，随着项目的结束，各部门之间的合作可能随之终结，而且初步形成的合作平台也可能失去了支撑。调查资料显示，推动多部门之间持续深入的合作仍然需要项目支撑，只有通过项目投入的方式，才能使合作平台进一步完善。建议 UNDP 在灾后恢复重建尤其是灾后贫困村的可持续发展过程中继续给予项目支持，以此来推动各部门之间的深化合作。

2. 充分动员和广泛参与

贫困村灾后恢复重建工作是一项需要多部门参与的系统工程。那么，动员、促进各部门参与贫困村灾后恢复重建工作，维持并增强贫困村灾后恢复重建工作的积极性便是其中重要的工作内容和工作方法。没有多部门的动员，便没有多部门的参与，没有多部门的参与，贫困村灾后恢复重建工作的多部门合作平台便无法形成，贫困村灾后恢复重建工作也势必受到影响。充分动员各部门和社会力量参与贫困村灾后恢复重建工作包括两个方面的内容：一是动力源的开发，即对参与贫困村灾后恢复重建工作各部门需求的开发；二是动力源的培育，即通过激励的方式和手段维持和增强多部门参与贫困村灾后恢复重建工作。

灾后恢复重建过程中多元主体在利益上存在着矛盾与冲突。国家是公权代表，要的是公共产品；地方政府要的是政绩和地方发展的效果；农民要的是生计，即直接的和根本的目标就是追求经济增收，获得近期和长期的直接经济收益和国家补助的收益。同一层面每个部门也都有各自的利益诉求，因此，提高各部门参与灾后恢复重建的积极性，增加多部门合作的产出，就更加需要在灾后恢复重建过程中在更多的方面、采用较多的办法与手段来建立起利益驱动机制，有效整合各相关利益方的利益取向，形成合力效应，使得政策制定能够代表各方的利益并得到有效执行，保障现有机制能够更加有效地发挥作用。

贫困村灾后恢复重建工作中动力源的开发和培育可以从四个层面来分析：首先是中央层面的各部委。中央部委是贫困村灾后恢复重建工作中的主导力量，直接决定了其部门及其下属机构在贫困村灾后恢复重建工作中的投入和工作态度。而对于其动员的最为有效的方式是基于国家和社会需要的行政方式和满足其部门利益的满足物。其次是地方层面的各部门。地方层面的各部门是贫困村灾后恢复重建工作实施的主要力量，对于其动员和激励除了上级主管部门的工作任务的布置外，还应设置合适的激励制度，以提高其工作的积极性。比如，在制度设计设置明确的奖励标准，对于出色完成工作任务的部门给予表扬、嘉奖或是一定的物质奖励。另外是贫困村。贫困村是灾后恢复重建工作在基层的协调者，同时它也是灾后恢复重建活动效果的载体。作为一个协调者，对于贫困村的动员和参与关系到各部门的工作是否能落到实处。作为一个载体，多部门实践的结果会影响到村庄参与重建工作的积极性。两种角色相互作用、相互影响。若村庄很好协调和配合多部门的恢复重建活动，那么村庄的恢复重建工作便能很好地落实和完成。而工作的良好落实和完成又将会为村庄的重建带来更多的资源，更进一步推动贫困村的灾后重建工作。最后是村民/农户。村民/农户是贫困村灾后恢复重建工作的重要参与者，对于村民/农户的动员和激励直接关系到村庄重建工作的完成状况及村庄后续的发展。动员和激励村民/农户的手段主要有个人和村庄利益、意识提升等。

3. 搭建政府主导的多部门合作平台

从灾后恢复重建规划涉及的重建基础、空间布局、城乡住房、农村建设、公共服务、基础设施、产业重建、防灾减灾、生态环境、精神家园等诸领域中，我们可以深切感到灾后恢复重建工作需要各部门的合作，由多部门联手共同推进灾后恢复重建工作。多部门合作是贫困村灾后恢复重建工作的基础。若没有多部门紧密的合作，贫困村灾后恢复重建工作不可能取得成功。

贫困村灾后恢复重建已建立由政府、非政府组织、志愿者、村庄相互合作的多部门合作平台。在灾后恢复重建工作中，政府起到主导作用，中央要对地震灾区展开的灾后重建工作进行宏观指导，给予政策和资金的支持；地方各级人民政府是本地区灾后重建的责任主体，统筹自身财力，调整年度安排，组织好灾后恢复重建工作；灾后重建还充分发挥市场机制和社会援助的作用，政府、市场、社会合理的分工，从而形成新的制度安排更好地推进灾区各个方面的恢复重建。试点贫困村灾后恢复重建工作不断创新工作机制，多渠道开展救助救灾工作，初步建立起政府主导，部门配合，社会参与的社会救助体系，确保了贫困村灾后恢复重建工作的有序开展，有力地维护了社会的稳定。

4. 形成多部门合作框架

多部门合作框架是贫困村灾后恢复重建工作模式中对于合作内容的基本规定。贫困村灾后恢复重建工作多部门合作框架的基本内容将由参与各方共同协商决定，其内容主要包括贫困村灾后恢复重建工作的目标体系、部门角色、工作内容、工作方式以及问题解决的具体方式。

第一，关于贫困村灾后恢复重建工作目标体系的规定。贫困村灾后恢复重建工作目标体系决定了贫困村灾后恢复重建工作发展的方向，是多部门合作框架中的重要要素。其工作目标体系由工作的总体目标和分解的具体目标组成。工作目标的设定对工作目标的完成、对参与人员积极性的提高、对合作平台整体性和一致性的提高等具有积极的推进作用。这是因为：其一，工作目标体系明晰各部门在贫困村灾后恢复重建工作应发挥作用的重点领域；其二，工作目标体系提高了参与贫困村灾后恢复重建工作的具体工作人员承担完成目标责任的主动性，为参与贫困村灾后恢复重建工作的各部门提供了动力；其三，工作目标体系提高各部门参与贫困村灾后恢复重建工作的整体性和一致性，有效保证贫困村灾后恢复重建工作目标的圆满实现。

第二，对于参与贫困村灾后恢复重建工作的各部门和组织角色的定位。对于贫困村灾后恢复重建工作中参与者的角色定位可以从两个层面来剖析，一是参与部门和组织的性质；二是各部门在贫困村灾后恢复重建中的具体事务。从参与部门的性质来说，贫困村灾后恢复重建工作的参与者不仅有政府部门，还有非政府组织，不同的部门和组织在贫困村灾后恢复重建工作中承担着不同的责任。政府的职责是制定政策，建立平台，社会动员，吸引社会组织和团体参与贫困村灾后恢复重建工作。而非政府组织所具有的组织性、民间性、自治性等特征使得社会组织和团体或非政府组织是政府工作的有效补充。这是因为，非政府组织与政府的目的是一致的，而且非政府组织还能及时发现政府容易忽视的角落。非政府组织对社会需求比较敏感，善于动员民众。政府和非政府组织之间存在着这种依据各自比较优势的分工，两者的合作可以使双方各自发挥自己的优势，扬长避短，达到一加一大于二的效果。从各部门在贫困村灾后恢复重建中的具体事务来说，各部门依据各自的优势、特点开展工作，积极配合其他部门的工作。

第三，对贫困村灾后恢复重建工作中各部门工作内容的规定。对于各部门工作内容的规定主要包括三个方面的内容：一是对各部门在贫困村灾后恢复重建中具体工作的规定，即开展哪些工作的问题；二是明确各部门开展实践活动中在工作内容上的衔接；三是明确各部门实践活动中在工作时间上的衔接。

第四，关于实现贫困村灾后恢复重建的工作方法的规定。工作方法，即在贫困村灾后恢复重建工作中各部门借用何种工具、通过何种渠道，采用何种方式以完成工作目标。工作方法是保证贫困村灾后恢复重建工作目标达成的重要保证。

第五，对多部门参与贫困村灾后恢复重建工作中的问题解决方式的规定。

贫困村灾后恢复重建工作的多部门合作框架是为了推动贫困村灾后恢复重建工作中多部门进一步深化合作，遵守合作有关规则而做出的一项制度安排，是贫困村灾后恢复重建进一步加强合作的客观需求和需要。

5. 整合多部门资源

贫困村灾后恢复重建工作多部门合作工作模式的形成离不开行政整合和契约整合两种整合方式。贫困村灾后恢复重建工作应将政府的行政手段和市场的契约手段两种方式相结合，在采用适当的行政措施的同时，充分发挥市场的优势，这样就可以最大限度发挥两者的优势，将更多、更优的部门纳入到贫困村灾后恢复重建的工作体系中。其中，通过市场运作可以吸引更多的资金、更优秀的人才、更好的组织参与到贫困村灾后恢复重建工作中，而通过政府的行政手段可以为各项工作的贯彻落实提供强有力的支持。

通过行政整合和契约整合相结合的方式是为实现两个方面的整合：首先，多部门利益的整合。利益整合是贫困村灾后恢复重建多部门的基本整合对象，其他整合对象都是基于此衍生而来。因此，需要就贫困村灾后恢复重建工作与参与各部门进行沟通协商，进而取得一致的认同，在共同利益的基础上形成贫困村灾后恢复重建工作的多部门合作平台。其次，基于利益整合的资源整合。资源整合包括用于贫困村灾后恢复重建工作的人力、物力、财力和信息与知识/技术资源。人力资源是指各部门参与到贫困村灾后恢复重建工作的工作人员的劳动能力，包括人所具有的脑力和体力。物力资源是指有效开展灾后恢复重建工作所需要的设施、材料等。财力资源是用于贫困村灾后恢复重建工作的资金。贫困村灾后恢复重建工作的经费在整个恢复重建工作中占据重要的位置，它直接关系到贫困村灾后恢复重建工作的的成效，决定政策的落实程度。知识/技术资源包括两个方面：其一，与解决实际问题有关的软件方面的知识；其二，为解决这些实际问题而使用的设备、工具等硬件方面的知识。

6. 构建保障体系

贫困村灾后恢复重建工作的多部门合作现已初步建构了保障体系，其包括制度、资金和人才的保障三个方面。制度保障是为贫困村灾后恢复重建工作提供的一系列制度、政策、措施等方面的支持；资金保障是确保开展贫困村灾后恢复重建工作的各项资金，资金的来源渠道应该多元化，不能仅仅局限于政府部门的资助；人才保障是为促进贫困村灾后恢复重建工作的多行业的人才。

（1）贫困村灾后恢复重建工作的制度建设。包括四个方面：第一，多部门合作的制度。通过贫困村灾后恢复重建工作社会影响的宣传，进而影响政策的制定和设计，将多部门合作的工作模式形成一种工作制度。多部门合制度是多部门参与贫困村灾后恢复重建工作的依据。第二，部门责任制度。通过明确工作目标和责任建立贫困村灾后恢复重建工作的部门工作责任制度。该制度对各部门的工作目标、具体工作内容、工作责任予以规定。第三，工作督导制度。为提高多部门参与活动的规范性和质量，贫困村灾后恢复重建工作领导小组应组织专家定期对多部门参与活动进行督导。第四，考核评价制度。通过明确工作任务和工作效果来建立工作考核评价制度，实现对参与各部门工作的考评。

（2）要做好贫困村灾后恢复重建工作的资金保障。贫困村灾后恢复重建工作的资金保障制度包括两个方面的内容：一是保证灾后恢复重建工作顺利开展的资金保障；二是贫困村灾后恢复重建工作运行过程中保障资金的使用安全。

（3）要健全人才队伍建设。人才队伍建设主要包括两个方面的内容：其一，通过专题培训、多部门交流会、专家研讨会、考察学习等方式提升参与贫困村灾后恢复重建工作的工作人员的能力；其二，建立一支专家队伍，涉及地理学、地质学、灾害政治学、传播学、社会学、管理学、农学、心理学、环境资源学、工学等等各个领域，借助其强大技术优势推进多部门合作。

7. 建立沟通协调渠道

贫困村灾后恢复重建工作模式是一个由政府统一领导，多部门、多组织协作开展工作的模式。这个模式的优点是可以通过政府的行政手段，迅速形成社会参与的规模和气势，在较短的时间内产生社会影响和效果。但是，这一模式需要政府投入大量人力和资金，同时需要根据变化的情况不断完善各种协调政策。如果缺乏这些前提，就很容易出现部门和组织之间的协作障碍，从而影响贫困村灾后恢复重建工作的持续有效发展。

贫困村灾后恢复重建工作中已基本建立沟通协调渠道。沟通渠道以垂直流向为主，表现为各单位和部门直接对直属领导部门负责。这种沟通主要通过文件下达、工作布置等方式实现，下级完成上级下达的具体工作，同时负责执行、落实并上报给上级部门。横向沟通，即不同的部门与部门之间的沟通协调渠道还未形成，部门之间的协调与配合也主要在各自体系来实现。如汶川地震灾后恢复重建过程中，具体到市县一级各部门的工作，主要是按照当地政府的一个整体的部署及总体要求来实施。实现整体推进，各司其职，各负其责。

（二）贫困村灾后重建模式的绩效分析

试点贫困村恢复重建工作通过积极大胆的探索，建立了社会各部门共同参与灾后恢复重建的工作模式，各部门在合作平台上共同参与项目的设计与实施，取得了良好的效果。

1. 初步建立合作平台，探索了长效合作的机制

在试点贫困村灾后恢复重建过程中，UNDP 联合国家各部委开展了试点贫困村灾后恢复重建项目，在这个项目中，国务院扶贫办、UNDP 和商务部组织、协调各部委参与试点贫困村灾后恢复重建工作，建立了多部门合作平台，形成了一种非常态的工作机制。为了保证试点贫困村灾后恢复重建工作的顺利开展，多部门合作中各部委或多或少地放弃了自己的部门利益，实现

了试点贫困村灾后恢复重建工作的利益整合。而且在试点贫困村灾后恢复重建工作来看，从项目的论证设计到项目的实施运营整个过程，各部委全程参与，进行了广泛积极的交流沟通，相互了解彼此的工作计划和内容，分享项目成果。这些对于我们探讨常态下多部门合作参与有所助益。

> UNDP 之前和各部门有过良好的合作经历，有着很高的声誉，它进入中国已经有 31 年了。了解中国的现实也尊重中国的现实。我们在这方面有很大的贡献。这次试点贫困村灾后恢复重建项目我们建立了跨部门的合作交流平台，让我们共同深入到灾区农村的基层去了解他们真正的需求。通过联合调研大家在一起讨论一个问题的时候，会忽然理解其他部门和自己在工作衔接上有意义，然后再引导他们从不同的角度考虑同一个问题，通过相互的交流，能够进一步加深理解，促进更好的合作。我们就是通过这些项目让他们接触到村，但有些我们 UNDP 无法接触到的地方，比如村一级，我们就通过扶贫办来进入，因此这个跨部门的合作在我们看来是个很大的收获（PGGA－107－2）。

环保部官员也认为跨部门合作是一种很好的探索和尝试，在以后的许多领域可以探索形成这种机制：

> 我们之所以看重这个项目，一个是因为我们各方有着合作的机会，另一个就是我们十分珍惜多部门合作这样一个平台。我们希望通过这个平台能有更多的和各方合作的机会和可能，在交叉的领域能够有所突破，在非常态的领域我们的合作能够为完善国家的政策提供一些帮助，有利于我们国家的社会主义新农村建设。我们是非常认可，非常受益多部门合作这一平台的，我们希望能珍惜利用好这一平台。促进各机构、部门、院校的交流，有利于部门间更好地开展合作（PGGA－107－3）。

在各部门共同推进试点贫困村灾后恢复重建工作的过程中，多部门合作的工作机制不仅为试点贫困村灾后恢复重建工作提供了巨大的帮助，为灾区的人民恢复生产生活、发展生计提供帮助，同时在这样一种跨部门的合作中，参与各部门在项目的设计实施中获益颇丰。

> 项目的实施有直接的受益群体和附加的受益群体。从直接来看，我们 19 个村所覆盖到的贫困户都能从这个项目当中，每个村从 30 多万到 70 多万的项目，要加上有 5 个村是重点灾难村，通过这种有差异的这种设计使一些目标源泉能够直接收益。所谓的附加的受益群体啊，就是没

有这项目所开展的一系列设计、交流、总结、评估等等特别系统的，使我们参与到整个活动的项目机构、院校，都能够从中得到益处。所以我觉得，这个项目从益处来讲要比很多项目受益的面要广，它的附加值要大（PGJT - 107 - 01）。

众所周知，我国是各类自然灾害频发的国家，近年来我国经常面临各种灾害的威胁，在国家进行各类救灾扶贫的过程中，都需要有多部门的参与，在进行扶贫救灾的实践中，多部门合作是一种非常有益的尝试。在试点贫困村灾后恢复重建工作开展之前，各部门间缺乏合作交流渠道，在项目实施上采用的是分部门的管理方式，各部门只负责自己管辖范围内的事情，每一个部门只负责一类或几类项目，项目之间很少能相互协调，从而影响了救灾扶贫投资的效率，而在多部门合作平台下，各部门共同参与，在统一协调的基础上开展试点贫困村灾后恢复重建工作，并能够促进本部门的工作与其他部门工作的相互补充。相信在以后的救灾扶贫工作中，这种有益的探索能够为长效的多部门合作机制的形成提供借鉴。

2. 创新工作方式，更新了政府部门的工作理念和方法

在实际参与 UNDP 项目的过程中，UNDP 开展项目的工作理念和方法与多部门合作的工作机制为政府部门工作的开展提供了新思路和模式。试点贫困村灾后恢复重建工作的基本流程是：首先进行前期调查。通过联合各部委下到村里面，实地了解试点贫困村的真正需求。在了解到村里和村民的需求后，再进行项目的规划设计和论证，在此过程中，各部门根据村民的需求开展相应的工作，在实施的过程中，根据实际情况的变化进行适当的调整，同时及时地进行跟踪监测和评估，以保证后续项目的顺利推进。

UNDP 项目与其他的一些项目不同，它强调的是社会创新。UNDP 给的钱不多，它强调在我们过去的工作方式上有所创新。这个创新是在探索一个能够解决社会问题的机制，它强调的是社会创新。UNDP 这个项目跟其他的项目相比首先这是一个应急项目，并不是一个规划内的项目，因为大地震来了；其次是一个综合项目，它把心理、环境……等等整合在一个项目内，这是从来没有的，以前是单个项目；第三，如何开展项目也是一个创新。这个都反映了它在这个方面想探索的一些东西。UNDP 的理念还是希望把政府动员起来跟它一块做。另一方面在做的时候要创新。我们只能说，UNDP 在这个事情上，一个是反应敏捷，

忠实地履行这个国际机构的使命。而且，更重要的是，诸有成效的创新，刚才提到的我们搞了4年多的科技项目的机制和制度，对创新具有推动作用。因为灾后重建确实需要综合的力量，专业的、行业的、知识面的、能力面的（PGGA－107－4）。

在试点贫困村灾后恢复重建的过程中，试点贫困村的恢复重建工作首先强调将救灾和扶贫联系起来，将国际先进的理念带入到项目实施中来；其次是注重培养村民防灾救灾的思想意识，关注培养村民自我发展的能力，强调从住房、养殖、种植、环保、心理等多方面、多角度给予村民指导，充分发挥多部门联合支援的综合优势。再次是强调项目实施的持续性，不断进行后续资源、资金和技术的跟进，关注项目的实施进程、监测及效果的评估，真正建立起贫困村的自我"造血"功能。在开展试点贫困村灾后恢复重建的过程中，通过召开联合会议，制定目标任务，形成分工有序、管理有效的多元项目管理体系，各部门的功能作用得到最大程度的发挥。

试点贫困村灾后恢复重建项目对于参与其中的许多部门来说，其项目实施的理念及开展的方式做法将影响到各部门今后政策的制定、规划和工作的开展。

UNDP的理念对我们的影响，这个是毋庸置疑。在做这个项目之前，理念肯定没有，这个是民政部在做，是吧，然后这个扶贫的理念，我们以前关注环境保护，环境保护之前所做的大多数是对于这种城市的，像二氧化碳，二氧化硫啊这种的，所以在农村环境保护里面，这也是一个新的，或者说这个有待加强的理念。而且，这次正好是农村环保和扶贫结合起来，所以我也觉得这是一个很好的切入点，以后也是的。这也是为什么我在这个会上强调多部门合作，其实我就想加强和国务院扶贫办的合作，这个理念可能是有这个反馈。另外就是什么，嗯嗯，性别，性别这块，我觉得做一个PPT您可能不看这个图，所以我找个你拿去做东西。包括我们显示马口村调研这个图片里面，这个他们这个村支书在中间，这边是几个年纪比较大的，在整个过程中我们是非常注重这个的，以前说实话，以前在写UNDP的这个的时候，头疼死了，我说你干嘛非要写有多少女性参与进去了，以前我做这个项目，像没有啊，以前像这个没有，现在第一次谈到了。对对。然后我找个，所以上午方向阳不是说了吗，把我们弄得够呛。以前我们做的是生态，没有这个扶资理念性别理念，但是这次却是有很大的影响。像还有，法律？还有另外一点呢就是，UNDP 的这个理念对我们的影响最大的，就是结果与导向的这种项目管理参加，还有就是特别注重这种就是这种 RME 检测和评估。尤其是检测和评估我觉得这个项目做的最好的一点就是检测和评估非常到位。以至于他在后期的这种宣传上，量很少。以至于他在这种发现一些问题的时候，能够，正因为有了这种检测和评估的体系，所以能非常及时地发现问题，然后表露。这个是保证这个项目做到现在，应该说是比较认可的一种主要保障措施。UNDP 很多项目，这个项目的 RME 我觉得是做的非常好（PGGA - 107 - 5）。

在科技部官员看来，试点贫困村灾后恢复重建工作是为了解决民生问题，通过科技支援帮助灾区恢复生产发展，而多部门合作工作机制在这方面的优势是毋庸置疑的。

科技科研这个项目，我们做了几年之后有了一些经验的积累。这些经验对于试点贫困村灾后恢复重建工作急需解决的民生问题、社会生产问题各个方面的问题是很有帮助的。我们认为我们科技支援进行的这么好，那么就要把它移植到灾后恢复重建工作里面来，为灾后重建做点贡献。这个应该说是一个大胆的探索，因为科技支援这个项目呢，它全程是依靠科技支持，以实现扶贫的可持续发展，是一个制度、一种机制的研究和探索。它不是单一的技术，如果是单一的技术，在这个情况下显示它的威力呢就不在一个层面。因为它是一个机制，一个机制的创新。所以这个科技特派员作为一个综合优势，这样把它移植到灾后重建里面来，它很快就体现了（这个项目的价值）。这个，核心机制是什么，他们刚刚也都透露了，着眼于长效机制的建立，着眼于可持续发展（PG-GA - 107 - 4）。

通过 UNDP 与中国政府的合作，UNDP 的项目工作开展的理念和方法也对政府部门产生了巨大的影响，影响了国家政策的改进和完善。

比如去年民政部在广元开会的时候，当时我跟国家减灾中心的主任讨论过，当时他说国家有个关于社区减灾的示范村建设的活动，中央每年拿 5 个亿推进这个活动，他说有 5 个硬性标准，按这个标准我们没有一个村符合，当时我和他有争议，这 5 个标准都是硬性的，都是针对的发达社区，但对于贫困村来说，它们是最脆弱的，最需要这方面的援助，因为贫困和灾害是有很大联系的。因此我们应该看创建的过程和变化，当时他坚决不同意，但令人欣慰的是他们后来吸取了我们的意见，最后马口村在去年12月份的时候进入了名单，然后今年他们在提交工作计划的时候，就特别提到了要调研修改那个减灾示范村的评选标准，要注重不同村的代表性（PGGA－107－2）。

试点贫困村灾后恢复重建工作的多部门合作工作机制和模式，充分发挥了各部门的优势，解决了试点贫困村灾后恢复重建工作中的诸多问题，壮大和激发了更多的部门和团体的参与，这既是加快贫困村灾后恢复重建进程的需要，也是社会发展的需要。在此过程中，政府部门的工作理念和方法因受影响而得到改进。分工有序、管理有效、稳步推进的多部门合作平台，最大程度地发挥了各部门和组织在恢复重建工作中的地位与功能，广泛调动力量参与灾后重建，从而确保了贫困村恢复重建工作的有序开展。

3. 下移工作重心，有利于救灾模式和经验的探索

灾后贫困村的恢复重建是整个灾区长期恢复重建的基础和重要的内容。在震后救灾的过程中，我们看到包括汶川地震和玉树地震在内，所有大的工程设施，公共事业，这种恢复和重建是不需要担心的，也是无需质疑的。但是对于贫困村、落后群体、落后地区这些特殊人群的恢复重建却有很多的空间，需要我们去探索，以完善国家政策，改进工作，提高工作效率。

试点贫困村灾后恢复重建工作采取基层化的措施。灾后农村社区重建多元而复杂，受灾农户家庭中，有可能是因灾失去住房、或找不到工作等经济问题，也可能是因灾失去亲人朋友、或自己就因灾致残等健康和心理问题。

在这项目开始的时候，第一是要下去，到乡里面，到村里面，去和当地的政府和群众接触以后，才能开展项目。在项目开展的过程中，要加强群众的参与，重视各类群体，这是我们需要特别重视的，可能我们只是强调安全性，对人的因素考虑不太多，这个我们肯定会注意。我们在项目的实施过程中提出一些政策建议，包括我们进行的十二五规划中，一些先进的理念和方法要运用到实际中去（PGGA－107－2）。

因此，不同情况需要来自不同领域的帮助，通过多部门的合作能满足灾后农村社区重建众多的需求，也能满足广大受灾群众的自救和互助的需要。深入基层能全方位了解灾后农村社区，近距离接触受灾群众，了解灾后农村社区重建的现实需求，满足受灾群众生产发展、心理救助、社区重建等实际

需要，有利于灾后农村社区重建工作的顺利开展。

在试点贫困村的灾后恢复重建工作中，各部门根据项目的实施计划和安排，针对不同领域开展了相应的活动。民政部救灾司和国家减灾中心的工作主要包括以下内容：通过前期的调研，摸清实际情况，把受灾地区相关的人员接到北京，对他们进行防灾减灾的培训，同他们一起做一个社区层次的应急预案，在制定这些预案后，再通过演练等实际操作，另外还帮助贫困村发展产业，对弱势群体进行帮扶，开展心理援助活动。住建部开展了贫困村示范工程建设，对于灾后房屋的规划建设给予指导。环保部主要开展了三方面的工作：一是实施了20多个村的环保规划和6个示范村的环境优先功能规划；二是6个示范村的环境设施建设；三是通过实施项目而总结出来的贫困村环境保护守则。妇联也参与了灾后的评估，开展了对弱势群体的帮扶救助活动。

不仅仅是项目本身取得了巨大成功，从整个贫困村灾后重建，从各部门系统来看，都取得了很大的成效，获得了丰富的经验，把这些经验总结后用以指导其他地区的灾害管理，用以防灾减灾，灾后重建，其意义是巨大的。

我们整个国家的发展，怎么能真正让团体的人们分享发展的成果，所以落后地区、落后群体的发展，就应该是我们最主要的眼光，那么这些落后地区、落后群体大多分布的往往是灾害频发的地区，我们在汶川地震，玉树地震所总结发现的一些经验，应该来说对一些地区来讲，还是有借鉴价值的（PGGA-107-1）。

在一个村的范围内根据需要同时实施多种类型的扶贫项目，使项目之间能够相互配合，获得最大扶贫效率；制定整体的村级规划和把分散在各部门的扶贫资源整合起来；村级项目规划是在参与式的基础上制定的，由村民、村干部和技术人员共同完成。在村级规划的基础上，对每个部门进行了明确的责任分工，解决了单个部门开展项目带来的问题。如此工作方式对整村的综合性扶贫效果是显著的，效果大大高于单项扶贫措施，相信这些经验能够对于以后的救灾扶贫工作有帮助。

4. 增强交流合作，促进了国际经验和中国实践的结合

在试点贫困村灾后恢复重建工作中，UNDP作为国际机构与中国政府各部门的合作很大程度上促进了国际救灾扶贫经验和中国经验的交流。国际和双边发展机构在不同程度上参与了农村救灾扶贫行动，并在多方面做出了自

己的贡献。国际机构参与中国的扶贫不仅给中国带来了大量的扶贫资金，更重要的是促进了中国的扶贫工作在理念、方式和管理模式上的创新。有更严格的管理程序，有更高的效率、更有效的监督和评估机制。

　　UNDP 在中国做援助项目做了很多年，最大的优点是它干的事是中国政府最敏感的事关注的事。所以这个事情，我 1997 年跟 UNDP 合作（搞小额信贷的时候），它对中国政府最大的贡献是在那个时候，连村里的银行都不给农民贷款，农民能贷到款的肯定是走后门出来的。在那个时候 UNDP 在中国政府搞小额信贷的时候，那个时候通过这个包括银行的改革改制，后来为什么中国人民银行让很多农村信用社允许给农民贷款，通过小额信贷，自己押货担保，有 5 个人联保这种方式，中国政府后来是采纳了。实际上采纳这是 UNDP 的功劳，在当初干这几年，我觉得这是 UNDP 最大的贡献，它的做法引起了中国的高度关注，而且采纳了。所以这个 UNDP 在中国来讲我说是贡献，绝对是贡献（PGGA - 107 - 4）。

　　作为国际机构，UNDP 拥有完善的国际经验网络，拥有丰富的资源和专业的技能。当我们需要一些外部支持的时候，他们通过国外把相关的经验介绍到中国，也把中国的经验介绍到国际社会。它起到一个平台和桥梁的作用，提高了我国灾后贫困村恢复重建规划和实施工作的质量，积极影响和改善我国政府地震后恢复和重建计划的执行。具体到贫困村灾后恢复重建的项目，UNDP 依据其国际视野优势总结世界各地的经验，在通过和中国具体情况相结合的背景下，联合各部委开展项目活动，充分利用各部委在相关领域的工作经验，共同推进贫困村灾后恢复重建，总结经验教训，探索发掘新的机制和模式。这些经验和知识将有助于我们在全球更好地减贫防灾。

　　我觉得这个项目一个很大的特点，它是从国际的视角来推动全球的仁爱工业团体支持交流分享，在结合中国的本土经验的总结在推广、提升，推动全球的仁爱工业团体，这也是国际项目的特点，但是并不是每个这样的国际项目都有这样的视角（PGJT - 107 - 01）。

　　在项目的实施中，强调国际经验和中国经验的提炼和结合。从这一点来讲，像以工代赈、互助基金，也包括一些防灾减灾等方面都体现了，这种结合就是一种创新。比如各种经验在具体某个村的应用，通过经验与实际的相结合，能得到新的东西。不论是成功还是失败，对于救灾工作的长久发展是有益的、可借鉴的。

这个项目的目的从全球角度考虑是总结经验和教训，还有关于项目的多功能宣传这一块，到30号还有两项工作，一是国家层面上的访谈，二是在试点的村进行实地的走访和评估。我们主要有两个发现，一是从发展的角度考虑去构建和实施早期恢复项目，把恢复和发展有机结合。另外是中国和其他国家有个明显的区别，在灾后各种恢复由国家牵头的这样一种机制和模式，说明我们有自己的经验和做法，我们希望这些经验和做法能跟国际社会进行广泛的沟通和交流。另一个角度是国际社会能够参与中国的恢复重建，还有我们多部门能在同一个平台进行协调和交流的合作机制，是有一定的探索（PGGA - 107 - 2）。

国际经验和中国经验的交流结合对于地震灾区农村的恢复重建来说有巨大的作用，能更好地在多方面促进贫困村的脱贫发展，同时在项目开展过程中总结的经验教训对于国际扶贫救灾经验的完善和中国扶贫经验的丰富都有巨大的意义。

（三）灾后恢复重建工作模式的不足

1. 各部门之间合作意识和沟通交流有待加强

试点贫困村灾后恢复重建工作在建立了多部门合作平台后，形成了多部门共同协调工作的机制。在目前我国的行政管理体制还是以单位制为主体的背景下，部门合作的平台难以搭建，即使搭建以后也是比较脆弱。仅就一个项目而论的话，各部门还能聚在一起，共商计划，但如果项目做完后，项目撤了，各个部门再想主动地合作做一些事情，会比较有难度。

首先各个部委他有自己的职能，你比如我水利，我首先得把自己的这个职能之内的事情做好，有可能我职能之内的事情就够我忙活了。另外一个原因，一旦建立这个机制，谁来牵这个头？因为大家地位都是一样的你比如说国务院出来牵这个头，那没问题。现在单纯的一个部委牵头，那除非你有资金，要不你有项目（PGGA - 107 - 5）。

第四个是基层部门各部门之间的协作还有待研究。现在看来中央层面的沟通还有大家的合作，很感谢大家之间的合作和UNDP，还是进行的比较顺利，然后感谢大家有一定的共识，在项目上也能够互相支持，各地各部门之间的差异比较大，所以一种怎么样的形式对基层各部门之间的合作更有意义，是否需要探讨和研究研究（PGGA - 107 - 4）？

沟通协调的问题在于部门之间出现问题，常常是互相的推诿或是项目的重复叠加，使救助的效率低下。

> 我觉得是我们结合下面的需求跟 UNDP 产出那边的不对称性，等于我们之间我们是和事佬的角色，下面会说我需要跟进，我需要发展，我只要有钱有活干，我心里怎么难受都不要紧，但是 UNDP 那边生计嘛，科技不也在做，扶贫办也在做，但是对于妇女心理可能就是妇联了，既然妇联能做这一块的话那就做这一块，你们要有你们的特色。但是这个是他们总结这么长时间来，他们可能表述过，但是会有这方面的冲突，然后呢就在制定年度工作计划那方面，在这个过程中就需要两头去协调沟通，这两头确实是有协调不太相符的地方，因为每个人的角度都不一样吧，他们会觉得妇女心理这方面是比较缺失的，但是在基层呢就算是别的部门做了，如科技部整村推进主要是这方面，然后扶贫办做的就互助金，但是没有技术的话你拿着互助金也会是高风险，所以说这一方面的话还是不对称性的（PGGA - 107 - 6）。

这种问题不仅存在于部门之间，还存在于项目方和受援助方之间，在讨论项目的行动计划时，地方往往只考虑到自身的利益，而项目方的目的则是通过项目的实施寻求可能的救灾经验和模式，其目的不是只在帮扶试点村这一点上，许多合作单位因为各种原因而没法继续进行下去。

> 我相信凡是做，所有做地方上的，都有这一个问题。还有一个是我们本身机构，还有一个评定。国务院扶贫办，来到我们村，要他们负责妇联，都有妇联主任，现在环境保护，只能到县，到不了乡，到不了村。我们现在协调，都是到县环保局去协调，县，有时候就是我们这个贫困山区的啊，他这个县到他这个村，到我们这个示范村，他要开两三个小时，你说他可能吗，他不会啊，所以本身啊，项目的选点对项目本身的承办和项目的效果还是有很大的影响的。因为选的大部分都是这种贫困村（PGGA - 107 - 3）。

长期的以单位为工作界限的项目开展方式局限着恢复重建工作的向前开展，地震等自然灾害发生后需要多部门的合作协调，虽然在国家层面上有各部委的联合组织，在地方上各部门的协调合作还有待加强，如何在面临灾害的时候能形成更好的救灾机制，需要我们进一步的研究。

2. 项目的开展方式、后续跟进、监督评估有待完善

在对贫困村进行灾后重建的帮扶过程中，项目组对于贫困村今后的生计方面，对于村庄整体和村民的能力发展方面也做了很多考虑，通过扶持发展因地制宜的产业以保证在项目结束的时候能够实现贫困村的自我发展，通过各种知识技术的培训帮助村民培养技术能力。但就目前来看，贫困村的生计恢复发展仍然是一个难题。贫困农村所处的地方是灾害频发、基础比较贫弱的状态，生计恢复发展可能大家在基础设施建设的时候取得了很多成果，但是在大规模的基础设施建设完成后，下一步该如何发展，村民还是感到比较迷茫和困惑的，有的村探索了好几次，但是都还是不知道自己应该怎么做，这个也是灾后恢复重建面临的一个很大的挑战。

真正的科技特派员应该通过市场机制发挥作用，但是现在看的更多的是政府行为，它就有许多不健全的因素。比方说项目就会存在许多问题，比如特派员对某一个具体的村可能不太了解，因而可能会没有针对性，还有如果特派员在的话，可能就会起作用，而一旦他不在的话，可能就停了，外援项目很多时候都会出现类似的情况。就是政府起主导作用，在一开始的一两年还可以，当援助或指导没有的时候，项目的效果就会减弱或没有了，所以我们现在在设计项目的时候会考虑一旦我们的帮扶不继续的时候，它还能不能继续的问题。所以现在有时很无奈，我们有这个意识但是我们做不到（PGGA - 107 - 1）。

随着项目的相继开展，各类建设逐步完成，跟进的帮助资源会相应地逐步减少。在这种情况下，虽然大家已经意识到了，对于一个村来讲是一种失落，灾后重建结束后是不是还有这么大的资金量，另外一个对于农村内部来讲，很多人还希望沟渠到自己门口，或者路修到自己门口，但是现在资源在减少，大家有很大的心理压力。

在实际的项目运作中，会出现一些资源使用不合理的情况，在这种情况下就要加强沟通交流，实施有效的监督，对于资源的使用情况进行监督检查以协调各方利益关系，保证项目的正常开展和有序进行。

3. 多部门合作管理机构有待成立

多部门合作管理机构是贫困村灾后恢复重建工作实施管理的重要机构。而此项工作在日前的试点贫困村灾后恢复重建工作中是一个弱项。尽管国务院扶贫办和 UNDP 是试点贫困村灾后恢复重建工作的牵头单位，并且 UNDP

在绵阳还设立了专门的办公室，但它们对于其他部委工作的开展只能起到协调作用，无法充分动员和深入影响其他部门工作。因此，成立由多部门组成的贫困村灾后恢复重建工作领导小组是非常必要的。贫困村灾后恢复重建工作多部门领导小组的职责是负责制定战略规划、多部门协调管理、工作指导及监督评估等工作。在贫困村灾后恢复重建工作进展中充分发挥协调领导的作用，明确了各部门的职责，支持各部门工作开展，尤其是对贫困村灾后恢复重建工作中的政策、部门、人员的协调、理解与支持。此外，参与贫困村灾后恢复重建工作的国家各部委、各级政府、社会组织、社会团体和非政府组织都应设有专职的灾后恢复重建工作的协调员，在贫困村灾后恢复重建工作领导小组的协调与指导下，各部门具体制定规划并在贫困村灾后恢复重建工作，定期召开协调委员会会议，及时沟通和反馈工作进展情况。

此外，在成立多部门合作管理机构的前提下，要规范多部门合作的行为。现行的多部门合作还处于一个探索阶段，存在着一些管理上的疏漏，尤其是对于参与恢复重建的各个主体的行为缺少一种约束机制，合作行为相对松散随意，必须要对多部门合作的行为进行规范，多部门合作行为的规范化有赖于国家灾害风险管理的制度化和法制化的进程，可以通过相关制度对各部门参与项目的责、权、利做出明确规定，也可以以项目协议书的形式对合作行为进行约束；尤其要对项目资金使用进行细化深入的管理，要求各参与部门必须严格按照规定使用资金；此外，也可以定期召开专家会，严格审核每个申报项目，对不符合要求的项目要求改进。

试点贫困村灾后恢复重建的
经验、挑战与建议

在"汶川地震灾后恢复重建暨灾害风险管理项目"实施两周年之际，认真总结两年来的经验和教训，并提出后重建时期工作的政策建议，对于推动试点贫困村的持续发展具有重大的实践意义。通过对试点贫困村灾后恢复重建经验的总结和提炼，可以从中探索出我国灾害风险管理的成功模式，为全球范围内的灾害风险管理经验交流提供支持。

一、经 验 与 启 示

"汶川地震灾后恢复重建暨灾害风险管理项目"实施两周年，较为圆满地完成了试点贫困村的灾后恢复重建任务，贫困村灾后恢复重建的试点效果也非常明显。其中，农房重建维修基本完成，绝大多数农户均已完成了农房重建并入住新房；公共服务体系基本恢复，贫困村居民在基础教育、医疗卫生、文化娱乐、便民服务等方面的基本服务需求得到满足；基础设施明显改善，贫困村落后的基础设施面貌，村庄的路、水、电等基础条件得到极大改观，灌溉设施、替代能源、农田改造等方面改善明显；生产发展全面启动，农户的生计恢复和生产发展逐步进入正轨；能力建设初见成效，贫困村村民在民主管理、自我发展能力方面得到增强；环境改善成效显著，"五改三建"活动深入人心，村落环境整治效果明显；心理和法律援助体现效果，基本满足了农户需求；多部门合作机制初步形成，为今后的灾害风险管理提供了成功的经验和可供借鉴的模式。总体来看，"汶川地震灾后恢复重建暨灾害风险管理项目"的实施，基本完成了既定的规划目标和重建任务，也积累了一些具有启示意义的经验。

（一）发展导向型的重建战略

灾难对受灾地区具有长期而深远的消极影响，如何保证受灾地区的持续发展是世界各国在灾后重建过程中所面临的难题。本项目创造性地将防灾减灾、减贫与可持续性生计等发展工作有机融合进灾后早期恢复工作中，强调受灾地区的发展问题，并取得明显实效，从而为全球、特别是发展中国家巨灾应对提供了可复制的示范样本。

1. 以重建促发展

以重建促发展是当今国际上灾害风险管理的重要战略目标。例如，灾难频发的日本，政府明确提出以创造性方式实现灾区复兴，将灾后重建与实现未来经济社会发展紧密结合，统筹考虑灾区重建与未来经济社会发展。"汶川地震灾后恢复重建暨灾害风险管理项目"从方案的制定到具体实施均体现了创造性复兴和重建促发展的重建理念，切实把重建作为试点贫困村的发展契机，在调整产业发展布局，扶持当地经济发展，恢复市场服务体系，完善基本公共服务等方面，均把握了重建与发展的关系，不仅要努力消除灾害的负面影响，更要除旧布新，吐故纳新，在新起点上促进灾区经济社会发展，以实现灾区振兴。另外，不仅要实现试点贫困村的重建和发展，同时还把促进区域发展作为灾后恢复重建的一项重要战略目标。"汶川地震灾后恢复重建暨灾害风险管理项目"始终秉承一种"以重建促发展"的战略目标，这不仅对于本项目成效的取得具有重要的贡献作用，而且对于试点贫困村的整体灾后恢复重建具有重要的启发意义，对于国内外其他灾后恢复重建都具有借鉴意义和启示作用。

2. 与扶贫开发相结合

由于贫困地区基础薄弱，抗灾能力脆弱，原有贫困村灾后恢复重建难度尤为突出。灾害与贫困之间的相互作用已经为国内外的专家学者达成共识，一方面，贫困地区较低的经济社会发展水平和生活水平降低了人们对灾害的抵御能力。另一方面，灾害发生之后，因灾致贫，因灾返贫现象突出，灾害是贫困发生的重要原因。我国作为一个灾害发生频繁的国家，而灾害发生地区大都具有相似的特点，如汶川地震波及的川甘陕地区，大都自然条件恶劣，基础设施薄弱，经济社会发展水平低，农村贫困现象严重。正是基于灾害与贫困之间的密不可分的内在联系，决定了本次试点贫困村灾后恢复重建的一个重要特色，即灾后恢复重建与扶贫开发相结合，从根本上降低灾害所带来的社会影响。

从 UNDP 项目层面来看，"汶川地震灾后恢复重建暨灾害风险管理项目"探索了恢复重建与减贫发展的关系，从而准确体现出巨灾应对初期贫困社区发展需求的综合特点，将生计发展、环境保护、住房重建、脆弱性减低、弱势群体关注等多种因素提前纳入早期恢复的政策考虑和方案设计中，开创性地探索了社区防灾减灾与减贫发展相结合的模式。通过增强贫困人口的能力，各级项目办和工作站广泛发动相关业务技术部门和贫困村村民，参与到贫困村重建规划中的问题识别、对策和措施讨论、技术方案制定、资金筹集和管理措施、基础设施后续管理及项目监测评估工作中，促进贫困村可持续发展。从国家政策来看，在贫困村灾后恢复重建的总体规划，以及实施层面的村级规划的过程、内容、项目和政策安排都适当体现了贫困村未来中长期的发展方向和目标要求，体现了新一轮扶贫开发目标与机制创新要求。在贫困村灾后恢复重建规划中，紧密结合了《中国农村扶贫开发纲要（2001~2010 年)》的目标，有效促进了灾区经济社会发展。灾后重建与扶贫开发相结合，是党中央领导同志灾后恢复重建的指示精神，是党中央、国务院的明确要求，是贫困地区群众的迫切需要，是我国经济社会发展的必然趋势，也是扶贫部门义不容辞的责任。既体现了农村恢复重建规划的要求，也突出了贫困村灾后恢复重建的特点，体现扶贫开发在灾后恢复重建中的作用。

3. 注重可持续发展

地震灾后恢复重建是一个系统而长期的工程，虽然国家号召"三年重建任务，两年基本完成"，但是任务的完成并不意味着试点贫困村的开发和发展的结束。"汶川地震灾后恢复重建暨灾害风险管理项目"，以及试点贫困村的灾后恢复重建的整体规划到实施均是以发展为导向的，强调可持续性，尤其是在后重建时期，可持续发展将作为灾后恢复重建的工作重心，是贫困村灾害风险管理和扶贫开发的重点。从"汶川地震灾后恢复重建暨灾害风险管理项目"来看，着眼于长期的地方经济发展和减灾能力培养。如项目过程中强调村民的生产恢复和能力建设，事实上就是对试点贫困地区可持续发展的努力和尝试。从 UNDP 的角度来看，更加强调可持续性。试点贫困村两年重建任务的完成对于政府部门来说可能是一个止点，但是对于 UNDP 而言，许多项目可能才是刚刚开始，UNDP 强调可持续性，更关注项目的实施进程、监测及效果的评估，在设计项目的时候，就考虑了它的持续性，会更加关注项目的持续产出。注重灾后恢复重建的可持续性实际上已经跳出了单纯灾后重建的范畴，更多是从受灾贫困村的整体发展和长远发展的角度来思考问题，对于推动区域经济发展，推动经济社会和谐发展具有重要的意义。

发展导向型的恢复重建战略打破了过去灾后管理过程中的头痛医头脚痛医脚的狭隘工作方法。不仅能够较好地完成项目目标和灾后恢复重建的任务，关键是增强了灾害地区自身抵御灾害风险的能力，对于推动整个灾害地区经济社会的发展也具有重要的意义。无论是以重建为契机促进贫困村的发展，还是在重建过程中融合扶贫的理念，还是为贫困村的可持续发展做出具体的努力，都体现了发展导向的重建战略目标和高瞻远瞩的重建战略眼光。

（二）多部门合作的重建模式

多部门合作是国际救灾经验与中国实践结合的有益尝试。巨灾对贫困村的影响是多方面的，经济、社会、文化等各个方面都在灾害中受到影响，贫困村发展的需求也是多方面的，是综合的，不仅有住房、公共设施、基础设施等硬件方面的需求，也有生态环境保护、生产恢复、能力建设等软件方面的需求。任何一个单一的部门都无法完全满足灾后贫困村的多方面的需求，必须依靠多部门之间的合作，共同为贫困村灾后恢复重建和社会发展提供帮助。"汶川地震灾后恢复重建暨灾害风险管理项目"搭建了政府决策者（中央和地方政府）、学术界、社会组织及公民之间的信息交互平台，促进了多部门合作参与重建。国务院扶贫办、商务部、民政部、建设部、科技部、环保部等政府部门，全国妇联、中国法学会、国际行动援助等国际组织，诸多高校和科研机构等，经由 UNDP 项目平台汇集到一起，为汶川地震灾区、特别是贫困村和重灾区的恢复重建贡献自身特长和资源，积极影响和改善了震后贫困村早期恢复和重建规划和政策的制定和实施。在试点贫困村的灾后恢复重建过程中，多部门合作主要体现在三个方面。

1. 政府主导、广泛参与

多部门合作参与贫困村的灾后恢复重建不仅是包含国家各部委及各省、市、县的相关下属机构，也包含国际多双边机构、民间组织、科研院所、普通志愿者以及个人广泛地参与到贫困村的灾后恢复重建过程中来。事实上，在汶川地震灾后恢复重建过程中，已经形成了政府主导下的社会广泛参与重建的局面。这一过程不仅是人力资源的整合，也是物力和财力的整合。在这次试点贫困村的重建工作中，无论是资金的投入，还是物资资源的调配和其他各项工作的组织，政府依然发挥着主要的作用。同时，村民的住房重建、基础设施和生产设施的重建也大力引进了各种社会力量的参与。例如，在川甘陕三省贫困村灾后恢复重建的规划中，共计要完成住房、公共服务设施、村内基础设施、生产恢复、能力建设、环境改善等六大类项目，国务院扶贫办负责指导、配合、协调、监督。各级政府成立贫困村灾后恢复重建项目办负责规划的实施和管理，在组织动员群众实施村内基础设施、生产恢复、能力建设、环境改善等项目的同时，协调、配合并组织群众参与实施行业部门安排到贫困村的项目。UNDP、国务院扶贫办、科学技术部、民政部、环境保护部、住房和城乡建设部、中华全国妇女联合会、中国法学会、国际行动援助组织等各个部门和组织参与了第一批试点贫困村的灾后恢复重建工作，而且在参与恢复重建的过程中积累了较好的合作经验。

在试点贫困村整体恢复重建的过程中，很好地利用了我国的政治优势，充分发挥了政府的主导作用，动员了全社会的力量，积极引导了国内外社会资源参与恢复重建，形成了贫困村恢复重建的合力。政府主导下权力的高度集中有利于统筹规划、组织调配资源，而充分授权则有助于激发参与主体的积极性和主动性，提高资源配置效率。灾后重建的显著成效充分展示了社会主义国家集中力量办大事的优越性，体现了强大的中央政府有效组织社会援助、协调区域发展的重要作用，这是区别于其他国家灾后重建的最大优势所在。可以说政府主导下的社会广泛参与既是多部门合作的重要基础，也是灾后恢复重建得以顺利进展的重要推动力。

2. 部门联动、形成合力

多部门合作的贫困村恢复重建模式不仅是贫困村恢复重建的自身需要，也是贫困村可持续发展的需要。在灾后恢复重建的过程中各部门的相互配合必不可少，在可持续发展的过程中，多部门的合作可以起到整合资源、整合资金、形成合力、整村推进的作用，避免不同部门对贫困村发展支援的重叠和浪费。既往的扶贫开发可能存在投入和实际作用发挥不集中，效果不明显的问题。在地震贫困村灾后恢复重建过程中，多部门合作参与重建，强调多部门之间的联动，有利于形成合力，对项目的使用突出重点，突出难点，解决燃眉之急，有利于把有限的资金投入到亟需解决的相关问题和地方。这样可以从根本上把资金的使用效率发挥到最大化。部门的整合、联动，不仅对于灾后重建工作发挥了重要作用，而且对于贫困地区的扶贫工作和可持续发展提供了一些很好的思路。在 UNDP 国家及项目地方办公室和国务院扶贫办的有效协调下，初步搭建起了多部门合作的平台，建立了较为成熟的协作机制，各部门之间的信息共享和沟通协调机制已经初步形成，各部门、机构和组织的资源在这样一个平台上，得到了良好的整合，各部门在灾后恢复重建过程中充分发挥了合力，保障了试点村的灾后恢复重建工作实现科学协调发展。

3. 强调合作、力争多赢

在整个多部门合作过程中，各部门之间不仅是一种简单的合作关系，也是工作方式的一种探索，这是一个契机，将各部门联合在一起做一件事情，这本身就是一个探索。多部门参与贫困村灾后恢复重建的合作主要体现在两个方面：其一，是政府主导的行政整合合作。在大是大非面前，在巨灾面前，权力相对集中的体制充分发挥了其优越性。地震后有一些非常态的工作机制，各部门都放弃了自己的部分利益，参与合作重建。其二，是契约整合合作。无论哪种合作方式都体现了合作与双赢的特点。例如，地震之前各部委的扶贫开发等项目很少深入到村一级，但是在贫困村的灾后恢复重建过程中，各部门在村一级实现了整合，对于今后的工作是一种启示，许多部门在做各自的十二五规划的时候，都体现了合作的思路，部门的工作思路和方式也在发生一些变化。而同时，各部门在合作平台之中都能够找到属于自己的位置和空间，不仅提升了工作效率，而且增加了工作成果。对于各个合作部门和机构来说，这种多部门合作平台下的灾后恢复重建工作无疑取得了一种双赢，多赢的成果。对于重建村和老百姓而言，也获得了实实在在的利益，对于支援方来说，获取了工作成效。

从 UNDP 的角度来看，UNDP 与国务院扶贫办和商务部合作开展的试点贫困村灾后恢复重建同样取得了多赢的成效。UNDP 与中国政府的合作，事实上也是一种双赢。一方面，UNDP 将在中国灾后恢复重建的经验在国际上进行宣传和传播，对于 UNDP 项目是一种肯定和激励，而且 UNDP 推动了中国政府高层领导关注这些项目。另一方面，UNDP 项目的实施，动员了政府各部门的力量，使政府各部门之间有机会在一个平台上共同开展工作，不仅是工作成效的获取，也是在政府条块分割之外，面对灾害风险管理共同努力的一种尝试。各部门参与 UNDP 项目，也契合了各部门自身的政策导向需求。从而能够基于部委执行的能动性，充分利用联合国系统提供的资金和技术等支持，连接各部门、机构该项目之外的自身资源，尤其是将单一的各部委政策倡导整合为立足试点村示范建设的优化政策集合，无疑使各部门在灾后重建中既有的相应工作计划，又与本项目进行了良好的对接。对于政府而言，也是一个不小的收获。

（三）以人为本的重建理念

1. 体现村民需求

以人为本是科学发展观的核心，是中国共产党人坚持全心全意为人民服务的党的根本宗旨的体现。同时，以人为本也是汶川地震贫困村灾后恢复重建的指导思想。人是发展的根本目的，也是发展的根本动力，一切为了人，一切依靠人，两者的统一构成以人为本的完整内容。在贫困村灾后恢复重建过程中，以人为本具体体现为从人民群众的根本利益出发来着手展开重建工作，不断满足人民群众日益增长的物质文化需要，切实保障人民群众的经济、政治和文化权益，让发展的成果惠及贫困村的全部人群。在具体实施过程中优先解决与灾区农民群众生产、生活密切相关的基本问题，优先恢复重建农村住房、生产设施、公共服务和基础设施，优先恢复灾区群众的正常生活和生产活动。在恢复重建中，将扶贫开发与农村住房建设、基础设施建设、公共服务设施建设、产业开发、精神文明建设和民主政治建设有机结合起来。此外，以人为本的恢复重建工作还体现在以灾区农户需求为重建导向。在"汶川地震灾后恢复重建暨灾害风险管理项目"的实施和开展中，充分了解灾民的迫切需求，充分尊重灾民在恢复重建过程中的意愿，一切依靠民主自决。在制定灾后恢复重建规划中，充分尊重农户意愿，特别关注重灾户、女性和少数民族的需求。在项目实施过程中始终以受益者为主体。

2. 关注弱势群体

关注弱势群体是 UNDP 项目一个重要的特色。针对弱势群体灾后恢复重建的高脆弱性，项目协调多部门采用多重脆弱性减控方法，避免弱势群体在原有脆弱基础上背负更大的重建负担。"汶川地震灾后恢复重建暨灾害风险管理项目"首先引入了参与式脆弱性评估方法，与行动援助等国际非政府机构合作，培训各级妇联工作人员运用该方法的能力，并在 13 个试点村中开展了对妇女、儿童、老年人和残疾人等四类高脆弱性群体的脆弱性评估与分析，不仅与灾区村民共同探讨社区层面预防灾害的方法和途径，而且帮助弱势群体认识自身脆弱性和有效资源所在，提高他们应对灾害和从灾害中恢复的能力。

UNDP 项目聚焦于受灾的贫困群体，切实将贫困户、重灾户、特殊人群纳入灾后重建的重点扶持对象之列，帮助他们解决实际生活生产困难，切切实实地体现出扶贫的目标。重点考虑妇女、儿童、残疾人等弱势群体。例如中华全国妇女联合会在 UNDP 试点贫困村灾后重建过程中的主要任务之一就是开展对 3 省 19 个试点村的弱势群体，即：妇女、儿童、老年人、残疾人的脆弱性分析；向受灾最严重、最需要帮助的妇女提供生计援助，帮助她们重建并从地震影响中恢复；向受灾最严重、最弱势的群体，尤其是妇女提供社会心理支持，帮助他们参与到恢复重建过程中。关注弱势群体不仅使弱势群体成为灾后恢复重建的受益者，同时也充分发挥了弱势群体在灾后恢复重建过程中的能动作用。关注弱势群体同时体现为项目广泛受益理念的推广，对于一般群体而言，在灾后受益是一种必然，对于弱势群体而言，受到灾害的影响更大，灾后恢复重建的难度也更大，其抵御灾害风险的能力也就越弱，因此，为了使灾后重建成果惠及所有村民，让大部分村民受益，就更加注重对弱势群体的支持，在这种理念的引导下，各部门在项目开展的过程中都非常重视提升灾后重建的益贫效果。

3. 突出性别视角

"汶川地震灾后恢复重建暨灾害风险管理项目"与国际经验相结合，强调并突出早期恢复中的社会性别视角。引入 UNDP《灾后恢复重建中女性赋权与良性平等指南及实践工具》，倡导重建中的妇女权益保护和两性平等原则，以支持中国政府在灾害评估和减灾计划中实现社会性别主流化工作视角。UNDP 项目紧密结合中国扶贫系统长期运用的参与式方法，在最贴近社区的村级规划过程中，具针对性地收集女性需求与困境，尊重女性的经验和知识，给予乡村女性在制定规划内容时充分发声的平台和空间，从而推动了妇女权益在规划中得以体现。UNDP 项目关注妇女代表成为试点村村级实施小组的必备成员，这提振了女性参与家园重建的信心，也推动了妇女在农村发展事务中的决策能力。针对妇女提供生计发展种子资金，还为试点村妇女提供实用技术和技能培训，在社区中赋予她们更积极的角色并激发其潜能，不仅减低了女性在重建中的经济脆弱性，也有助于重塑两性平等的农村社区文化环境。关注弱势群体与关注贫困村的灾后重建具有相似的意义。

（四）力求创新的重建方式

1. 参与式重建

"汶川地震灾后恢复重建暨灾害风险管理项目"与"参与式扶贫"理念密切结合，在实施环节中推动社区参与模式的深化和完善。社区充分参与既是受灾贫困村落恢复重建效果的基本保障，也是向贫困和弱势群体赋权的过程。在汶川地震早期恢复过程中，UNDP 项目通过横向、纵向、基层社区等全方位、多角度的"大参与"方式，为贫困灾区从灾害打击中恢复生机提供了强力助推器，也为中国政府灾害风险管理与社区减贫综合发展模式积累了宝贵经验。项目支持 19 个试点贫困村编制和具体实施村级恢复重建规划，充分考虑各村不同发展阶段和现实状况，有效针对社区具体需求，并将本土资源、社区参与主体等充分结合起来。不仅为这些村落早期恢复与发展指明方向，而且为重建范围内的 4834 个贫困村恢复重建积累了经验，也为中国主要的减贫方法"整村推进"进一步编制和实施村级规划提供了可借鉴依据。早期恢复项目中引入并实践了新方法和视角，极大地推动了参与式方法在中国灾后减贫领域的完善。从项目具体实施来看，村民一起讨论决定村落重建需求、排出优先顺序、制定早期恢复重建方案，包括重建的首要任务，是否集中建房或分散建房，选择哪种农房重建设计，如何分配使用援助资金，如何发展本村产业模式等。强调贫困村综合发展效果，多维促进和支持村民参与自己家园和生活恢复重建。由村民大会选举成立由村组干部、村民代表、贫困户代表、重灾户代表、妇女代表和党员代表组成的重建规划实施小组和项目监督小组。公开项目所有重要信息，实现资源与过程透明化，激励村民参与。通过以工代赈方式吸引村民投工投劳重建家园；成立以妇女为主体的互助基金协助农村女性拓宽生计发展渠道。这些方法保证了农户作为重建主体的参与权，有效实现了农户与项目活动的良性互动，增强了农户自身发展意识和能力，为当地建立可持续发展机制打下良好基础。汶川地震灾后恢复重建是中国扶贫系统首次参与到灾后重建工作中，通过 UNDP 项目实施，扶贫系统官员、社区基层干部和广大村民更加清晰明确了只有动员、吸引贫困村村民的充分参与，才能够真正回应到贫困社区需求，减贫成果才能够长效而可持续。社区村民也在项目实施过程中逐渐从等待观望到积极参与家园重建，参与社区事务的意愿和能力都有了很大提升。

　　从试点贫困村灾后整体恢复重建过程来看，贫困村灾后救援与重建工作也始终贯彻了参与式扶贫方法。参与式扶贫方法在这里所体现出的要义是：广泛发动当地群众参与灾后重建的问题识别、对策与措施讨论。灾后，政府部门积极采取多种方式动员村民充分发挥群众主体作用、村民委员会自治作用、村支部战斗堡垒作用，认真落实群众的参与权、决策权、监督权和管理权，对救援与重建项目的酝酿、选择、确定、实施、验收、后续管理全程参与。在规划编制、实施、管理、监测全过程注重组织农户积极参与，采取多种有效方式重建和增强农民的信心，努力提高社区和农户自我管理、自我发展能力。从参与环节来看，从项目酝酿、选择、确定、实施、验收到后续管理全程参与；从参与方式来看，提出项目建议、参加代表提名和选举、参加项目选择大会、参加项目实施，对村"两委"和实施小组、监督小组的工作进行监督，提出意见、建议和批评，参加物资采购和项目验收、查阅财务账目、参加劳动技能和实用技术培训，参加项目后续管理；从参与程度来看，有权提出项目建议，有权对村民代表及实施小组、监督小组成员提名和选举，有权参加村民大会、物资采购、项目验收、项目后续管理。通过参与式的监测与评价，实现项目的阳光操作，建立起群众投诉机制。

　　参与式重建调动了村民的积极性，增强了村民的自组织能力，缓解了贫困村灾后重建过程中的矛盾。其一，只有发动民众参与，才能提高政策效率、增强政策效果。受灾群众是灾后救援与恢复重建政策的直接受益者，也是灾后重建的主力军，因而充分调动他们的积极参与甚为重要。把我们党和国家的方针政策如何变成老百姓的自觉行动地震后有很多的政策，特别是重建中有很多好的政策，如何能把老百姓积极性调动起来，把党和国家的政策变成老百姓的自觉参与的这种积极性与主动性是很重要的。其二，极大地培育了基层组织参与扶贫开发的程度和能力。参与式扶贫实际上也是给农民赋权的方式之一，它能提高农民的自我发展能力，也符合社区发展的现状和需求。这是我们共产党惯用的"群众路线"，从群众中来到群众中去，把党和国家的方针政策变成老百姓的自觉行动。其三，参与式重建能够缓解重建过程中的矛盾。一些群众不知道，没参与、没公开、没公示的问题容易激起群众矛盾。通过召开群众大会、代表会、干部会、党员会等会议，让村民知道国家灾后恢复重建的好处和意义，让村民参与讨论哪些需要扶持、建设，例如修路，修水利，五改三建，产业发展等等，由村民自己来决定。让群众知道、知晓，同时把群众积极性调动起来参与到工作当中来，让村民了解工作如何开展，意义何在，支出多少，支出是否合理等。这样有利于缓解重建过程中的各种矛盾。

　　参与式重建和参与式扶贫非常重要，是一个创新，也是基层工作很重要的一个方面，是今后工作推行的一个很重要的思路。这也是当前农村村民自治的一个重要内容，村里的事情大家定，村里的资金大家管，包括村里重大的决策，按照这种参与式的方式由大家共同来办。走群众路线，参与式的重建方式，是确保各项工作能够得到顺利推进的一个重要保障，是确保各项工作能取得预期目的和效果的一个重要的监督和保障机制。

　　2. 社区发展与能力建设

　　社区层面的应对能力始终是有效应对巨灾的重要环节。行政村是农村灾后恢复重建的基础，是灾后重建社区功能的基本单元，村级的各项建设与恢复群众基本生产生活条件关系最密切，群众最关心，对于安定民心、稳定基层、稳定社会有重要作用，需要给予特别关注。而社区在应对灾害以及灾害风险管理方面也具有政府本身无法比拟的优势，这种优势主要来自于社区的组织结构运作的灵活性、集体利益而引发的能动性、民众对于社区环境的熟知以及低廉的经济和社会运作成本等各个方面，而这些优势也是实现灾害风险管理从政府到社区转变的认识上的重要推动力量。一方面，灾后贫困试点村的灾后恢复重建立足于整体恢复重建和社区减灾能力的综合建设，通过提供技术援助并引入国际经验，支持最贫困乡村的影响评估以及以社区为基础的农村全面重建计划进程；在这个过程中，非常强调社区发展与社区能力建设。通过能力建设及知识分享，加强以社区为基础的灾害风险管理能力；另一方面，立足基层社区开展减灾工作。无论是中央方面还是国务院扶贫办，民政部或者发改委，以及到村里面的村长和村支书，灾后恢复重建工作最终要落实到社区这样一个很窄的面，立足于社区的灾后恢复重建有利于各个部门和各项工作的协调。全部落实在这个社区这个层面，由村长和村支书等基层干部协调重建可以提升效率，缓解矛盾。

（五）追求积极的重建效应

1. 强调示范效应

"中国汶川地震灾后恢复重建暨灾害风险管理项目"的实施，有利于深入思考灾害风险管理模式，为本项目下一阶段工作提出有益的意见和建议。当然，也能够对中国汶川地震灾后恢复重建的整体工作有所启示。完成19个代表不同类型的试点贫困村灾后重建规划，可以为三省贫困村灾后重建规划的编制提供"样本"和"示范"；项目伊始，经过多部门协商，就确定了"协同推进试点村示范建设，探索宏观政策的优化"的实施范式，在资源配置上突出重点，在社会效应上追求示范效应。强调示范效应一方面是要为下一阶段贫困村灾后恢复重建工作提供样板，使得其他灾后重建工作有据可循，少走弯路，多出成果，另一方面，示范效应也是为贫困村的可持续发展争取各方面资源，使贫困村的恢复重建长远发展。

2. 注重社会影响

地震灾害带来的影响是多方面的，最直接的就是人员和财产损失，同时也能暴露出经济体系的脆弱性以及政府和社会管理体系的缺陷，还能对社会价值观念产生很大的影响。通过灾后重建，将负面的影响消除，将积极的影响发挥，则灾后重建就会对国家经济、管理和社会产生有益的影响并留下宝贵的财富。汶川地震灾后试点贫困村的恢复重建工作从启动之初，就非常注重社会影响。从重建工作的实施目标来看，不仅仅是要完成试点贫困村的各项重建任务，同样重要的是在重建实施过程中和重建完成后能够取得社会的认同。例如，在重建过程中比较充分地体现了政府和社会的快速应急能力，重新构建了个人利益和公共利益的关系，建立和完善了社会主义市场经济条件下的社会价值观，等等。从 UNDP 这个项目的角度来看，UNDP 更加注重的是一种社会创新和社会影响。UNDP 项目，资金不多，但是它的项目的影响面大，影响的程度比较大。UNDP 的理念就是把政府动员起来跟它一块做，希望能够制造出更大的社会影响，让更多的部门，尤其是政府部门能够更好地认识项目的重要意义。

3. 注重知识共享

"中国汶川地震灾后恢复重建暨灾害风险管理项目"先后支持了贫困村灾后恢复重建系列研究、试点效果综合评估研究、灾后重建法律援助实用手册、农村社区环境风险规避指南等适用于政府部门、学术界、社区等不同目标群体的总结与研究，及时体现了项目在实施过程中的收获，不仅初步建立起"灾害——风险——脆弱性——贫困"之间的理论关联，而且为国际巨灾应对知识库补充了中国的本土案例。

二、问题与挑战

在短短两年的重建中，"汶川地震灾后恢复重建暨灾害风险管理项目"得以顺利实施，达到了既定的目标，试点贫困村灾后重建也取得了巨大的成就，同时不可否认也存在着一定的问题，大致可以归纳为以下三个大的方面：

（一）重建具体项目方面

试点贫困村的灾后恢复重建是在"三年重建任务两年基本完成"的大背景下进行的，任务重、时间紧，两年的重建中项目预期目标基本实现，但是随着重建工作的完成，一些新的问题凸显出来，成为后重建时期必须面对的挑战。具体包括以下几个方面：

1. 可持续生计恢复压力巨大

可持续生计恢复是灾后重建中的难题，也是农村扶贫工作的难题。目前贫困试点村的生计主要来源于两个方面，其一是外出务工经商收入，其二是农业收入。

从外出务工经商来看，对于村民而言，外出务工收入具有不稳定性和未可预知性，主要与我国经济发展的大背景有关。在经济形势向好的背景下，城镇能够为农村转移出去的劳动力提供足够的工作岗位和就业机会，经济形势向下的背景下，大部分农村劳动力将会退守农村。如何提高外出务工农民的竞争力是一个难题，大部分外出务工农民所从事的都是最艰苦的体力劳动。"中国汶川地震灾后恢复重建暨灾害风险管理项目"中将能力建设放在一个重要的位置，通过开展技能培训等方式提升试点贫困村村民的自身发展能力，但是能力建设仍然存在流于形式、不切实际的情况，项目宣传发动不够，实施过程中农户的参与性不高，影响项目实施效果。这对于可持续生计恢复是一个挑战。

从农业方面来看，当前贫困村的农业发展存在着三方面的问题：其一，产业没有完全恢复。基础设施中的水、电、路等生活基础设施得到改善的同时，生产基础设施的改善并不明显，直接制约下一阶段的生计恢复。而且互助资金"只搭台不唱戏"的情况普遍存在，有组织无借款，宣传、引导、发动不够，农户参与不积极，借款少；生产启动资金扶助存在不公平甚至违规现象。产业恢复尚需时日。其二，产业不够成熟。贫困试点村大多处于老少边穷地区，缺少合适的发展产业，而过去主要是靠山吃山靠水吃水的产业模式，这种产业模式也为生态破坏，灾害发生埋下了伏笔。在灾后恢复重建过程中必须改变这种以掠夺式的资源开发为特征的产业发展模式，要根据贫困地区的特点发展特色农业，但是当前贫困试点村显然缺少这种成熟的产业，缺少农业品牌。传统的养殖产业因为缺少技术优势和资金优势，形成不了规模效应。因此产业开发是贫困村可持续生计恢复的重要内容，也是一个非常严峻的挑战。其三，农产品的市场化程度不够，难以承受市场化的影响。投入与成本都在提高，所以难以通过种粮食提高收入，所以农村扶贫就难以真正产生增收效果。已有的农业也仅仅是作为生产环节，利润很低。而且现有产业与市场接轨程度不够，产业发展比较盲目，缺少产供销一条龙式的产业发展道路。这主要受到村民小农意识和知识文化欠缺的影响。在贫困村，村民与村民，村民与村干部之间的关系不够协调。

2. 生态重建尚未引起足够重视

"中国汶川地震灾后恢复重建暨灾害风险管理项目"在硬件改善的同时，

对观念、意识等软件的改造不够，有些地区由于生产生活配套设施的不完善，导致环境改善和环境保护的不可持续性，存在形式主义问题，影响了整体效果。

从灾后贫困村恢复重建的规划来看，规划以受灾贫困村为中心，以农户活动为主体，全面引入参与式方法，在规划中多次经专家考察、讨论，放弃了对环境污染严重、生态破坏大和资源消耗大的项目，选择对环境和生态影响不大或有利的项目。项目活动不涉及自然保护区、水源地和文物保护区等敏感地区。规划设计中，在充分考虑改善贫困农户生产生存条件的同时，十分关注环境保护和生态环境的改善，促进农业生产体系与生态环境的持续协调发展。农户生产恢复中，大量经济林木果园的建设，涵养了水源，减少了水土流失；沼气池建设改变了长期以来砍柴的习惯，减轻了对林木的破坏；大量水利和饮水工程的恢复与重建，不仅调整了农业生产结构，有利于发展养殖业，还对农业生态产生了积极的良性影响。另外，劳务输出项目的实施，在一定程度上减缓了当地的人口、土地压力。

从贫困村灾后恢复重建的实施来看，生态重建仍然没有提上日程。贫困村往往处在资源环境匮乏与生态环境脆弱的地区，其生态环境的友好度、保持度都是相当欠缺和急需的，并且地震所造成的连锁式损害，也在一定程度上加大了贫困村的这种环境资源脆弱性。随着灾后重建的推进，大量的工程建设，也会或多或少地对其环境造成不利的影响，因而，灾后重建过程中贫困村生态环境的保持就显得尤其重要，应当注重贫困村的环境友好性和生态的稳定性。注重灾后贫困村的环境友好度、生态稳定性，其实质就是在保持资源环境的前提下，切实落实灾区的可持续发展，这就要求我们在注重环境友好度和生态稳定性时不要仅仅局限于眼前，还要对以后地区的发展做出准确的预期，把当前利益和长远利益结合起来，充分统筹当前的发展需要和未来发展的需要，在遵循经济规律的同时注重自然规律。但是生态重建是一个长期的过程，生态环境的破坏在几年之内就可能完成，但是生态环境的重建却需要几十甚至上百年的时间才能完成。汶川地震灾后对生态的破坏严重，隐患无处不在，由此带来的次生灾害也随时威胁着村民的生命财产安全，也威胁着灾后恢复重建的成果，因此，未来试点贫困村的生态重建将会是一个非常迫切而且又充满挑战的问题。一方面，政府和村民的短视使得生态重建需要经历一个漫长的过程，另一方面，生态重建的投入将会是一个巨大的数额。但是不重视生态重建，必然会带来进一步的灾害，将会使重建陷入重建——破坏——再重建的恶性循环。如 2010 年 8 月舟曲、汶川发生的泥石流灾害，使地震灾后重建的成果化为了泡影。

3. 乡村生活城镇化存在一定风险

（1）重建过程急于求成。受到 3 年重建任务两年基本完成的影响，大部分试点贫困村在灾后恢复重建过程中有些急于求成，在执行政策时也有些走样。60% 的灾区与贫困地区重合，给规划区本已严重滞后的社会经济发展造成了极大损失，贫困村灾后恢复重建任务面临严峻形势。与一般灾区相比，如期完成 3 年恢复重建任务，时间更紧、难度更大。受灾贫困村已成为灾后恢复重建的难点，要给予特别的关注和支持。在这个过程中由于抢进度，有点要求太快，时间太紧，导致材料上涨，工价上涨，带来一些负面影响，有些形式主义的做法。尤其是在住房建设方面，各个试点村由于规定了住房建设的时间安排，在灾后恢复重建的初期，需求旺盛，导致了原材料和工价的上涨，政府补贴农户的重建资金抵消了物价上涨的部分，村民们大都没有从实际的政府补贴中受益，与此相反，大部分村民在住房重建过程中背上了较多的债务，给他们的生活生产带来了新的压力。降低了他们抵御自然灾害的能力。一旦再发生次生自然灾害，大部分村民将会陷入绝境。灾后重建政策执行过程中，要尽量使政策本身和政策执行高度统一，让农户既对政策满意，同时又能对政策执行及其产生的实际效果满意。不可让规划中的某些项目成为"面子工程"或追求政绩的幌子。

（2）后续管理存在问题。在试点贫困村的重建很多采取的是集中重建的方式，将原来分散的农户集中到一起居住，形成了一个个小的城镇社区，实际上是提前完成城镇化的过程，乡村生活城镇化在管理，环境等方面的好处显而易见，但是同样也面临着风险。一是乡村生活城镇化对于农民灾后生产的恢复并没有实质的帮助，另一方面，乡村生活城镇化也带来了后续管理方面的问题。从现有规划来看，全村受益的项目由村实施小组负责组织召开村民大会，讨论制定已建成工程设施的后续管理办法，推选管理维护人员，落实管护责任。自然村受益的项目在自然村范围内召开村民大会，讨论制定后续管理办法，推选管理维护人员，落实管护责任。农户个体受益的项目由受益农户自行管理。对恢复重建的公共设施如道路、水利、供水等项目，由村实施小组组织受益农户讨论制定管理办法，落实管护责任。但是调研资料显示，乡村生活的城镇化管理非常缺位。主要表现为管理和后期维护资金的缺乏。对于村民而言，大家并不习惯于在基础设施公共设施等方面的管理投入资金，共建共管的意识没有形成，尤其是在基础设施方面和环境保护方面，试点贫困村的资金缺口非常大，如果没有有效的后续管理，村民这种城镇化生活将是不可持续的，前期的投入和努力最终都将付诸东流。这是当前贫困村持续发展迫切需要解决的问题。

（3）经济、社会、文化系统的脱节。集中重建使村民从形式上来看成为了城镇人，生活方式发生了一定的改变，但是社区的经济、社会、文化系统之间没有协调工作，农民并没有合适的脱离农业的经济收入来源，缺少城镇就业的渠道，社会管理、社会服务等方面功能也不完整，而从文化系统来看，村民骨子里仍然是小农意识，并不能很好地适应城镇化的生活。从目前的调查来看，乡村生活的城镇化徒具其形，未有其神。如果相应的经济，社会、文化系统的重建不能完善，集中重建将会成为中国农村和城市之间的另类。

（二）重建执行过程方面

总的来说，"汶川地震灾后恢复重建暨灾害风险管理项目"取得了较好的成效。但是，在重建规划的具体执行过程中，也存在一些需要认真总结的问题。

1. 项目管理尚需进一步完善

（1）政策或规划与现实的契合度略显不够。灾后恢复重建既结合了国际国内既往灾害风险管理的经验，也考察了项目村的实际需求，从整体来看，政策或规划能够较好地满足贫困试点村灾后恢复重建的需求，但是从微观层面来看，仍然存在着政策或规划与实际状况不能契合的现象。重建政策的统一性和灾区情况的差异性之间存在着矛盾。在重建政策的具体实施过程中，我们发现，重建政策原则性很强，"一刀切"现象明显。这种统一性忽视了灾区情况的复杂性和差异性，不利于发挥地方在重建中的主动性、积极性和创造性。例如对住房重建时间的限定。住房重建是目前灾后重建首要的任务，由于各地同时开展大规模重建，导致建材价格快速上涨（有的地区成倍增长）、建材供应短缺、技术工人乃至劳动力不足，已是突出问题，加上灾后重建工作要 3 年任务两年基本完成，导致了建材价格和人工费用的大幅度上升，建材价格的上涨事实上已经抵消了国家 2 万元的房屋重建补贴的作用。另外，赶时间也会使重建房屋的质量无法保证，可谓是"时间限定"引起的政策反效率。再如对建筑风格的限定，增加了村民灾后恢复重建的成本，灾民的负债严重，增大了生活压力。调查资料显示，整个灾后恢复重建过程中规划的实施因为不符合项目村实际而难以落地生根或者在执行过程中出现了一定程度的偏差。如互助资金贷款，需要5家联保，手续繁琐，从益贫效果来看并没有真正帮上有需要的村民。

（2）参与不够充分、引发新矛盾。参与式重建是贫困试点村灾后恢复重建的一个重要特色，但是这种参与式重建效力的发挥绝大部分体现在重建的前半段时间，在地震灾后，农民迫切需要解决安置问题的时候，打破常规的参与式方法给村民带来了新鲜感，同时也与自身迫切需要紧密相关，因此，能够在初期起到很好的作用。但是在灾后恢复重建的中后期，尤其是村民住房建设完成之后，参与式重建的作用越来越小。一方面，部分存在解决了眼前迫切的生存需要之后，自身谋求发展之路，没有时间和精力参与到灾后恢复重建的具体过程中来，另一方面，重建过程中不断凸显出来的问题使参与重建的村民失去了信心。尤其是在参与过程的管理上，中后期村民参与权利缩小，参与沦为一种形式，而普通村民缺少参与的机会，尤其是在参与决策和监督管理方面，普通村民的参与非常不充分，由此也引发了一些新的矛盾。

（3）村民的知情权不够。一方面，对于项目的了解不够。从调研资料来看，村民对于整个项目均有一个大致的感性认识，但是对于具体项目的实施情况则知之甚少。尤其是对于一些涉及重建资金分配方面的项目知情权不够。例如对于国家给予的住房重建补贴，大部分村民知道补贴的等级，但是不知道补贴的具体标准，再如对于互助资金项目，部分村民不知道互助资金的用途和使用方式，甚至于从未听说过互助资金的事情。对项目的不知情也凸显了参与式扶贫理念在农村社区实施的尴尬境地，反映了项目管理上的不足。另一方面，对于项目资金的去向不知情。例如对于建立灾后村级互助资金，对产业开发类项目采用村级互助资金的方式投放，由村级组织管理在村内周转使用滚动发展。但是对于这部分资金管理方面存在着不规范的现象，互助资金的申请以及国家贷款的发放牵扯到复杂的农村社会关系网络。对于普通村民而言，获取发展资金的支持十分困难，而对于有社会关系的村民而言，则相对容易。不贫困的人享受了贫困援助，真正贫困的人享受不到贫困的援助。总的来说，项目资金的分配仍然存在着分配上的不平等，未能真正惠及需要帮助的贫困群体。项目监督，要外来监督和内部监督结合。但是灾后恢复重建过程中的项目监管存在着外部监管乏力，内部监管缺位的现象。资金管理公开公正透明度不高，群众监督不足，很多村民并不知道资金具体有多少，是怎么开支的，开支的方向，用到哪里去了。

2. 重建制度化水平有待提高

对于灾害频发的国家，灾害风险管理的制度化和法制化非常重要，这是一国灾害风险管理水平的体现。如日本政府在 1961 年就颁布了《灾害对策基本法》，1981 年出台了《地震建筑基准强化》等法律法规，1995 年后相继颁布了更加强化的防灾体制《特定非常灾害法》，2005 年又修订了宅地修建等规制法调整。法律明确了各级政府、民间社会及个人在灾后重建中的权利、义务和责任，使整个防灾救灾工作纳入到法制化、制度化的范畴统筹考虑，有序开展。中国在汶川地震发生之后出台了《汶川地震灾后恢复重建条例》，这可以视为我国首个地震灾后恢复重建专门条例，是开展灾后恢复重建工作的重要法律依据。但是这个法律依据是有地方局限的，是有针对性的，而不具有普适性，不是适用于整个灾害风险管理的指导性文件。在贫困村灾后恢复重建的过程中，也凸显了缺少法律依据的尴尬。从中央到地方各个部门参与灾后重建的权利和义务、责任并不明确，各个部门之间的合作也是建立在政府主导的社会倡导的基础上，各部门之间的协调，整合也会在不断地摸索过程中前行。例如在 UNDP 项目执行过程中，各部门只对 UNDP 负责，UNDP 投入资金所以只对 UNDP 负责，至于多部门合作，应该说是非常好的创意，但是从法律角度来看是没有约束力的。

再者社区层面的具体规划的执行也缺少制度化和法制化的监管。项目实施缺少明确的制度标准，对于灾后恢复重建过程中的违法主体没有明确的处罚措施，对于资金使用过程中存在的违规违法行为也没有具体的约束。因为缺少制度化和法制化的约束，一方面导致灾后恢复重建过程中出现规划实施不到位，管理不力等现象；另一方面，普通村民对于重建过程中的权益受损也诉求无门，从而导致村民与基层管理者之间的矛盾，在重建过程中引发了一些冲突。我国应从法律层面进一步明确中央政府、地方政府及国民在重大自然灾害恢复重建中的责任和义务；以法律条文的形式明确提高我国建筑物（包括居民住宅公共设施）的抗震标准和技术等级；加强对建设标准/技术规范的监督落实力度。按照法律内容和性质制定基本法、灾害预防和防灾规划相关法、灾害应急相关法、灾后重建和恢复法以及灾害管理组织法等五大类法律，做到从灾害预测到防灾准备，从救灾活动到灾后重建都有相应的法律法规，依法推进灾后重建工作。

3. 灾害风险管理意识有待加强

"中国汶川地震灾后恢复重建暨灾害风险管理项目"在震后灾区5个试点村支持开展了农村社区防灾减灾模式研究项目。截至目前，已有7671位村民受益于社区减灾预案编制、实地应急演练及针对当地社区的减灾能力建设培训活动，在一定程度上强化了灾害风险管理意识，但是我国现行的应急体制条块分割比较明显，危机管理职能由不同的政府部门承担，相互之间的整体联动机制不够健全，危机管理的资源有效整合利用比较困难。在管理模式上强调"应急"，即重"救"轻"防"，应急管理工作主要集中于突发事件发生后的指挥救援、重建等方面。在面对复合性风险的时候，这种管理模式更加乏力。虽然试点贫困村的灾后重建战略目标非常明确，要求以重建促发展，提升基层社区的灾害风险管理能力，这是非常好的思路。但是具体实施过程中仍然难以避免重重建，轻灾害风险管理的局面。一是重建过程中的时间限定，3年任务两年完成必然使各方参与重建的部门重视眼前效应而忽略长远发展。因此在灾后恢复重建过程中重建项目也主要集中于看得见的硬件工程，如房屋重建、基础设施建设、公共设施建设，而看不见的或者需要长期重建才能体现成效的项目，如心理重建、能力建设、生产恢复、环境改善等则相应滞后。而这些项目的恢复重建则是灾害风险管理的重要内容。灾后恢复重建是一个长期的过程，尤其是灾害风险管理能力的提升更非一蹴而就。完成任务式的重建方式注定只能在重建方面收到效益，而对于长远发展和灾害风险管理触及较少。二是重建过程中的资金局限，对于大部分受灾贫困村而言，都存在着资金方面的缺口，资金短缺也只能将有限的资金使用到最迫切需要解决的民生问题上。从调查资料来看，试点贫困村在整个灾后恢复重建过程中社区减灾能力的提升微乎其微。从抵御灾害的意识上来看，通过培训可以增强社区减灾防灾的意识，但是社区减灾防灾能力的提升是一个综合工程，不仅需要改善灾害地区的生态环境，而且需要增强村民发展生产、改善生计的能力。这都不可能在短期完成，需要结合对贫困村长期的扶贫开发来实现。从整体上来看，试点贫困村的灾后恢复重建工作还没有完全实现灾害风险管理的目标，还有很长一段路要走。

4. 多部门合作机制有待深化

UNDP 参与的第一批试点贫困村灾后重建，一个最大的特点就是多部门合作，通过两年来的重建过程，多部门合作机制基本形成，也取得了非常明显的成效。不过，由于这是首次在灾害风险管理过程中采取这样一种运作模式，也存在着尚待完善和深化的地方。

（1）协调沟通过程仍不够流畅。从农户的感受来看，无论是政府各部门之间，还是政府部门与其他社会组织之间在沟通、协调、合作方面存在一些不顺畅的情形。其一，多部门之间的横向沟通问题。汶川地震灾害发生之后，由国务院成立了临时成立的的灾后重建小组，涉及灾后重建的各个部门均作为重建小组的必然成员。但是这个灾后重建小组具有临时身份，管理松散，效率低下。缺少正规领导机构，各部门平级，沟通较少，各自为战的现象仍然十分突出。在 UNDP 项目中，UNDP 和国务院扶贫办作为具体的协调方，在多部门合作方面起到了关键作用，也促使了多部门合作平台的搭建，但是多部门之间的沟通和协调仍然存在着一些问题。主要表现为这种沟通和协调为一种非正式的沟通，缺少正式的制度化的渠道。从调研资料来看，灾后重建过程中，各部门仍然遵循着上下级之间的垂直沟通方法，而横向之间的联系和协调并不常见。即便是在工作中需要沟通和协作，主要是向上级汇报，由垂直领导的最高部门之间协调，在基于社区平台的灾后重建过程中，沟通协调主要采用了非正式的个人关系的沟通，而不是部门协调。在沟通方式上来看，最常见的沟通方式仅限于部门研讨和经验交流。研讨会对于经验交流和探索灾后恢复重建的模式来说大有裨益，但是对于具体灾后重建规划执行的帮助则较小。其二，上下级之间的纵向沟通问题。同样在同一部门上级和下级之间的纵向沟通也不充分。这种不充分主要表现为上级规划与基层实施之间的脱节。不足之处在于，现在干工作比较被动，项目级级分配，从上到下，上级不了解基层的基本情况。基层心理想怎么实施，但不能按实际情况执行。而且，扶贫工作各级党政领导都非常重视，但是扶贫工作又是一个系统而持久的艰巨工程，效果体现的比较慢，当年项目要当年实施，而且经常刚到的项目马上就检查项目的实施情况，从而导致项目实施与实际情况相脱节的问题。再者处于基层的工作者不仅要受到直属上级部门的管理，执行直系上级部门的项目，但同时也要受到当地基层政府的管辖，满足当地基层政府在灾后重建的任务。导致了许多矛盾。多头管辖反而使基层参与灾后恢复重建部门的执行力大打折扣。其三，基层部门与项目投入方之间的沟通问题。对于基层部门尤其是以村级平台作为灾后恢复重建的主体，资源得来非常不易，必须要尊重投资援建部门的意愿。由于项目投入部门对试点村的了解有限，制定的重建方案有可能并不符合试点村的实际需求，而村级平台的灾后重建执行者想要改变投入方的方案，投入方可能不接受，甚至有可能导致项目投入的终止，没有项目投入，没有资金投入，就无法解决贫困村灾后重建和长期恢复发展的问题，从而导致灾后恢复重建过程中的一些失误。这种失误又可能引发老百姓的不理解，产生矛盾。所以，基层部门事实上与项目投入方之间处于不平等的位置，不能很好地开展对话。

（2）多部门合作的平台尚不稳固。国务院扶贫办、商务部、民政部、建设部、科技部、环保部等政府部门，全国妇联、中国法学会、国际行动援助等国际组织，诸多高校和科研机构等，通过 UNDP 项目平台汇集到一起，搭建了一个多部门合作的平台，这个平台的建立使得中央多部门在村级层面的合作成功实现落地，对于"汶川地震灾后恢复重建暨灾害风险管理项目"的顺利实施起到了至关重要的作用，也对整个试点贫困村灾后恢复重建工作起到了推动作用。但是从多部门的合作过程中，不难发现，这种多部门的合作平台尚不稳固。其一，现有多部门合作是以项目为基础的合作模式，随着项目的撤离，合作平台很可能随之消失，项目结束后的延续性问题仍有待进一步完善；其二，当前这种多部门合作平台的搭建缺少稳定的合作基础，缺少权威的主导部门的协调，缺少正式的合作框架。"中国汶川地震灾后恢复重建暨灾害风险管理项目"实施结束之后，各部门合作平台何去何从仍然需要做深入的思考。

三、对　策　与　建　议

（一）后重建时期重建工作的建议

1. 加速灾后重建工作的制度化和法制化进程

随着我国减灾管理体制、政策咨询与法律支持体系、综合协调机制的日益完善，防灾减灾工作也进入了一个快速发展的阶段，先后颁布实施了防震、消防、防洪、气象、防沙治沙等 30 余部法律法规，减灾政策法规体系不断健全。我国涉及防治灾害方面的现行法律有《中华人民共和国传染病防治法》《中华人民共和国突发公共卫生事件应急条例》《中华人民共和国保险法》《中华人民共和国防洪法》《中华人民共和国防震减灾法》《中华人民共和国消防法》《中华人民共和国人民防空法》《中华人民共和国矿山安全法》《中华人民共和国安全生产法》《中华人民共和国交通安全法》等，这是人大针对个案而制定的法律。在汶川地震发生之后，国务院先后出台了《汶川地震灾后恢复重建管理条例》等 4 项法律和政策文件，为各机构部门开展灾后建设工作提供了法制保障。但总体而言，我国的法律和行政管理体系还是一个相对薄弱的环节，具体表现在：缺乏减灾综合型法律法规。到目前为止，我国尚未制定灾害基本法；监控手段实施不足，政府公权力缺乏有效监督；防灾减灾管理横向和纵向交叉混乱，缺乏规范性。如政府各部门之间的合作，政府与国际组织之间的合作，政府各部门纵向合作都缺乏正规的法律制度的约束，合作松散，通常是自愿联合，而缺乏制度性的联盟。构成合作的基础往往是一个短期的共同目标，而缺乏长期稳定的合作基础，这些因素通常会因为某种行为方式或者理念的不同而导致分崩，从而制约了灾后救援和长期灾害风险应对的进一步行动。

实施灾害风险管理是政府行政的重要体现，建立健全强有力的灾害应急救助法制，具有十分重要的政治和社会意义。有关方面应该在总结长期实践经验的基础上，尽快研究出台综合性的救灾基本法，以此来协调和规范单一自然灾害管理法规体系之间的关系，使国家的救灾行为走向法制化轨道。建立全国各灾害因子评价与信息收集加工的标准规范与程序，使灾害风险有法可依；完善灾害责任风险管理的立法与法制化建设，明确灾害风险管理的责任权利与主体。目前，应建立健全综合减灾法，发挥综合救灾的优势，在统一指挥下，打破条块分割，畅通信息渠道，整合资源利用，从而有效地组织群防群控和协调各部门的减灾工作。打破部门专业型管理的狭隘性，实现横向与纵向相结合，促进部门之间、政府与公民之间的信息共享。以法律的形式确定防灾责任、防灾体制、防灾计划、灾害应急与紧急处置对策、灾害恢复对策、财政措施等，规范政府和全社会的防灾减灾行为，并加强和监督灾害管理和保障工作的合法性和可持续性。还应该研究出台自然灾害应急管理法，以此来补充现有的单一法律体系的不足，明确减灾参与主体的责任和义务及利益补偿等当前亟待解决的突出问题。

2. 注重政策执行过程中的灵活性

（1）体现政策差异化。在重建过程中，政府对项目的规划和实施有严格的制度规定，这有利于重建工作的有序进行，提高资金使用的规范性和项目的科学性。但是不同类型贫困村自身的特点，地理位置、文化传统、人力资源、受关注程度等各不相同，就会存在政策执行过程中规划与当地实际情况的契合度不高的情况，产生政策的原则性与灵活处理之间的矛盾。同时，在访谈中我们也发现了不少村民对重建规划合理性的评价，表明灾后重建中尽管倡导和实践"参与式"规划，但仍然存在着诸如规划不合村民意愿、规划得不到落实、规划受各种因素影响流于形式等种种问题。需要将政策执行过程中的原则性和灵活性相结合。

政策执行前开展深入的需求评估和可行性评估。重建政策和规划从制定环节上着手，使政策规划尽可能符合当地灾后恢复重建的实际需求。这种评估要建立在政府主导，社会广泛参与的基础上，不能搞形式主义，走过场，也不能一方独大，要充分发扬民主，尤其是基层政府和自治组织，村民代表在政策规划的制定要更有发言权。体现重建需求。既要强化政策的普适性，也要根据不同贫困村的特点体现差异化政策。在灾后恢复重建规划的大框架下具体制定村级灾后恢复重建的规划，满足不同主体的需要。灾后恢复重建政策的制定要考虑到社会发展的趋势，其实施细则要依据变化的外部环境和当事人的特殊情况，及时作出弹性反应，而不能完全一刀切或僵化死板。

（2）简化政策处置程序。重建政策与实际情况的出入不可避免，在执行政策时可以根据实际情况和条件灵活采取具体的措施，就是其灵活性。但是对于基层组织而言，没有权力对重建政策进行变通实施。必须要请示上级主管部门，但是由于重建任务重、情况复杂，项目审批程序的复杂，各部门之间的协调也存在着一些问题，或者时间差（尽管各地设立了重建办公室，但权力没有集中，各类手续仍然要到各部门办理），严重影响了工程进度。对于重建政策的处置需要简化程序，要赋予项目督导部门专门的政策变通的权力，采取谁批复、谁负责的原则，引导重建政策的合理执行。在中国的各部门的条块分割、权力制衡本来就非常严重，如果没有简化程序来处理灾害重建政策的不合理性，将会影响到重建的实际效果，甚至激发矛盾，事与愿违。

3. 加强多部门合作的监督和管理

贫困村灾后恢复重建工作模式是一个由政府统一领导，多部门、多组织协作开展工作的模式。这个模式的优点是可以通过政府的行政手段，迅速形成社会参与的规模和气势，在较短的时间内产生社会影响和效果。但是，这一模式需要政府投入大量人力和资金，同时需要根据变化的情况不断完善各种协调政策。因此，必须加强对项目执行过程的监督和管理，如果缺乏这些前提，就很容易出现部门和组织之间的协作障碍，从而影响贫困村灾后恢复重建工作的持续有效发展。

（1）成立多部门合作管理机构。多部门合作管理机构是贫困村灾后恢复重建工作实施管理的重要机构。而此项工作在日前的试点贫困村灾后恢复重建工作中是一个弱项。尽管国务院扶贫办和 UNDP 是试点贫困村灾后恢复重建工作的牵头单位，并且 UNDP 在绵阳还设立了专门的办公室，但它们对于其他部委工作的开展只能起到协调作用，无法充分动员和深入影响其他部门工作。因此，成立由多部门组成的贫困村灾后恢复重建工作领导小组是非常必要的。贫困村灾后恢复重建工作领导小组的职责是负责制定战略规划、多部门协调管理、工作指导及监督评估等工作。在贫困村灾后恢复重建工作进展中充分发挥协调领导的作用，明确了各部门的职责，给各部门工作开展以支持，尤其是对贫困村灾后恢复重建工作中的政策、部门、人员的协调、理解与支持。此外，参与贫困村灾后恢复重建工作的国家各部委、各级政府、社会组织、社会团体和非政府组织都应设有专职的灾后恢复重建工作的协调员，在贫困村灾后恢复重建工作领导小组的协调与指导下，各部门具体制定规划并在贫困村灾后恢复重建工作中，定期召开协调委员会会议，及时沟通和反馈工作进展情况。

（2）规范多部门合作的行为。现行的多部门合作还处于一个探索阶段，存在着一些管理上的疏漏，尤其是对于参与恢复重建的各个主体的行为缺少一种约束机制，合作行为相对松散随意，必须要对多部门合作的行为进行规范，多部门合作行为的规范化有赖于国家灾害风险管理的制度化和法制化的进程，可以通过相关制度对各部门参与项目的责、权、利做出明确规定，也可以以项目协议书的形式对合作行为进行约束；尤其要对项目资金使用进行细化深入的管理，要求各参与部门必须严格按照规定使用资金；此外，也可以定期召开专家会，严格审核每个申报项目，对不符合要求的项目要求改进。

（3）强化多部门之间的深化合作。UNDP 项目作为灾后重建工作的有力补充，注重与其他机构、组织和部门活动的合作，进行资源整合，相互补充，发挥资源的最大效益。对于 UNDP 项目而言，能够成功调动民政部、科技部、环保部等部门参与到项目中来，主要得益于 UNDP 项目的支持以及 UNDP 在中国几十年来所树立的正面形象。在项目实行过程中，各部门与 UNDP 之间的合作是一种契约式的合作，即各部门分别向 UNDP 负责，UNDP 起到了一定的协调作用。但是这种合作具有一定的时效性，与项目自身的特征有关，随着项目的结束，各部门之间的合作可能随之终结，而且初步形成的合作平台也可能失去了支撑。调查资料显示，推动多部门之间持续深入的合作仍然需要项目支撑，只有通过项目投入的方式，才能使合作平台进一步完善。建议 UNDP 在灾后恢复重建尤其是灾后贫困村的可持续发展过程中继续给予项目支持，以此来推动各部门之间的深化合作。

（二）后重建时期可持续发展的建议

1. 继续提升社区减灾能力

胡锦涛总书记在全国抗震救灾表彰大会上讲话时也曾经指出：要强化对自然灾害预防、避险、自救、互救等知识的普及，全面提高全社会风险防范意识、技能和灾害救助能力。

（1）要提高农村贫困地区居民的防灾减灾意识。虽然经历了地震灾害的洗礼，但是贫困试点村的村民防灾减灾的意识仍然不够。他们对于防灾减灾的理解仅仅局限于灾害来临时候的应急措施，而对于长期的防灾减灾能力的培养没有认识。原因可能来自于多方面：或者基于灾害知识的匮乏，或者出于心理上的侥幸，或者出于主观上的责任转移。而这些客观和主观的因素都是作为导致灾害发生或破坏力增强的机会风险存在于人们的意识之中。因此，提高防灾减灾意识就显得尤为重要。通过加强对防灾减灾知识的宣传和培训，使农村贫困地区的居民具有风险意识、灾害预防知识和应急救援技能，切实提高社区居民的灾害知识素养。基于农村贫困地区的文化知识水平有限，所开展的宣传、培训活动要与当地的本土文化、居民的知识和技能水平相适应。很多国家防灾水平较高的社区在灾害风险管理和应对的实践中总结了很多成功的经验，如引导居民参加社区组织的防灾演习和防灾训练，使居民更多地参与和了解本区灾害规划与灾害区划（包括危险性区划和易损性区划等），持续地开展的防灾学习教育，使当地居民获得更多的减灾知识和防灾信息，长期保持灾害应对措施有效性和足够的物资储备，临近社区之间的信息互通等。同时在培训和宣传中要注重丰富防灾减灾的内容。一方面要提高村民的防灾减灾风险意识，增强灾害预防知识和应急救援技能，另一方面，让村民理解与灾害风险紧密联系的其他风险因素，如环境破坏与自然灾害风险之间的关系，贫困与自然灾害风险之间的关系，能力建设与自然灾害风险之间的关系，总之，要全面让贫困村的村民树立防灾减灾意识。

（2）要切实从多方面提高贫困社区防灾减灾的能力。灾害风险管理主要应该从三个方面来进行，提高贫困社区防灾减灾能力也应该从三个时间段来入手：其一，灾害发生前的灾害预防的能力。主要是灾害预防知识的普及，加强巨灾应对知识库建设。其二，灾害发生时应急救援的能力，主要是贫困社区自我救灾的能力和灾后重建的能力。其三，灾害发生后社区可持续发展的能力，主要是社区产业恢复，社区能力建设，生态重建等方面能力的提升。其中第三部门能力是非常重要的，它不仅能够促进社区从灾害中恢复，促进社区发展，而且也能够增强社区抵御自然灾害的能力。当然提高社区防灾减灾的能力是一个系统工程，目前做得较好的事情是灾害预防知识的普及以及灾后应急措施的普及，如国家减灾委员办公室组织编写的《农村社区防灾减灾手册》，但主要集中于灾害的应急管理，对于防灾减灾能力的提升还任重而道远。

2. 加强生态治理与生态扶贫

"5·12"汶川大地震造成了历史上空前的灾难和损失，大地震除造成人员伤亡和财产重大损失外，也造成了大范围的次生山地灾害。同时对区域资源环境造成了严重损害，导致生态脆弱性增大，山地灾害风险升级，威胁增大，人居环境适宜性和区域资源环境承载力也发生一定变化，影响到灾区重建的空间布局。地震地质影响的长期性更加剧了脆弱生态环境的结构不稳定特征。自然因素是生态环境脆弱的基本动因，汶川大地震地质影响是长期存在的自然因素。据估计，汶川地震地质影响将持续10年之久，地震灾区内山体松动，不仅各种地质灾害高发，对所在区域的各种生态建设工程的影响也是破坏性的。面对地震地质灾害威胁，人类可以通过避灾搬迁或设置防灾措施减轻灾害对生命财产的影响，但恢复重建的生态环境却不能避开地质灾害，各种生态环境建设项目可能受到多次破坏，这是生态保护和重建直面的困境之一。

（1）要打破农村贫困人口的脆弱性与对自然资源的严重依赖形成"贫困——环境退化"恶性循环怪圈。一般来说，越是贫困人口，对自然资源与环境的依存度越高。世界上最贫困的人们直接依赖自然资源获取他们必需的食物、能量、水和收入，通常他们生活在世界上恢复能力最低、环境破坏最严重地区，贫困人口分布与脆弱生态环境分布高度一致。中国农村贫困人口相对集中的区域，也是生态环境脆弱区，两者之间呈现出地理空间上的高度耦合。因贫困而迫使人们为追求短期的生存放弃可持续的资源经营方式，过度使用环境资源，造成环境退化，而环境退化又进一步加剧贫困，形成"贫困→环境退化→贫困加剧→环境退化加剧"的恶性循环怪圈。

（2）调整地震灾区人口分布，降低典型生态脆弱区和自然保护区周边地区人口密度，降低不合理的人类活动对脆弱生态系统的强烈干扰。因此，建议借助灾区恢复重建工作，引导灾区人口合理分布，以降低自然保护区和生态脆弱区内人口数量。通过农村村落区域布局调整规划、产业布局调整、转变居民身份等措施，逐步引导灾区农村人口逐步向灾区城镇、灾区环境容量较高的区域集中。将一些居住分散、受灾比较严重的农村人口，迁到相对安全区域。

（3）积极推动地震灾区农村扶贫工作，转变贫困人口生存方式，切断贫困与环境退化之间的连接点，打破贫困与环境退化循环怪圈。贫困问题是灾区生态环境保护与恢复重建的核心问题。农村贫困人口分布在地震灾区的广大自然保护区周边地区、河流河源区以及生态脆弱区，其粗放的生产活动对这些脆弱生态环境和自然保护区形成强大的保护压力，与退化环境构成完整的循环怪圈。而地震活动更加重了农村人口贫困。因此，生态建设首先要对区域农村贫困人口进行扶贫，让贫困人口脱贫从而减轻对环境的压力。实施生态治理与生态扶贫相结合的模式则有利于避免这一问题，可加强扶贫工作绩效并有效遏制因生态环境而引发的灾害。因此，汶川地震灾区生态环境保护与恢复重建，应摒弃"就生态而生态、就环境而环境"的传统保护思路，从区域经济、社会、生态协调发展的角度，以人为本，以促进人的全面发展为归宿，从人口布局、农村扶贫、区域生态补偿以及生态资源开发等角度，推动灾区生态环境保护工作。

3. 加强生计可持续发展

《汶川地震灾后恢复重建总体规划》涉及的 51 个极重、重灾县中，贫困县有 43 个，占规划区受灾县总数的 84.3%，充分体现出灾害发生区域与贫困区域的高度重合。贫困家庭和贫困人群在灾后早期恢复阶段以及长远发展中，均面临着生活地资源环境脆弱、生计基础薄弱、生产结构单一、缺乏足够能力发展多样化生产、防灾减灾及灾后重建的能力较低等共性挑战。生计的可持续发展是汶川地震灾后恢复重建过程中的重中之重。对于贫困地区而言，自身就缺少发展经济、发展生计的相应资源，这将会使贫困地区的生计问题非常凸显。在后重建时期，生计恢复发展将会是一个重点，也是一个难点。

（1）加大对试点贫困村的投入力度。"汶川地震灾后恢复重建暨灾害风险管理项目"在农房建设、基础设施建设以及公共设施的建设方面，将灾害地区的硬件设施提前推进了 10 年以上，绝大部分村民的生活环境较地震发生之前有了很大的提升，但是与此同时，灾后贫困地区的生存生活压力也相应提高。重建过程中大部分农户背上了大额债务，清偿债务将会是未来几年村民生活中的主题。"汶川地震灾后恢复重建暨灾害风险管理项目"虽然整合了不同渠道的资金对试点贫困村的生计恢复进行了大量投入，项目的实施在一定程度上恢复了试点贫困村村民的生计，但是，随着项目的结束，生计可持续发展仍然将成为后重建时期最重要的任务。因此，试点贫困村的生计可持续发展仍然需要大量的资金投入。省、市、县各级部门应加大对灾区贫困村支持力度，各涉农资金要向灾区贫困村倾斜，并根据实际情况，适当提高山区灾区贫困村基础设施建设补助标准。对丘陵、平原地区人口数量多、幅员面积大的灾区行政村，应按实际需要增加恢复重建与发展资金的投入。资金来源方面要继续多渠道、多途径的整合资金，以财政投入为主，充分动员国际机构、社会力量方面的资金加入到试点贫困村的灾后恢复重建工作中。

（2）促进农业的产业化进程。鼓励涉农龙头企业引领贫困村群众发展产业。扶贫龙头企业多是农副产品初级加工型企业，产业链条短，产品附加值低，市场竞争力不强，带动农民增收的空间狭窄。地震灾害使灾区农业生产、扶贫龙头企业基地建设、设施设备和产品销售遭受严重损失。后期需要支持扶贫龙头企业的发展，为龙头企业的发展提供优惠政策，做好灾后恢复重建工作。加大贫困村发展需求宣传力度，通过土地、税收、人才等方面优惠政策吸引龙头企业进入。不断总结和完善"企业＋农户""企业＋合作组织＋农户"的产业发展模式，实现农产品"产—供—销"一体化，促进农村产业的产业化进程。

（3）合理开发生态农业。地震发生之后生态环境遭受绝大破坏，在产业恢复的过程中将会限制人类不合理的产业开发对生态环境造成的破坏，需要破解贫困人口对当地自然资源的过渡依赖，将会导致贫困地区人口收入的再次降低。应该结合地震灾区的生态承载能力和生态重建，合理开发与生态保护相结合的农村产业。提高科技兴农的水平，打破传统对生态环境掠夺式的农业开发模式。

（4）加强贫困农户能力建设。加大灾区贫困群众职业技术培训的广度和深度，努力扩大劳务输出渠道，加强贫困灾区劳动力的转移。继续通过对贫困农村劳动力的培训，增强劳动力的竞争能力，使贫困地区劳动力向周边城镇转移。同时增加灾区群众就业岗位。采取集中授课、现场学习等方式培养灾区贫困群众中的"能人"，不断扩大村内产业发展能人的引导和示范效应。

4. 建立社区发展的长效机制

（1）培养社区发展的共同意识。基于社区发展的灾后恢复重建工作已经基本结束，从硬件设施方面来看，贫困村的基础设施、公共设施、住房建设、环境工程等基本已经实现重建规划的目标，单纯从社区构成来看，贫困村的灾后重建工作取得了圆满成功，甚至可以说，社区硬件的建设将贫困村的发展推进了10年以上，社区发展的基础已经夯实，尤其是在集中重建的贫困村，大部分村民已经过上了城镇化的生活。但是从社区发展的软件来看，无论是基层管理者还是普通村民，在社区发展的意识上还没有达成共识，还没有形成社区发展的合力。对于社区的基层管理者而言，重建规划的结束意味着重建任务的结束，对于社区的后续发展既不是政治任务也不是政治抱负，对于社区居民而言，各自为战，各扫门前雪的意识也并没有突破，此外，社区管理者与村民之间的协调很难达成共识。因为缺少社区发展的共同意识，难以形成社区发展的合力，从而使得贫困村的可持续发展难以为继。共同意识的培养非常重要，在灾后恢复重建工作结束之后，外援力量和外援资金可能随之相继离场，缺少了外部支援的社区发展主要依靠社区自身的力量，项目实施的初衷也是通过项目带动社区自身能力的建设，外因促动内因，使农村社区走向一条自我发展的道路，扶上马送一程，但是不可能永远帮你牵马执镫。社区发展的动力仍然要来自于内部。在这种背景下，社区内部的发展意识非常重要。在贫困村的灾后恢复重建过程中，很多村民和基层管理者产生了等靠要的思想，并没有从内心深处认识到项目实施的目标和初衷，并没有考虑到项目结束之后社区发展可能面临的问题和风险。在重建的工作上，外来的人才、资金和技术亦将举足轻重，有望令灾区尽快恢复生产，经济尽快重回发展的轨道。但与此同时，外来助力却始终无法代替本地人自力更生的精神，以及渴望重建家园的驱动力量。如何促进产业结构适当调整，经济布局得到合理安排，及实现人与自然和谐相处，凡此种种，不但需要外来专家学者的论证，更有赖本地相关群体的认同和参与。重建完成后社区、文化和经济各方面软、硬件设施的恢复，皆是有赖各方合力解决的严峻课题。"外力型发展"的其中一大流弊，就是造成地方上的经济"依赖"，令地方政府和群众无法掌握自己的未来。人民皆需靠政府或外来大型企业提供就业职位，而且经济资源愈来愈集中在工业上，导致农村人才愈来愈向城市倾斜，一旦大型企业和工厂面临困境，又或是突然撤出该区，整个社区的经济便一夜间垮掉，完全没有任何合理的保障。"内生型发展"则更重视众多非生产要素的作用，例如社区成员的主观能动性，和人际网络衍生的合作精神等，特别是通过社区的集体参与和合作，形成因地制宜的经济发展策略，强调人民对发展的拥有感和投入感。这不但有助社区"自内而外"地达至共识，更重要的是提高社区成员的拥有感和投入感，足以令重建工作事半功倍。然后有效运用内部资源，建立社区本身解决问题的能力。

所以，社区发展长效机制的建立首先应该是社区基层管理者和村民对于社区发展的共同意识的培养，只有具备共同的目标和共同的想法之后，思想上的统一才能推动社区发展，才能为社区发展提供指导。

（2）加强社区管理与社区服务。灾后恢复重建之后社区基础设施建设明显加强，但是社区管理和社区服务的问题则凸现出来。需要改革社区管理体制，解决政府公共服务资源不均衡等问题。社区管理的性质要侧重于群众性的自我管理和自我服务，强调社区群众的参与。实现了社区管理科学化、精细化和长效化才能使新建的农村社区持久发展。加强社区管理需要构建社区管理体制。不断深化社区管理体制改革，理顺社区与基层政府、社区党组织与自治组织、自治组织与社会组织、基层组织与村民之间的关系。初步构建起社区公共管理和自治体系，形成行政管理与社区自治的良性互动。同时要促进社区服务日趋完善。有效地促进社区服务资源的合理配置，改变基层政府和组织独自提供社区服务的传统格局，充分调动社会企事业单位、驻区单位、社区社会组织、社区居民共同参与社区服务的积极性，形成了共驻共建、共建共享的良好局面。

社区管理和社区服务体系的构建作为社区重建的一个重要组成部分，它强调通过引导社区自身成立相应的专业组织，动员社区力量，主动发掘社区资源，重塑社区活力。而根据我们调研的实际现状表明，当地几乎没有任何社区组织，社区服务存在着很大的缺失。

（3）加强基础设施后续管理与维护。今后有大量的基础设施建设与后续维护问题，建议借鉴诸如世行扶贫项目的"以社区为基础"的后续维护经验；基层农村成为空壳村，缺少财政和用工权利，涉及公共服务的事宜只能采取"一事一议"，"一事一议"现在就牵涉个人利益，缺少管理费用和资源。例如环保部环境工程项目。硬件设施已经建立，村民环保意识也有所提升，环保的理念初步形成，但是对于垃圾清运处理还是一个问题。建议设立专岗，配备清运车，给予长期资金的支持。基础设施的后续管理与维护的主要难题在于资金短缺，破解山区农村没有经济收入的难题就非常重要。农村有些什么项目资金，或者规划的项目当中，应适当增加基础设施后续管理的部分内容，在每个项目当中，分出一块用于公共事业服务费、服务管理费，以此来促进贫困地区灾后重建项目的可持续性。此外，应加快贫困地区集体经济的发展。不发展村级经济，不发展集体经济，只发展老百姓的个人经济，将会使项目后续涉及公共服务部门的内容难以为继。要想尽办法来发展集体经济。必须把集体经济发展起来，集体有钱了，才可以安排基本的公共服务。再者，国家应该加强基本公共服务下村的力度，国家埋单的公共设施、公共事业、公共服务项目应大幅度增加，政府的职能至少是部分重要职能延伸到村。而政府职能的下村，自然呼唤着机构的跟进。大量的公共服务延伸到村，村里就必须有政府（派出）机构和人员来承接和组织实施，因为这些项目虽不需全部由政府亲自具体实施，但起码少不了政府机构的管理。

附录 I

UNDP 项目简要描述

一、项目启动与概况

汶川地震发生于中国经济社会发展相对滞后与自然灾害高发频发双重因素叠加的西部地区，受灾地域中60%属贫困地区，51个极重、重灾县中包括4834个贫困村，其中贫困家庭36万户约126万人。贫困人群面对灾害的高脆弱性在这次地震中充分凸显，该地区多年减贫成果严重受损，贫困发生率由灾前的30%陡升至60%。

正是在这样的现实迫切需求之下，2008年10月，联合国开发计划署（UNDP）与商务部和国务院扶贫办联合签署了"汶川地震灾后恢复重建暨灾害风险管理项目"合作协议，会同民政部、住房与城乡建设部、科技部、环保部等中央政府部门，四川、甘肃、陕西地方有关单位，中华全国妇女联合会、国际行动援助等社会组织、国际机构等一起在 26 个贫困村开展灾后整体恢复重建试点工作。

二、项目内容与过程

至 2010 年底，项目共投入 552 万美元，内容涉及社区重建、生计和就业恢复、村落环境改善、清洁能源利用、妇女等弱势群体的心理、法律和创业支持、社区减灾能力等综合建设，以项目为平台推动国际经验本土化，通过探索早期恢复、灾害管理与减贫相结合的社区综合发展模式，致力于"更绿色、更美好"的灾后重建。

经过两年多的探索，在多方合作伙伴的努力下，UNDP 灾后早期恢复项目通过规划→实施→回顾→调整→推进→总结的全过程，在宏观政策、具体实践模式等不同层面都产出了大量创新成果，不仅惠及中国的重建及长远发展，也通过推动中国经验国际化丰富了全球的灾害风险管理知识库，为其他发展中国家应对巨灾与社区综合发展贡献了新的理念与实践经验。

三、项目机构及事项

该项目的主要协调/实施机构及其工作事项见表 1。

表 1　　　　　　　项目的主要协调/实施机构及其工作事项

项目协调/实施机构	主要工作事项
国务院扶贫办	牵头负责参与式评估及以社区为基础的综合性农村重建规划及项目执行
民政部	通过加强农村社区减灾体系建设，在恢复重建的过程中加强社区抵御灾害风险的能力
住房与城乡建设部	与研究机构及企业合作，通过示范项目和能力培训指导和支持农房重建

续表

项目协调/实施机构	主要工作事项
环境保护部	协助社区开展村级能源环境规划，促进可再生能源利用和当地自然资源的管理和使用
科技部	支持灾区经济恢复，并通过基层科技特派员机制为地方中长期建设发展提供帮助
全国妇联	开展社区脆弱性分析评估，并在此基础上为妇女、贫困户等弱势群体提供有针对性的生计恢复支持
中国法学会	通过实证研究和外展活动，向恢复重建中的社区和居民提供有针对性的法律援助
国际行动援助（中国）	通过引入国际经验、工具和方法，为社区脆弱性分析提供技术支持
中国国际经济技术交流中心	受商务部的授权和委托，归口管理和执行相关项目

四、项目效果与影响

（一）直接效果：政策与战略创新

1. "早期恢复，持续发展"：恢复与重建模式的创新

灾难对受灾地区具有长期而深远的消极影响，这一规律已为世界各地经验所证实。然而如何在应对灾害过程中积极减控其影响，特别是对于脆弱性很强的地区和人群如何开展此类工作，依然是亟待探索的领域。本项目创造性地将防灾减灾、减贫与可持续性生计等发展工作有机融合进灾后早期恢复工作中，并取得明显实效，从而为全球、特别是发展中国家巨灾应对提供了可复制的示范样本。

2. "上下互动、多元参与"：应对架构的创新

针对汶川地震带来的多元冲击，本项目努力推动从"自上而下"的传统模式向"上下双向"的社会多元参与模式的变革，建立了重心下垂、多部门多层次动态协同的实施体系。搭建了政府决策者（中央和地方政府）、学术界、社会组织及公民之间的信息交互平台，促进了各类资源和理念的国内外、部门间以及政府与社会的跨界融合，充分体现了互助合作精神和基层民主治理的理念。

3. "社区赋权为本，强化风险管理"：实施路径的创新

社区层面的应对能力始终是有效应对巨灾的重要环节。本项目致力于全方位以风险管理为基础推动社区发展，将巨灾管理政策体系向社区层面延伸，强化社区及居民的参与程度，以社区需求为核心，探索通过多部门整合合作提供早期恢复阶段的公共服务，从而在政府政策议程中有效突出个体、社区层面的社会发展需求，增强了政府执行效力，并在新政策制定和新技术推广过程中推动公共治理的扁平化趋势。

（二）间接影响：理论与实践贡献

1. 理念贡献——带来思考角度的改变

项目探索带来了新的思考角度——恢复重建与减贫发展不应是被灾害割裂的两个过程，早期恢复体现出巨灾应对初期贫困社区发展需求的综合特点，将生计发展、环境保护、住房重建、脆弱性减低、弱势群体关注等多种因素提前纳入早期恢复的政策考虑和方案设计中，开创性地探索了社区防灾减灾与减贫发展相结合的模式。

2. 理论贡献——注重研究与知识共享

项目先后支持了贫困村灾后恢复重建系列研究、试点效果综合评估研究、灾后重建法律援助实用手册、农村社区环境风险规避指南等适用于政府部门、学术界、社区等不同目标群体的总结与研究，及时体现了项目在实施过程中的收获，不仅初步建立起"灾害—风险—脆弱性—贫困"之间的理论关联，而且为国际巨灾应对知识库补充了中国的本土案例。

3. 政策贡献——带来崭新的观点启发

项目显示：政策对于灾害后果的回应应根据不同受灾群体和地域特点而具有充分差异性。通过促进中央政策与地方实践的互动探索，若干富有政策借鉴意义的观点逐步成形，如社区减防灾能力的培育和提升；参与式规划实施的深化；绿色低碳恢复重建；后重建时代的减贫发展；社区综合发展的视角等。

4. 实践贡献——技术与工具的引入

以工代赈：配合政府的赈灾措施，在灾后恢复的第一时间创造临时性工

作机会和提供少量现金补助，吸纳并鼓励受灾百姓积极参与本地灾后早期恢复工作，不仅有助于灾区启动经济恢复，更可以激励当地人民重拾生活的信心。

参与式脆弱性评估：与行动援助等国际非政府机构合作，首次向国内引入参与式脆弱性分析方法，培训各级妇联工作人员运用该方法的能力，并在13个试点村中开展了对妇女、儿童、老年人和残疾人等四类高脆弱性群体的脆弱性评估与分析，不仅与灾区村民共同探讨社区层面预防灾害的方法和途径，而且帮助弱势群体认识自身脆弱性和有效资源所在，提高他们应对灾害和从灾害中恢复的能力。

性别视角：项目引入UNDP《灾后恢复重建中女性赋权与良性平等指南及实践工具》，倡导重建中的妇女权益保护和两性平等原则，以支持中国政府在灾害评估和减灾计划中实现社会性别主流化工作视角。

附录 Ⅱ

调研村庄灾后恢复重建工作情况

一、四川省德阳市旌阳区柏隆镇清和村灾后恢复重建工作情况

（一）基本情况

德阳市旌阳区柏隆镇清和村由原友和村和清凉村合并而成，地处柏隆镇北部边缘，西与绵竹市什地镇接壤，为平坝村。

幅员面积 7.9 平方公里。土地总面积 3910 亩，耕地面积 3671 亩，其中水田 3671 亩。现辖 14 个村民小组，有农业户数 1254 户，总人口 3755 人，其中：农业人口 3753 人，少数民族 2 人。现有总劳动力 2440 人，其中：已

输出劳动力 631 人，富余劳动力 1089 人。

主要经济来源为种植业和养殖业。种植业方面，主要以水稻、小麦、油菜为主；养殖业方面，以养殖猪、鸡、鸭、鹅等为主。大春以种植水稻为主，小春以种植油菜和小麦为主。现种植水稻 3550 亩，玉米 48 亩，其他粮食作物 193 亩；粮食总产量 3006 吨，人均粮食 400 公斤；种植蔬菜 1130 亩，食用菌 180 亩，其他经济作物 44 亩；养猪 942 头，家禽 103000 只；2007 年农民人均纯收入 4200 元；集体经济收入 1.1 万元。

农户住房 7530 间，畜禽圈舍 2900 间。全村有灌溉渠道 42 公里；人饮供水站 1 处，人饮管道 20 公里，人工井 1180 口；村级道路 13 公里，社道 35 公里，入户路 6.8 公里，桥 10 座；沼气池 118 口，太阳能 51 套，有线电视 349 户，固定电话 580 户。

（二）受灾情况

"5·12"特大地震后，清和村遭受了巨大经济损失和财产损失，被列为旌阳区"5·12"特大地震灾害重灾区。

地震造成该村 4221 间房屋倒塌，面积达 87500 平方米；危房 6209 间，面积达 126370 平方米。房屋全部倒塌或成为危房比例达 87%，部分倒塌或部分成为危房 11.4%，造成 3755 人生活困难，基础设施遭到严重破坏，农用灌溉三面光沟渠损坏 20000 余米，损坏机耕道 10000 余米，抽水机房倒塌 15 座，抽水设备损坏 14 台（套），120 余亩农田不同程度变形，渗透性大，难于耕种。

地震造成农户畜禽圈舍毁坏 2682 间；灌溉渠道损毁 1 公里；桥梁毁坏 1 座；沼气池毁坏 76 口，太阳能毁坏 45 套，有线电视破坏 308 户；养猪因灾减少 185 头，家禽因灾减少 12000 只。

村级阵地设施遭到严重损毁，原友和村和清凉村办公室 41 间房屋成为了危房，无法继续使用；辖区内熙海酒厂、清凉酒厂部分房屋倒塌或大部分成为危房，生产设备遭到严重损坏，造成停工停产。全村因"5·12"特大地震造成直接经济损失 12296 万元。

（三）恢复重建情况

清河村现有重建户 1106 户，维修加固户 113 户，23 个聚居点，占地面积约 13.1 万平方米。

由于在 5·12 地震中受灾比较严重，90% 以上的村民都重建了住房，灾后聚居点有 23 处，每个聚居点的居民都在 100 户左右，道路绿化率达到 100%。

在地震发生之后，四川省扶贫办等政府部门实施了灾后重建扶贫项目，共修建道路 4.5 公里村道，6.5 公里沟渠，现在已经全面完工。中国红十字会共援助了 1000 户农户，援助金额有 1500 万元修建住房，目前这个项目已经完毕。联合国开发计划署也大力支持清河村的灾后重建，到目前为止，UNDP 的项目也已经完毕，给予了大力援助，现在聚居点已经全部完工，村民已入住新房。由于在环境卫生方面成效突出，清河村已经列入四川城乡环境综合整治 500 县之中。

UNDP 项目的主要工作内容有：道路建设、农舍改造、妇女互助资金。第一批和第四批资金，一共落实了 36.5 万元的资金，所有资金全部到位。到目前为止，道路建设和农舍改造已经全部完成，只有一个 5 万元的妇女互助资金正在进行之中。从部门工作来看，除扶贫部门之外，主要有妇联、环保和科技等在清河村开展了实际的工作。妇联的工作事项和效果体现在：针对清和村因灾返贫，妇女都呆在家，我们也想把她们的积极性调动起来，让她们更好地生活，所以寻找了一个适合妇女操作的这样一个项目，采取就近就业，在家养猪。组织妇女进行了一个养猪创业培训，培训过后借给妇女生产资料，对妇女实施帮助。经过 4 个月之后，卖出去了 78 头猪，总收入有 5.5 万元。环保部门的工作事项和效果体现在：首先，针对农村环境的现实状况，着重对村干部和村民代表进行培训，提高村民的环保意识和自我管理能力，保证项目的顺利实施。其次，通过资金投入和自筹资金，主要进行了一个居住点生活污水处理的项目，改善、美化村落生产生活环境。这个项目实施之后，通过下村走访了解，群众反映这个项目对于解决他们生活污水、改善周边环境有很大作用。科技部门的工作事项和效果体现在：项目实施前，确定了若干科技特派员，利用科技特派员到清和村进行调查研究，通过科技特派员的实地调研，我们了解到农民对科学技术的强烈需求。其后建设一个科技示范基地，确定 5 户科技示范户，利用科技示范基地和科技示范户的作用带动周围农户，开展农业机械化和集约化建设。具体的工作内容有四项，一是利用省级科技特派员和四川农业大学教授，开展了两期技术培训活动；二是与养殖户进行座谈，了解养殖户需要哪些技术，对他们进行科学指导；三是科技特派员深入到每一名养殖户之中，对每户养殖户进行现场指导，通过听取养殖户的情况，共同帮助每一养殖户解决问题。通过这些工作，提高养殖户的养殖技术，为养殖户提供了圈舍维修改造，协助进行新品种引进，并为养殖户提供养殖资料。

（四）主要做法

1. 成立村级灾后重建领导小组，负责灾后恢复重建的具体实施

地震之后，清和村迅速成立了以村党支部书记为组长，村主任为副组长，村两委会其他成员，14 个村民小组长，村民代表为成员的灾后重建领导小组。

2. 科学规划，多方参与，合力共担，有序做好灾后恢复重建的规划设计工作

2008 年 7 月，村两委就着手对全村 14 个村民小组进行聚居点选址、规划。先后召开几次村两委会、党员会、户长会以及灾后重建专题会议，加之受灾群众的积极性高涨，前后区、镇城建、国土分别到清和村 7 社，对村庄规划选点进行了论证，德阳市设计院提供了灾后重建的户型图和建设图。由于各级领导和国际友人对村庄地震灾害实情引起了高度重视并提供了大力支持，清和村在 2008 年 8 月拉开了灾后重建的序幕，对全村 14 个村民小组，规划的 23 个聚居点，进行了土地协调，通过全村党员干部群众的积极配合，顺利地把 23 个聚居点 160 余亩土地协调下来。

3. 村民主体，民主管理，公开透明，高效开展聚焦点住房重建工作

村两委通过相关人员介绍，全村 23 个聚居点，先后有 10 余家 3 级以上的建筑施工单位进入清和村。村两委对施工单位的资质严格把关，先后对 10 余家建筑公司进行了考察，由重建户与施工单位面对面谈价格、签合同，村组干部一律不能介入参与，施工单位给每户建房户签订建房合同，价格为每平方米 700 元包工包料。全村 23 个聚居点先后召开户长会，每个点户长会选出了 3 个代表，即：一个代表管理该点灾后重建资金，一个代表管理农房建设质量，一个代表管理安全协调点上日常工作，社长管理存折。取重建款都要通过代表，做到公开、公正、透明。

（五）困难与建议

1. 主要困难

（1）聚居点存在的问题。清和村共有 23 个聚居点，由于建设时间的短促和规划设计的欠合理，聚居点尚存在以下一些问题：农户住房之间的街道均为水泥路，目前基本上都没有修建排水沟，致使雨雪天气积水无法排出，影响村民出行；与分散居住的污水个别处理不同，集中居住导致污水处理的公共化，也提高了其技术要求，目前污水处理还没有形成一个成熟的实施方案和有效的经验做法；由于建设资金的不足和村民原有生活习惯的延续，生活垃圾的处理没有得到重建规划的重视，导致重建完成后生活垃圾处理问题的凸显，社区环境卫生问题成为影响居民生活质量的一大制约因素。

（2）村民的需求与重建项目和资金等方面的供给之间仍然存在一定程度的张力。科技、妇联和环保部门在开展 UNDP 项目中共同反映一个较为棘手的问题，就是农户需求比较大，但重建项目不能满足他们的需求，导致在重建选点或确定帮扶农户时只有选择其中困难较大的或者发展能力较强的。

（3）资源分配的不公平、不公正现象仍然在一定程度上存在，亲情、人情、人缘等因素渗入其中。从受灾程度识别、定性到重建资源分配、落实过程中，存在一些不能让村民信服的做法，引起了基层干群和村民之间的紧张和矛盾。妇联部门在开展互助资金活动选择农户时就遇到这个问题，谈到"这个事情我们也解释过，当时计划的是 30 多人，但是考虑到一个居住点不可能只有 30 多户，人比较多，群众嘛，他们都有这种心理，我们都是一个地方，为什么他有我没有。所以当时我们就是采取措施，针对相对而言很贫困的那种，确定了 30 户，每户送两头猪苗，其余的 18 户，每户送一头比较重比较大的。"

（4）村庄生计恢复和可持续发展方面还面临较大的挑战。目前，灾后恢复重建主要的关注点在于住房重建、基础设施重建和公共服务设施重建，对农业生产和非农就业等方面的问题关注度不够，农户的生计恢复仍然面临资金、技术、服务、信息等多方面的制约，可持续发展能力较弱。

2. 主要建议

针对这些问题，提出以下一些建议：

（1）切实引导村民的公共参与，倡导参与式重建。社区充分参与既是受灾贫困村落恢复重建效果的基本保障，也是向贫困和弱势群体赋权的过程。从项目具体实施来看，村民一起讨论决定村落重建需求、排出优先顺序、制定早期恢复重建方案，公开项目所有重要信息，实现资源与过程透明化，激励村民参与。这些方法保证了农户作为重建主体的参与权，有效实现了农户与项目活动的良性互动，增强了农户自身发展意识和能力，为当地建立可持续发展机制打下良好基础。参与式重建和参与式扶贫非常重要，是一个创新，也是基层工作很重要的一个方面，是今后工作推行的一个很重要的思路。这也是当前农村村民自治的一个重要内容，村里的事情大家定，村里的资金大家管，包括村里重大的决策，按照这种参与式的方式由大家共同来办。走群众路线，参与式的重建方式，是确保各项工作能够得到顺利推进的一个重要保障，是确保各项工作能取得预期目的和效果的一个重要的监督和保障机制。

（2）注重政策执行的灵活性。一是体现政策差异化。在重建过程中，政府对项目的规划和实施有严格的制度规定，这有利于重建工作的有序进行，提高资金使用的规范性和项目的科学性。但是不同类型贫困村尤其自身的特点，地理位置、文化传统、人力资源、受关注程度等各不相同，就会存在政策执行过程中规划与当地实际情况的契合度不高的情况，产生政策的原则性与灵活处理之间的矛盾。二是简化政策处置程序。重建政策与实际情况的出入不可避免，在执行政策时可以根据实际情况和条件灵活采取具体的措施，就是其灵活性。对于重建政策的处置需要简化程序，要赋予项目督导部门专门的政策变通权利，采取谁批复、谁负责的原则，引导重建政策的合理执行。在各部门的条块分割现象比较严重的情况下，如果没有简化程序来处理灾害重建政策的不合理性，将会影响到重建的实际效果，甚至激发矛盾，事与愿违。

（3）注重可持续发展。地震灾后恢复重建是一个系统而长期的工程，虽然国家号召"3年重建任务，两年基本完成"，但是任务的完成并不意味着试点贫困村的开发和发展的结束。灾后恢复重建的整体规划与实施均应以发展为导向的，强调可持续性，尤其是在后重建时期，可持续发展将作为灾后恢复重建的工作重心，是贫困村灾害风险管理和扶贫开发的重点。发展导向型的恢复重建战略打破了过去灾后管理过程中的头痛医头脚痛医脚的狭隘。不仅能够较好地完成项目目标和灾后恢复重建的任务，关键是增强了灾害地区自身抵御灾害风险的能力，对于推动整个灾害地区经济社会的发展也具有重要的意义。无论是以重建为契机促进贫困村的发展，还是在重建过程中融合扶贫的理念，还是为贫困村的可持续发展做出具体的努力，都体现了发展导向的重建战略目标和高瞻远瞩的重建战略眼光。

二、四川省德阳市中江县集凤镇云梯村灾后恢复重建工作情况

（一）基本情况

集凤镇云梯村位于中江县西北部，距县城 20 公里，距集凤镇 10 公里。全村幅员面积 2.8 平方公里，有耕地面积 1589 亩，其中田 670 亩，土 919 亩，人均耕地面积 0.94 亩；辖 12 个农业合作社，524 户、1686 人。该村地处中江县西北部龙泉山脉尾端深丘，页岩地层构造，最高海拔 867 米，最低海拔 407 米；年平均气温 15.5℃，常年无霜期 320 天，年平均降雨量 700mm。因所处地理位置特殊，温、光、水资源十分贫乏，农业气象恶劣，素有"十年九旱"之称，是一个典型的丘陵旱山村。

境内有通村公路 8 公里、通社公路 15.7 公里，但由于等级低，晴通雨阻，成为制约经济发展的瓶颈。蓄灌能力差：全村虽有山坪塘、石河堰、蓄水池等微型水利 93 处，因年久失修蓄提能力极差，有效灌溉面积仅 286 亩，不足耕地面积的 20%。人畜饮水困难：农村缺乏饮水工程设施，仅有人饮池 11 口、人工井 134 口，420 户、1350 人存在严重饮水困难，很多农户饮用的是极不卫生的池塘、沟边水。该村无学校、卫生站，无村办公室、文化活动室、广播等公益设施，学生上学、群众就医十分困难。

全村无骨干支柱产业，农村经济以农业为主。农业生产以玉米、小麦、水稻、红苕等粮食作物为主，年总产 541.2 吨，人均粮食 321 公斤；经济作物以油菜、花生、草本药材丹参、白芍为主，常年种植面积 816 亩；种养业结构单一、效益低下，外出务工成为该村农户的主要经济来源。全村 1070 个劳动力中，常年外出务工劳动力 592 个，占总劳动力的 55.3%。2007 年底全村有建卡贫困户 61 户，152 人，其中低收入贫困户 43 户，106 人，绝

对贫困户 18 户，46 人；农民人均纯收入仅 2160 元。

（二）受灾情况

德阳市中江县集凤镇云梯村代表地形地貌为丘陵村、农房倒塌低于 30% 的村、属于四川省"万村扶贫"工作重点村纳入全省贫困村灾后重建规划 10 个试点村之一。

据调查统计，"5·12"汶川大地震共造成该村 82 户 397 间房屋倒塌，占总户数的 15.6%；67 户 268 间房屋受损成为危房，占总户数的 12.7%；畜禽圈舍倒塌 216 间，小家禽死亡 5000 只。基础设施遭到严重破坏，损毁村道路 8 公里、社道路 15.7 公里；损毁山坪塘 45 口、灌溉池 3 口、石河堰 15 公里；损毁人饮池 11 口，人工井 134 口；地震造成全村经济损失达 1029.7 万元。

（三）恢复重建情况

在省市县镇扶贫办的指导下，云梯村对灾后重建项目进行了参与式规划，资源整合，发挥项目捆绑效益，整合"灾后重建试点"100 万元，"切块资金"86 万元，住房维修加固和重建资金 82 万元，沼气项目 10 万元，新村扶贫 50 万元，交通局村道重建资金 82 万元，"村级阵地建设"45 万元，农田水利项目 51 万元，UWD 项目 36.5 万元，广东农牧厅捐赠 3.75 万元等诸多资金达 700 余万元，从住房、道路、水利、生产全方位开展恢复重建。

全村农房重建 118 户，维修加固 396 户，建沼气池 100 口，恢复村社道路 10.8 公里（其中：水泥路 8.5 公里）、山坪塘 6 口，蓄水池 41 口，入户路 1.2 公里，水沟 727 米，小型饮水池 5 口，机井 11 口，人工井 42 口，扶贫户补助 93 户 16.5 万元。

全村外出务工人员 816 人，种植中药材 761 亩（其中白芍 410 亩、丹参 280 亩）。养小家禽 2.3 万只，生产生活水平已恢复到灾前水平，2010 年底全村人均收入有望增收 300 元。

UNDP 规划项目为：第一批 UNDP 项目（23 万元）包括整治渠道 550 米，建入户砼路 1500 米，贫困户圈舍改造 80 户，成立社区互助资金组织 1 个；第四批 UNDP 项目（13.5 万元）包括整治堰塘 1 口，新建小型供水站 1 处，蓄水池 1 口，入院砼路和院坝 1040 平方米。

UNDP 项目主要分三部分：23.5 万元用于以工代赈，小型基础设施建设，8 万元用于沼气建设，发展生产方面，另外的 5 万元是妇女互助资金，发放后再进行回收。UNDP 项目在光明村和云梯村在 2009 年 12 月份之前就已经全部完成了，2010 年 1 月份之前验收完毕。今年 6 月 30 号之前项目都已经完毕。

农户参与方式及投工投劳、工资发放情况：第一批项目，排灌渠 550 米由村两委会请示镇纪委组织群众代表、党员代表，镇扶贫办参加的议标评定小组，采取公开议标的方式，以合理低价中标，承包给施工方进行修建，在施工中接受群众质量监督；入户路建设 1500 平方米，由群众推荐、村两委组织专业队实施，材料由专业队指派专人购买，按 40 元/平方米计算（含务工），共投入资金 6 万元；圈舍改造 80 户，采取农户自建，验收合格后，现金补助 1000 元/户，总投入 32.612 万元，自筹 24.612 万元，UNDP 援助资金 8 万元；妇女互助资金农户入社资金 190 户，每户缴纳互助金平均 157.89 元，共计 3 万元。第四批项目，小型供水站 1 个，总投资 16710.96 元，其中 UNDP 援助资金 1.65 万元，以劳折资 210.96 元；蓄水池 1 口，总投资 28691.19 元，其中 UNDP 援助资金 2.8 万元，以劳折资 691.19 元；整治山坪塘 1 口，总投资 41210.25 元，UNDP 援助资金 4 万元，以劳折资 1210.25 元；入院路及院坝 1040 平方米，总投资 56387.66 元，其中 UNDP 援助资金 5.05 万元，以劳折资 5887.66 元，共计 13.5 万元。

（四）主要做法

1. 借助基层民主，强化村民参与，畅通表达和沟通渠道，推动项目有序实施

在项目规划阶段，通过层层召开村小组会、党员大会、村民代表大会，由村民代表投票表决选择项目，再预算上报，省扶贫办审批后批复实施。首先使村民了解这个情况，然后由村民投票表决，找专业人员进行预算，之后再进行生产。同时还组织机构捐钱，乡镇上也成立了扶贫办，村庄成立了专项项目小组，主要负责项目实施、监督、理财。在项目实施阶段，成立专项项目小组，有项目实施小组、项目监督小组和项目理财小组。积极组织，强化管理，有效地促进 UNDP 项目的实施，对 UNDP 项目进行公示，让群众了解建设情况，并进行监督。二是充分发挥项目实施小组、项目建设小组和项目理财小组的管理作用，对项目建设的质量、资金的管理还有工程建设的监

督，保证项目的开展。

2. 加强领导，落实责任，建立和完善组织管理机构

县上成立了以分管副县长为组长的中江县贫困村灾后重建领导小组，领导小组下设办公室，县扶贫办具体负责。乡镇也成立了相应机构。县扶贫办将灾后重建工作安排到项目股实施，并指定专人负责两个村的灾后重建工作，乡镇也落实了专门的工作人员。两个试点村在县扶贫办的指导下分别成立了项目实施小组、项目监督监测小组、项目理财小组，实行民主管理，责任到人，做到事事有人抓，事事有人管，把重建工作落在实处。附中江县富兴镇光明村灾后重建领导小组及各下设小组的成员名单和职责及各下设小组成员名单。

3. 精心组织，严格管理，确保 UNDP 项目顺利开展

按照项目建设实施方案，精心组织，严格监督管理，确保了项目建设的顺利开展。一是项目、资金公示公告，让群众充分了解建设工程和资金投入情况，接受群众监督；二是充分发挥项目实施小组、项目监督监测小组、项目理财小组等民选组织的作用，对工程质量、工程进度、资金管理、工程效益进行全程监督，保证项目建设的顺利开展；三是严格财务管理，项目资金由县财政"三专"管理，村级财务由理财小组民主管理，杜绝了项目资金的"跑、冒、漏、滴"；四是建立投诉机制，在项目实施过程中，鼓励村民行使民主监督权利，发现问题及时向村、镇反映，或按照公布的投诉电话向县扶贫办反映，保障下情上达渠道通畅并能及时得到处理。

通过这些有效的方法和配套机制，灾后恢复重建工作取得了非常好的效果。80 户贫困户修建了圈舍，帮助贫困户发展生产，解决 80 户 298 人脱贫；新建入户水泥路 1500 平方米，2 个社受益，解决 85 户农户的出行难问题；排水沟 550 米解决公路排水问题，一部份排水沟可引水至 3 社堰塘，解决 3 社堰塘引水困难问题；互助资金 5 万元用于最贫困户和最脆弱的家庭（特别是妇女）发展生产，并解决生计问题。建蓄水池 1 口（容积 400 方），整治堰塘 1 口，小型供水站 1 座，入院硅路 240 平方米，院坝 800 平方米，使 12 社 10 多户集中居民点的交通、生产和生活用水困难问题得到了根本解决。

（五）困难与建议

1. 主要困难

（1）重建资金缺口仍然较大，重建需求仍有待满足。5·12 地震之前，

由于云梯村的地理位置等因素的影响，经济发展困难、村民生活水平不高，许多村民在农房灾后重建中，资金不足，目前全村 118 户重建户均有贷款，户均贷款 3 万元；全村基础设施建设不够完善，断头道路还有三处，39 口山坪塘未整治。

（2）由于主客观条件的限制，村级生产互助资金发展不畅。妇联部门反映，当前村级生产互助资金少了一些，实施项目的每个村只有 30 户能够参与进来，每户的资金量也都比较少，真正需要帮助的还有很多，三五千就有些缺乏。另外，培训费用很有限，与其他地区相差很远，灾后恢复重建过程中每个村的培训费用不低于 3000 元，前期工作的花费很高，注册、年审、风险金、公益金、公积金等费用都占有较大的比例。

2. 主要建议

针对这些问题，提出以下一些建议：

（1）拓宽重建资金的筹集渠道，着力农户的生计恢复和可持续发展。可持续发展是汶川地震灾后恢复重建过程中的重中之重。农房建设、基础设施建设以及公共设施的建设将灾害地区的硬件设施提前推进了 10 年以上，绝大部分村民的生活环境较地震发生之前有了很大的提升，但是与此同时，灾后贫困地区的生存生活压力也相应提高。在后重建时期，生计恢复发展将会是一个重点，也是一个难点。从目前的状态来看，生计可持续发展主要有几种措施：其一，借助贫困村互助资金试点工作的发展机遇，大力提升村民的自我发展能力和社会化水平。其二，加强贫困灾区劳动力的转移。继续通过对贫困农村劳动力的培训，增强劳动力的竞争能力，使贫困地区劳动力向周边城镇转移。其三，促进农业的产业化进程。加大贫困村发展需求宣传力度，通过土地、税收、人才等方面优惠政策吸引龙头企业进入。不断总结和完善"企业＋农户""企业＋合作组织＋农户"的产业发展模式，实现农产品"产—供—销"一体化，促进农村产业的产业化进程。

（2）强化多部门的整合机制和保障机制。与专项扶贫资金和其他部门资金不同，UNDP 项目中涉及多部门，扶贫办和妇联等政府部门，在很多项目上相互之间并没有直接联系，由扶贫办牵头负责组织，妇联只是其中的一个成员单位，主要负责生计项目，搞些培训，工作还是很少，主要的工作还是扶贫办来实施。各个部门的项目还是分开实施，当然也有合作，发改委、民政等都有联系。在规划过程中遇到技术性问题就找相关的部门，主动去协调、相互支持。

（3）关注配套经费保障，加强考核的力度和分量。实地调研了解到，在项目实施过程中，没有工作经费，没有管理费，所有的国家项目都没有工作经费，项目的运作费，从规划到设计都要产生费用。扶贫系统的考核，纳入政府的年度考核，综合目标考核，对乡镇有考核，牵涉到政绩和评优评先。

三、四川省绵阳市游仙区白蝉乡陡嘴子村灾后恢复重建工作情况

"5·12"汶川特大地震后，游仙区白蝉乡陡嘴子村被国务院扶贫办确定为"全国贫困村灾后恢复重建试点村"。在上级扶贫主管部门的坚强领导下，游仙区按照"科学、求实、安全、快速、发展"的总体要求，采取强有力的措施，扎实推进陡嘴子村的灾后重建，已取得阶段性成效。

（一）基本情况

四川绵阳市游仙区白蝉乡陡嘴子村，距游仙城区 60 公里，地处白蝉乡西北面，与玉河镇相邻，属于丘陵地带。种植业以水稻、小麦、玉米农作物为主，产业以蚕桑为主导。全村有 7 个村民小组，人口 239 户、739 人，幅员面积 2794 亩，其中耕地面积 815 亩、林地面积 670 亩、水资源面积 200 亩。2007 年成为游仙区扶贫新村，2007 年底人均纯收入 3467 元。

（二）受灾情况

"5·12"地震给该村群众带来了重大经济损失和人员伤亡。全村受灾739 人、死亡 1 人；239 户 2510 间民房均不同程度受损，其中住房全部倒塌和严重受损无法居住的重建户 140 户 1447 间 3.91 万平方米，需加固维修的99 户 465 间 1.78 万平方米，因地震返贫户达 139 户；圈舍倒塌和严重受损共 469 间 1.14 万平方米，轻度受损 129 间 0.38 万平方米；道路损坏 4 公里；人工机井损毁 130 口，损坏武引沟渠 2 公里、山坪塘 9 口、石河堰 1 处、提灌站 1 处；村办公室、卫生室、计生室文化活动室严重损毁无法使用。全村经济损失达 1416.6 万元，是游仙区的重灾贫困村之一。

（三）恢复重建情况

1. 农房恢复重建

一是按安全、经济、适用、提升的原则开展住房重建。全村需重建 140 户，现已动工 131 户，占应建户数的 94%，已基本竣工 81 户，占应建户数的 58%；二是加快维修加固震损住房，全村加固 99 户，完成率 100%；三是针对贫困户建房难的问题专门设计了贫困户建房图纸，鼓励贫困户联户联建，动员党员干部帮扶助建，动员建材供应商让利援建。

2. 基础设施的恢复重建

一是以解决生活生产用水难为突破口，加快水利设施恢复重建，该村在灾后新开挖并硬化武引农渠 4.5 公里；新挖了塘埝 4 口，精修 2 口，新增蓄水 5 万立方米；开挖并硬化夏湿田排湿沟渠 3.3 公里，改造夏湿田 500 亩；维修武引沟渠 2 公里、山坪塘 9 口、石河堰 1 处。二是以解决行路难为重点，加快村社道路建设。全村共修建村社水泥路 6 公里，修建碎石路 4 公里，修建入户道路 3 公里。三是以解决群众信息难为切入点加快电力、广播等的恢复重建。现全村电话入户率达 90%，有线电视覆盖率 100%，广播网覆盖率 100%，供电入户率 100%。

3. 城乡环境整治

一是以优美环境为重点，对地震灾害废墟和倒塌房屋进行清除，进行了还耕；二是统一建筑风格，按照标准图对重建住房进行外部装修，呈现出新农村建设风貌；三是做好农户配套设施建设，新挖卫生井 100 余口，恢复改造卫生井 130 口，新建沼气池 50 口，恢复改造沼气池 80 余口，改厨改厕 170 余户；四是以建设"美好家园"为载体，动员群众清除了道路两旁、房前屋后乱堆乱放的柴草杂物、垃圾、乱搭乱建的附属设施，普及健康常识，提高村民素质，极大地改善了村民的生活环境。

4. 产业恢复重建

一是大力发展蚕桑产业，培育增收致富的骨干项目。已改造桑园 300 余亩，新增桑园 100 亩，年养蚕规模达到 5400 余张，较灾前新增 1100 余张；二是大力发展优质大豆产业，去年已发展 1000 亩，亩平增收 400 余元；三是大力发展养殖业，现全村新增养猪大户 10 户，水产养殖 40 余亩，全村生猪出栏达 1200 余头，小家禽养殖 1.2 万余只；四是大力发展劳务经济，全村参与劳务扶贫等务工技能培训的村民达 200 余人次，现常年在外务工人数 195 人，年创收 290 万元。

（四）主要做法

1. 统一思想，明确四个主体

夺取灾后贫困村恢复重建胜利，关键在人、关键在干部、关键在群众、关键在思想认识统一。为此，区扶贫办会同白蝉乡党委政府迅速统一了干部、村民的思想认识，明确了贫困村灾后恢复重建中的四个主体。一是明确了受灾村民是建设主体，通过广播、党员会、村民会、标语等多种形式广泛宣传，让广大群众充分认识到地震是天灾，国家下达的建设项目、补助的资金是惠民救助，政府的职能主要是帮助和服务，受灾村民才是建设的主体。我们积极引导村民克服"等、靠、要"思想，充分调动群众参与建设的主动性和积极性，增强了群众克服困难的信心和勇气，变"要我建"为"我要建"，掀起了该村恢复重建的高潮。二是明确了白蝉乡党委政府是陡嘴子村灾后重建的第一责任人，成立了专门的工作机构，明确了专职工作人员和主管领导，实行"一把手"负总责，限期完成。三是明确了村支两委是灾后恢复重建的组织主体，要求其充分发挥战斗堡垒作用，主动谋划，带领全体村民克服困难，变压力为动力，抓住国家扶贫投入的重大机遇，积极投身恢复重建。四是明确了区级职能部门是陡嘴子村灾后恢复重建试点工作的服务主体。区政府成立了"陡嘴子村灾后重建工作领导小组"，明确了由分管扶贫工作的副区长担任组长亲自抓，同时成立了白蝉乡灾后重建区级指导组，要求指导组重点加强对陡嘴子村恢复重建试点工作的指导，区扶贫办加强统筹协调，区财政、涉农部门、区重建办配合做好服务工作，给予项目、资金帮扶。

2. 精心规划，把握三个原则

我们按照规划科学、建设经济、档次提升、注重适用的要求，在制定重建规划时重点把握了三个原则。一是及早安排，把握主动原则。在地震灾害发生后游仙区扶贫办在全力抗震救灾的同时多次深入贫困村进行调研，摸清了贫困村的受灾情况，倾听了群众对灾后重建的意见。在 2008 年 8 月 20 日全国贫困村灾后重建规划、管理、实施培训会后，立即组织有关工程技术人员对陡嘴子村的灾后重建进行了全面规划，制定了《游仙区陡嘴子村灾后重建总体规划》《游仙区陡嘴子村灾后重建实施方案》。并将该村规划纳入到全区灾后重建总体规划之中。在规划中将群众的现实需求与长远发展相结合，将贫困村建设与产业发展相结合，将该村产业优势与绿色产业示范区相结合。二是降低成本，把握经济实惠的原则。根据该村群众的经济条件，以农民承受得起为标准制定建设方案，如农房建设上免费为该村农户提供3～15万元的13种户型、26套图集供农户选择，特别是专门为贫困户建房设计了1套40多平方米的户型，投资不到3万元，贫困户利用国家的补助、旧材料和民政支持的特困户建房补助资金，加上党员干部的支持就完全可以建1套新房。在村道建设上充分尊重群众的意愿，将水泥路路面宽度控制在2.5米左右，投资控制在25万元左右，入户路控制在1米左右。三是展示特色，把握提升的原则。积极引导群众结合新农村建设规划，进一步提高村社道路、灌溉渠系、塘库堰、住房建设标准，完善配套设施，统一外观外貌，注重质量安全，将贫困村建设成为新农村，实现贫困村向新农村跨越式发展。

3. 加强服务，强化五个保障

贫困村灾后恢复重建责任主体是村民，区、乡政府和村支两委主要是组织发动。一是加大宣传力度，强化政策保障。区扶贫办迅速印发了区委、区政府关于灾后重建的一系列政策文件和受灾农户政策明白卡给贫困村，通过各种形式宣传灾后贫困村恢复重建国家方针、政策，针对特困户建房困难，区扶贫办积极向区级领导汇报，协调民政、建设、财政等职能部门专门制定了相关规定，整合各种政策性补助资源，单独为贫困户建房设计方案，明确支持标准。二是加强技术培训，强化技术保障。为解决陡嘴子村恢复重建急需大批技术工匠的矛盾，协调建设部门专门为该村培训了10余名工匠，同时聘请了技术人员监管建设质量和安全。三是整合资源，强化资金保障。积极引导区级部门将灾后重建政策倾斜到陡嘴子村，目前已落实了农发项目150万元，农村户用沼气池项目70万元，广播、电视、电力项目10万元，基层政权建设及配套项目60万元，水利项目50万元，村级公路建设30万元；区扶贫办捆绑优质大豆、互助资金、新村扶贫等项目80万元；农房重建及其他政策性补助资金400余万元；采取"一事一议"，村民适度投劳投资；协调信用社尽早给农房重建户信贷支持，该村授信金额达400万元，目前已累计发放110万元。四是优先供给，保障建材需要。在红砖、砂石等主要建材调拨上优先考虑该村农户建设农房和重建项目的需要。五是落实责任，强化组织保障。乡村分别成立了资金监管工程项目建设工作领导小组，对招投标、工程质量、工程投资进行全程监督，向全体村民公示、公告；区政府将陡嘴子村的建设情况纳入区级职能部门和白蝉乡的年度考核内容。

4. 村民自治，实行参与式扶贫

在工作的推进上游仙区始终注重发挥村民的主体作用，动员群众全程参与扶贫项目的规划、实施、监督，积极探索灾后贫困村恢复重建的办法和途径，创建了四种模式。一是规划上创建了"村民自主议建"模式。通过召开村民户主大会，由群众公开讨论、评议，对致贫原因、建设项目进行排序，摸清了制约贫困村发展的"瓶颈"，了解村民意愿，针对问题制定发展规划，制定项目框架，使其实施的项目合符村民的愿望，让更多的村民受益。二是在农户建房上创建了"联户互帮互建"模式。动员农户在重建农房时在农户之间结对联户，优势互补，相互帮助，帮工还工，有效整合了劳动力资源和技术资源，解决了用工短缺和建筑工匠短缺的问题。三是在贫困户建房上创建了"党员帮扶助建"模式。针对贫困户、有困难的低收入家庭建房缺资金、技术、劳力和施工组织等特殊困难，建立了党员、团员农房助建服务队，进行帮扶。四是在资金和质量监管上创建了"三级联合监督"模式。为保证贫困村灾后重建资金安全和建设质量，区上建立了以区纪委牵头的灾后重建物资监管领导小组，白蝉乡建立了以乡纪委书记为组长的陡嘴子村灾后重建监管工作组，村上建立了以群众代表为成员的现场监管小组。

（五）困难与建议

1. 主要困难

陡嘴子村在政府的关心支持下，在社会各界的关注帮扶和群众的共同努力下，初步完成了灾后农房重建、部分基础设施重建和产业恢复重建任务，但目前仍存在着一些困难：

一是全村重建中每户都是负债累累，在恢复生产方面资金投入力度不够，资金严重不足，村内公益设施恢复群众集资部分收缴难度大，农民压力大，部分群众有抱怨情绪，在产业发展中，由于地震的影响，使原有的蚕桑养殖场所损坏，重建时，还不能完全达到养殖技术要求的标准，导致产业恢复缓慢，养殖收益效果不明显。

二是全村没有集中供养的蚕桑供育室和高水平的蚕桑养殖新技术人才。

2. 主要建议

针对以上问题的存在，有以下几点建议。一是增加重建帮扶资金的投入量，让村内各种设施的恢复和重建，尽量让群众少集资一部分，减轻农户压力，避免不稳定因素出现。二是在产业恢复方面需投入一定量的资金，使其恢复生产，并投入一定资金量，修建好全村蚕桑供育基地，以发展蚕桑为主导产业，以增加农户收入。三是因地制宜地在村内发展种植经济林果，搞好规模化种植，考虑能否发展一村一品项目。四是投入一定资金量，搞好土地整改，提高种植收益。五是部门给予帮扶协调，搞好科技知识的传授等相关工作。六是帮扶全村因灾致贫返贫的农户，搞好农房重建以及后续生产生活帮扶。

四、四川省广元市利州区三堆镇马口村
灾后恢复重建工作情况

四川省广元市利州区三堆镇马口村是国务院扶贫办确定的第一批灾后重建和扶贫开发相结合试点村，规划项目自 2008 年启动实施以来，经过一年的建设，马口村灾后重建和扶贫开发工作取得了良好进展，基本完成了试点村建设任务。

（一）基本情况

四川省广元市利州区三堆镇马口村是四川省 10 年扶贫规划重点贫困村，全村幅员面积 5 平方公里，辖 3 个村民小组，210 户 784 人，其中贫困户 28 户 103 人，常年在外务工 360 人。自 2005 年实施和谐新村项目建设以来，该村的经济社会发展取得了卓越成效。2007 年农民纯收入达 3500 元，成为全市新农村建设示范村。

（二）受灾情况

"5·12" 汶川大地震给该村造成死亡 3 人、受伤 5 人；农房全部受损，其中 103 户严重受损无法居住；损毁村组公路、入户路 7.5 公里、山坪塘 3

口、排灌渠 1.5 公里、耕地 180 亩,新增地质灾害点 3 个,42 户农房必须异地重建;村小学、村卫生室、村办公室等集体资产全部垮塌。地震造成直接经济损失达 1500 万元。农民人均纯收入下降到 1800 元,67 户 246 人因灾返贫致贫。

(三) 恢复重建情况

面对巨大灾难,马口村人民在村支两委的坚强领导下团结一心发扬不等不靠的精神,感恩奋进,把"科学发展观"理念贯穿灾后恢复重建和经济社会发展全过程,将灾后恢复重建与扶贫项目实施相结合,坚持统筹发展战略,创造性地使用"互助小组互帮联建""分组投劳村民自建""五统一模式统规联建""合作经营产业共建"等方式成功推出灾后恢复"马口样本",顺利完成了抗震救灾和恢复重建工作。

1. 农房重建和维修

107 户农房的维修加固全部完工,103 户严重受损户的农房重建工作也全部完工,其中集中安置 46 户,爱心民居安置 4 户孤残人员。

2. 基础设施重建

改造恢复村道 4 公里,重建通组水泥路 7 公里、连户路 3.2 公里;维修加固山坪塘 3 口,蓄水能力达到 11 万方;重建一、二组人饮工程,解决 168 户 604 人的安全饮水问题。

3. 产业发展与规划

组建贫困社会互助社、猪业合作社、农民工协会;规范建设养殖小区 3 个,拟发展生猪年出栏 5000 头,生态土鸡养殖年出栏 20000 只;恢复发展水果蔬菜产业,新栽植枇杷 100 亩,海椒 200 亩,管护梨树 400 亩,樱桃 80 亩;新建旅游农家乐一家,转移村劳动力 8 人。

4. 村民能力建设

开展各种实用技术培训和劳动技能培训达到 1200 人次。

(四) 主要做法

1. 一种理念——科学发展

马口村坚持以"科学发展"的理念贯穿灾后恢复重建和经济社会发展全过程。一是强化科学规划。坚持将灾后恢复重建与扶贫项目实施相结合,与新农村建设相结合，与统筹城乡发展相结合，与农业产业化发展相结合，高起点规划恢复重建项目。二是坚持整村推进。加强受灾村民家园重建，在全村整体实施村组道路、山坪塘、人饮工程等基础设施恢复重建，同时大力发展养殖业、种植业等产业，实现恢复重建项目全村覆盖，各领域全面推进，各村民小组均衡发展。三是突出和谐发展。坚持灾后重建与环境融合、产业发展与生态建设共生。突出地方风貌重建房情趣，依托丰富林地资源发展生态土鸡，推广"零排放"微生物发酵技术养殖生猪，建设农村垃圾分类处理池保护生态环境；建设"爱心民居"关注孤残人员生产生活困难；组建互助组织支持妇女、贫困户等弱势群体发展，加强村民培训提升增收和自我发展能力。

2. 一种精神——自强不息

马口村群众始终坚持自强不息的精神，以此战胜和克服了抢险救灾、过渡安置和灾后重建中的一个又一个困难。灾情发生后，全村群众没有坐待救援，而是不等不靠主动干、不怕苦累拼命干、创新创造巧着干。地震抢险阶段，全村群众积极参加抗震救灾突击队和志愿者服务队，抢救伤员，搭建避灾篷，转移灾民，排除隐患，修复道路，抢收抢种，把地震灾害损失减少到最低限度。在条件艰苦、建材紧张、余震不断的情况下，全村群众喊响"力气用不完，汗水流不尽，甩开膀子拼命干"，2008 年 6 月中旬群众自发投工投劳整治维修受损公路、山坪塘等基础设施；7 月初受灾群众自筹资金平整住房重建场地，启动集中安置点永久性住房建设；8 月上旬开始维修加固受损农房。马口村被确定为全国灾后贫困村恢复重建试点村后，全村群众精神更加振奋，苦干实干加巧干，创造出"互助小组互帮联建""分组投劳村民自建""五统一模式统规联建""合作经营产业共建"等解决用工不足、资金紧缺等难题的好办法，有效提高了重建效率。2008 年 9 月 21 日全国贫困村灾后重建试点村规划实施启动仪式在马口村举行时，全村已完成两个集中安置点 28 套住房一楼主体工程和 3 口受损山坪塘 60% 的整治维修任务，全部恢复村组道路畅通。通过一年的努力，全村就完成了 86% 的恢复重建任务，创造了灾后贫困村恢复重建的"马口速度"。

3. 一种方法——参与式方法

参与式重建理念和方法是马口村全面推进灾后恢复重建并取得良好成效的重要法宝。通过广泛的动员，群众参与了重建项目规划、建设和管理，实现了和谐重建、加快发展。在项目规划中，坚持"我的事情我做主"。村民积极参与灾后发展问题分析，对恢复重建项目排序，讨论项目建设模式，研究解决劳动力短缺、资金不足、建材紧张、技术缺乏、后续管理等现实问题的办法。在项目实施中，坚持"自己的事情自已干"。村支两委的有序组织，专业技术人员现场指导，村民积极投工投劳，严格按照专业部门规划设计方案，整治维修山坪塘、恢复重建村组道路等项目。在项目管理上，坚持"集体的事情大家管"。民主选举各类型村民组成施工组、物资组、理财组、监督组、协调组，采购物资、管理资金、组织施工、协调矛盾，并和区、镇项目管理人员一同监督项目质量，保证项目进度和资金使用效益。

4. 一套机制——互助合作

在重建过程中，马口村群体群策群力，通过创立互助合作等机制，有效解决了住房重建、基础设施重建和产业恢复重建紧缺的资金、劳动力、建材等瓶颈。一是整合资金创新投入机制。采取了农户为主、信贷为辅、政策扶助、部门帮扶、社会支援的办法筹集资金。公益性项目，除争取财政扶贫资金外，还积极拼盘畜牧等涉农项目资金、部门帮扶资金和 NGO 的援助资金。农房等个人建设项目采取农户自筹一点、政府补助一点、信贷支持一点的办法解决。产业发展资金采取贫困村互助社、小额贷款公司、农村信用社的多个渠道的信贷支持。二是互帮互助力量整合机制。村民每 10 户自愿组成一个互助组重建和维修加固农房，每 40 余户组成一个组轮流投工投劳自建公益性项目，解决恢复重建中劳动力不足的问题。三是统规联建农户重建机制。对集中安置点农房，采取"五统一、三公开、一分户"的模式，坚持"工排好、账算精、节约一分是一分"的原则推进重建，达到了省心、省钱、省材料的目的。四是合作经营产业发展机制，采取"公司（合作社）＋农户"的运作模式，规模经营，产业化发展，共同抵御自然风险和市场风险。

（五）困难与建议

1. 主要困难

马口村在政府的关心支持下，在社会各界的关注帮扶和群众的共同努力下，初步完成了灾后农房重建、部分基础设施重建和产业恢复重建任务，但目前仍存在着一些困难：

（1）债务较大，发展缺乏有效的投入。在完成灾后重建后，马口绝大部分农户因重建而成为贷款户，户平贷款或举债达 3 万元，致使农户在农业产业推进、分户经营过程中缺乏有效的资金投入。

（2）劳动力缺乏，发展后劲不足。马口村房屋完成重建后，为尽快清偿债务，贷款的压力迫使绝大多数青壮年劳动力外出务工挣钱还债，致使该村劳动力严重缺乏。劳动力的制约导致该村产业发展难以形成规模，难以产生效益。

（3）留守儿童、空巢老人等社会问题凸显。由于青壮年劳动力外出务工逐渐增多，留在家里的多为丧失了劳动力的老人和正处于成长、求学阶段的儿童，因此留守儿童、空巢老人等社会问题凸显。

2. 主要建议

针对以上问题的存在，有以下几点建议：一是增加扶持力度。灾后恢复重建工作基本完成后，灾区群众的生产生活和经济发展要恢复到震前的水平，得到持续健康的发展十分不易，而且是在基础差、底子薄的贫困山区更为困难。虽然重建工作已取得阶段性成果，但产业的恢复发展需要一定的过程，才能步入一个健康快速的发展轨道。二是适度的倾斜。经济要发展，项目是载体，投入是关键。针对较为贫困且灾情较重的农户，要寻找一条长期稳定的增收致富路子，适度的项目倾斜和资金投入是很重要的。三是服务是重点。灾后恢复重建涉及方方面面，特别是产业、生计恢复重建工作更需要来自政府各职能部门的大力支持和服务。在技术、管理、产销上群众对各部门充满了更多的期待。只有把党和国家的方针政策和群众的自觉行动有机地结合起来后，依托部门的指导和服务，才能促使产业发展呈现出蓬勃的生机与活力。

五、甘肃省武都区唐坪村灾后
恢复重建工作情况

唐坪村隶属于甘肃省武都区汉林乡，是国务院扶贫办确定的第一批灾后重建和扶贫开发相结合试点村，规划项目自 2008 年 7 月份启动实施以来，经过两年多的建设，唐坪村灾后重建和扶贫开发工作取得了良好进展，基本完成了试点村建设任务。

（一）基本情况

唐坪村距武都城区 20 公里，海拔 1400～1800 米，年降水量 470 毫米左右，无霜期 250 天，年平均气温 10℃，属典型的半山干旱地区。全村 7 个村民小组，515 户 2184 人，1035 个劳动力。耕地面积 2609 亩，荒山荒坡 8200 亩，人均耕地 1.2 亩，其中梯田 0.92 亩。灾前通路、通电、通电话、通广播电视。种植业以小麦、玉米、洋芋为主；经济作物以花椒和中药材为主。2007 年全村农民人均纯收入 1080 元，人均占有粮 90 公斤。2001 年被确定为国家扶贫开发工作重点村。

（二）地震受灾情况

唐坪村属"5·12"特大地震波及区，地震烈度为 9 度，由于地处黄土层山体之上，土质疏松，使唐坪村震感强烈，灾害严重，损失巨大。全村共有 2 人遇难，13 人受伤。全村因灾损失达 4956 万元，贫困群众生产生活困难加剧，返贫现象严重。

1. 生产生活设施破坏严重，生活难以为继

全村 515 户房屋全部受灾，共损坏 4177 间，其中倒塌 1295 间、危房 2715 间、可修复房屋 167 间，死亡大牲畜 3 匹，猪 83 头，倒塌牲畜棚圈 1016 间；损坏家用电器 1268 件，生活用具 3048 件，大型加工设备 2 台，小麦脱粒机 210 台，农用车 24 辆，摩托车 24 辆。

2. 社区一、二、三产业临近崩溃，经济发展面临重大障碍

地震毁坏农田 360 亩，其中，经济作物 240 亩，粮食作物 120 亩；毁坏草场 1 亩。农作物减产损失达到 59.8 万元，预计损失粮食 82.5 吨。农户家庭经营的二、三产业损失达 58 万元，外出务工人员返乡造成劳务收入减少近 391 万元。损坏蜂窝煤厂 1 家，砖瓦厂 2 家。

3. 公共设施受到破坏，社区公共产品无法正常供给

乡村道路塌方 6 处、受阻 4.8 公里，村组垮塌桥涵 2 座；中断管引设施 850 米，损坏水窖 61 眼、沼气池 91 个，村小学严重受损，倒塌教师宿舍 23 间（土木结构），教学楼和教师宿舍楼出现裂缝；村活动室受损严重；损坏商业门市部和药店 18 处。

4. 地震次生灾害及隐患严重，威胁社区安全

因唐坪村地处半山，土质以黄土为主，导致村庄排水沟山体滑坡，威胁

农户住房和耕地。

（三）灾后重建实施情况

唐坪村是国家贫困村灾后重建与扶贫开发相结合试点村，在灾后重建始终坚持"恢复重建、扶贫开发与新农村建设"相结合，按照村情实际和村域经济发展的潜力，在广泛听取各级领导、专家学者和村民意见的基础上，制定了《唐坪村灾后重建扶贫开发规划》，借助基础设施建设的恢复重建和发展特色产业，着重于改善群众生产条件，提高群众生活水平，顺利完成了抗震救灾和恢复重建工作，基本达到了预期目标。

1. 以基础设施与民房建设为两翼，突破了村民生产生活的条件束缚

目前灾后重建农户住房已全部建成。在两年时间里，唐坪村先后拓宽平整村内巷道 12 条，浆砌排水渠 2 条 1500 米，支渠 2500 米，硬化村内巷道 1500 米，新修河口至汉坪公路 6 公里，改造通村公路 6.8 公里，拓宽上唐通组公路 1.5 公里，新修管引工程一处，维修水窖 125 眼，移栽村内电杆 18 根，安装支高架 3 个，维修改造线路 1500 米。同时配置太阳灶 515 台，新修灌装沼气池 50 个，新修（维修）普通沼气池 341 个。通过灾后重建农户住房建设以及道路改造、巷道拓宽、沟道治理、供水、沼气等基础设施项目的实施，突破了村民生产生活的基础设施瓶颈制约，夯实了该村产业发展的坚实基础。

2. 以生产恢复和产业发展为中心，延伸村民生计可持续发展的链条

在恢复传统农业生产的基础上，唐坪村栽植核桃 5550 亩，并通过群众自筹的方式建成两处砖机厂。与此同时，各有关部门举办农业实用技术培训班八次，培训 860 人（次）。为了解决农业恢复和产业发展的资金问题，唐坪村成立了村级互助发展基金项目协会，制定了协会章程和各项规章制度，共吸收会员 95 人，吸纳股金 4.75 万元，投放贷款 28.5 万元。通过产业开发、能力重建项目实施，该村逐步形成花椒、核桃、劳务输转、养殖四大主导产业，贫困面下降到灾前水平，使因灾受贫的局面得到彻底改观，村民生计得到了很好的解决。

3. 以最大限度提高社区公共服务为契机，注重造血能力的培育

唐坪村新修文化卫生培训设施两层 10 间 200 平方米，硬化宣传文化广场 2200 平方米，配置健身器材 4 套，维修村学一所，其中新修两层 22 间

780 平方米学生住宿楼一幢。通过这些公共产品的供给，满足了村民的教育、文化和卫生服务方面的需要。并借助劳动技能培训和科技培训，培训了一大批农民技术员，达到了户均一名科技明白人的目标，增强了群众科技意识，使群众掌握了一技之长，提高了村民的自我造血能力。

4. 以预防各种自然灾害为立足点，提高风险预防与管理能力

唐坪村无论在基础设施建设方面还是产业发展方面，始终坚持把生态保护和预防自然灾害作为首要问题。排水渠的建成，解决了村内污水横溢，脏乱差的不良现象，改善了环境卫生，尤其是解除了安全隐患，原来每逢暴雨，山洪爆发，洪水成灾，村内房屋淹没，严重威胁群众生命财产安全，排水渠的建成，排除了安全隐患，解除了洪水威胁。同时在产业发展方面采取稳妥方法，避免涸泽而渔，力求实现产业发展和生态保护的有机统一。

（四）主要做法

1. 坚持因地制宜，科学编制重建规划

按照立足实际、因地制宜的原则，在省、市扶贫办的指导下，就唐坪村村情村貌、自然资源、受灾情况、开发潜力及项目建设需求等情况进行了全面调研，在调研的基础上，召开全体村民大会，参与式选择了符合村情实际的灾后重建扶贫开发项目，并成立了唐坪村灾后重建规划工作组，下设规划组和专家组，专家组由交通、建设、林业、水利、能源等相关部门技术人员组成，通过规划组和专家组的详细勘察论证，编制完成了《武都区唐坪村灾后重建扶贫开发规划》，符合群众意愿和村情实际的规划为进一步搞好项目建设奠定了基础。

2. 利用各种项目，搭建资源整合平台

唐坪村项目建设中部门整合资金 309.92 万元，其中农牧部门已整合 46.92 万元，用于沼气池建设；水利部门整合 28 万元，用于人畜饮水建设；交通部门整合 200 万元，用于河口——汉坪段公路建设；教育部门整合 10 万元，用于村学维修；卫生部门整合 10 万元，用于村级卫生室建设；林业部门整合 5 万元，栽植核桃 350 亩；电力部门整合 10 万元，用于村内电杆移栽及线路维修。北京富平学校捐助的贫困户住房补助资金，解决了贫困户建房困难。

3. 始终坚持参与式恢复重建理念，互助合作共建家园

在唐坪村灾后恢复重建过程中，采取广播、电视、板报及召开干部会、

党员会、群众会、妇女代表会、贫困户代表会等多种形式，积极吸引村民参与到灾后重建中来，激励村民在国家的帮助下，树立艰苦奋斗、自力更生意识，解决重建户缺乏劳力、停工待建的情况，村上按照群众自愿的原则，组织群众组成多个互助组，邻帮邻亲帮亲，一家帮着一家干，加快了恢复重建步伐。

4. 关注弱势群体，为弱势群体编织社会支持网络

第一，为了解决贫困户在产业发展方面存在的资金短缺问题，村上在区扶贫办的指导下，利用省市下达的村级互助发展基金，成立了唐坪村村级互助发展协会，吸纳贫困户、妇女代表进入协会，进行产业开发、小商品贩运、小型加工及劳务输出等增收项目。村级互助发展基金的建立和有效运转，解决了贫困户发展生产小额周转资金困难，使贫困户增产增收有了保障。第二，对独生子女户、二女结扎户、特困户进行倾斜照顾，优先供给物资或资金。针对妇女、儿童、老人等脆弱性群体，有关部门采取以工代赈、以工代培和专门的法律援助、心理援助、技能培训等支持活动。第三，北京富平学校捐助的贫困户住房补助资金，解决了贫困户建房困难。

（五）困难与建议

1. 主要困难

唐坪村在政府的关心支持下，在社会各界的关注帮扶和群众的共同努力下，初步完成了灾后农房重建、部分基础设施重建和产业恢复重建任务，但目前仍存在着一些困难：

（1）基础设施后续管理问题。贫困村的可持续发展很大程度上依赖于基础设施和公共设施的可持续使用，这些才能彻底打破基础设施滞后所带来的瓶颈效应，因此在唐坪村基础设施建设完成之后，后续管理问题成为一个突出问题：村民没有经验，与此同时没有相应的法律法规加上政府财政投入体制的限制，使得唐坪村基础设施维护无论在资金、人员和机制上都是空白。

（2）村级合作互助机构的后续发展问题。在唐坪村灾后重建过程中，唐坪村村级互助基金协会和唐坪村花椒协会应运而生，但这些机构该如何运行才能实现原来的初衷是摆在社会面前的一大问题。

（3）村内各组间受益非均衡化。唐坪村由 7 个村民小组构成，1~6 组较为集中，无论在基础设施还是产业发展方面，几乎均衡地享受了各种项目

所带来的益处，而7组较为偏远，除民房建设外，基础设施、能力建设等方面严重滞后。

（4）村民负债较重。全村重建户几乎全部都是负债累累，重建而成为贷款户，户平贷款或举债达3万元，导致在恢复生产和公共产品维护资金方面投入不够。

2. 主要建议

因此，建议应该：第一，强化和鼓励各有关部门针对基础设施后续管理机制进行探索，这样才能实现基础设施使用可持续化和长久化。第二，建立帮扶机制，促使互助机构走向正规化。在理念、经验、模式等方面加大对互助机构的帮扶力度，注重培训机构领导的能力建设，建立一整套完整的策划、运作、监管和引导机制，实现其滚动发展，从而壮大集体经济，增加群众收入，推进扶贫开发进程。第三，加大对7组的投入，避免村庄内部矛盾的发生。无论在基础设施还是公共物品供给上还是能力建设，都不应该忽视某一部分群众的利益，否则会影响到村庄内部的和谐和村民的集体认同。第四，增加资金扶持力度，建立债务化解机制。灾后恢复重建工作基本完成后，应增加重建帮扶资金的投入量，让村内的各种设施的恢复和重建尽量让群众少集资一部分，减轻农户压力，同时建立债务风险预警和化解机制，避免"因债致贫"现象的发生。

六、甘肃省文县肖家坝村灾后恢复重建工作情况

甘肃省文县中庙乡肖家坝村是国务院扶贫办确定的第一批19个灾后重建和扶贫开发相结合试点村之一，该村规划项目于2008年7月启动实施。"5·12"地震发生后，肖家坝村村民在各级政府及村两委带头支持下，立足于社情民意，坚持部署、规划、设计、管理、户型、建设"六统一"，将民主决策与统一管理相结合，灾后重建、库区移民搬迁与新农村建设相结合，国家扶持与群众自筹资金相结合，群策群力破解建材紧缺难题，圆满完成了灾后恢复重建任务，达到了良好效果。

（一）基本情况

肖家坝村处于甘肃省文县东部，西邻碧口镇，白龙江下游，全村零散分

布在白龙江两岸，川甘公路穿村而过。该村平均海拔 600 米左右，为亚热带温湿气候。全村辖漩滩和肖家坝 2 个村民小组、226 户 908 人，全村耕地面积 906 亩。其中肖家坝社 129 户 572 人（规划区内 85 户），漩滩社有 87 户 336 人。其中漩滩各种条件优于肖家坝村民组。全村有土地 1200 多亩，人均耕地 1 亩，2007 年农民人均纯收入 1020 元。水稻、玉米、小麦、黄豆为全村主要农作物，生猪、养鱼、茶叶等是村民收入的主要来源，是中庙乡比较富裕的村落之一。

（二）地震受灾情况

"5·12" 地震造成该村 3 人死亡，1 人重残，倒塌房屋 1302 间，全村房屋全都倒塌或成为危房，其中漩滩组受灾较为严重，桥梁、基础设施损毁严重，部分耕地裂缝 1 ~ 2 米，至今没有修复，地震造成经济损失达 9300 万元。

（三）恢复重建主要成就

在重建过程中，肖家坝村立足于社情民意，坚持部署、规划、设计、管理、户型、建设"六统一"，将民主决策与统一管理相结合，灾后重建、库区移民搬迁与新农村建设相结合，国家扶持与群众自筹资金相结合，群策群力破解建材紧缺难题，取得了很大成就。

1. 民房建设与基础设施全部完成

两个村民组结合库区移民搬迁项目实施村内就地重建，两个重建点分别占地 45 亩、56.4 亩，总共安置 172 户 688 人。截至目前，两个村民组 172 户重建户全部搬入了新居。目前，村内供水、供电、围墙、沼气池，道路硬化、绿化，村级组织活动室、文化室、医疗服务室，现代远程教育设备等基础设施建设也已全部完成。

2. 经济发展全面恢复

肖家坝村在各级部门和社会各界的帮助下，自力更生，新增核桃、枇杷 1500 亩，新增石榴 1 万株，茶叶 420 万株，使全村经济林果总面积达到 2400 亩，户均 10.6 亩；库区水面鱼类养殖也已投放网箱 100 多个；新建圈舍 226 户 4520 平方米，养殖家禽（鸡、鸭）0.68 万只，养殖种公猪、母猪、仔猪、商品猪 1000 头。外出务工人员达到了 220 多人；全村有 26 户农民从事汽车、农用车和拖拉机运输，有 9 户农民办起零售商品门市部，4 户农民开起了挂面铺。

3. 村民能力建设成绩斐然

根据 UNDP 项目要求，依据《文县中庙乡肖家坝村灾后恢复重建村级规划》，结合肖家坝村特色农产业区域自然环境与资源状况，有关部门开展了以优质茶叶、核桃、批把、石榴、食用菌栽培，猪、鱼、鸭养殖为主的特色农产业科技培训工作，特别针对妇女开展了妇女生计发展技能培训，有效提高了灾区农户防震减灾、灾后重建、医疗卫生防疫、新农村特色产业建设等方面的实践技能。

（四）主要经验

由于肖家坝受灾比较严重，该村被确定为灾后重建和扶贫开发相结合试点村和领导重点帮扶村。肖家坝村充分利用这一优势，在灾后重建过程中，结合水库移民安置规划，坚持"六统一、三结合"的工作思路，形成了独特的工作经验。

1. 以扶贫部门为依托，打造凝聚力量、整合资源的工作平台

肖家坝村被确定灾后重建和扶贫开发相结合试点村之后，在扶贫部门的牵头下，整合农牧系统、沼气、公路建设资金、教育资金、组织活动室资金、五保户房屋建设资金等各方资金，使得肖家坝的灾后重建资金中形成了"国家 150 万元，UNDP 36.5 万元，整合资金 1415 万元"的可喜局面。在资金的带动下，形成了多部门合作机制，多部门、村民、社会力量凝聚成了一股合力。

2. 坚持"六统一、三结合"工作思路，提高灾后恢复重建工作水平

"六统一、三结合"即：统一部署、统一规划、统一设计、统一管理、统一户型、统一建设的重建思路，采取民主决策与统一管理相结合、灾后重建、库区移民搬迁与新农村建设相结合、国家扶持与群众自筹相结合的原则，走出了一条灾后恢复重建和扶贫开发的新路子。

3. 坚持"参与式"理念，充分调动村民参与积极性

灾后恢复重建中，乡、村干部立足社情，一事一议、群策群力，充分发动群众，引导群众，在重建项目选择和建设上民主，尊重民意，召开村民大会，鼓励和引导贫困户、村妇女等参与。

4. 帮助和引导村民建立社会支持网络，建立弱势群体互帮互助和社会帮扶机制

肖家坝村重建过程中，地方政府利用当地社会关系网引导村民亲帮亲，邻帮邻，朋友帮朋友。特别针对弱势群体，实现特殊措施。把农村贫困户拉入农村低保，数据来源由扶贫部门提供。针对五保户，采取"集中安置和亲戚分散赡养相结合"，愿意进养老院的，由养老院集中供养。不愿意进养老院的，有亲戚的住亲戚家，确实保证住房。其次，对五保户建房，及时给2万元，村委会组织劳力帮忙搭建，市、县同时采取特殊补偿措施。针对妇女，开展了相关技术和知识培训，并对妇女在购买鸡仔、猪仔、树苗等生产资料和物资方面给予支持。

（五）存在问题与建议

1. 存在问题

尽管肖家坝村的灾后重建取得了很大成就，但仍存在着不少的问题，除了地震灾区普遍存在的债务问题、互助组织发展问题外，肖家坝还有着独特的、其他地方可能存在的困难：

（1）文体设施供给不足，村民文化生活单调。由于在社会变迁中，传统的民间社火、花灯等文化不复存在，尽管村里建立了文化活动室，但只是一间房子，无法满足众多村民的文体需求。在农闲时间，打麻将、聊天成为村民主要的休闲娱乐方式，村民文化生活很单调。

（2）培训时效性欠佳，对促进产业发展缺乏后续动力。在肖家坝实施的部分培训不符合农业生产时间规律，比如枇杷树种植技术培训，由于目前枇杷树未进入管理期，未来几年内很需要。由于会遗忘，现在开展的培训对促进产业发展缺乏后续知识支持。

（3）生计发展缺乏支持系统，影响产业发展。肖家坝村作为一个贫困山村，资金缺乏，产业基本空白，基本上都是小打小闹，技术缺乏，在规划、预算与市场接轨方面都没有经验。

（4）基础设施管理经验匮乏，基础设施可持续使用受到影响。调查中发现，村民普遍对基础设施管理状况不太满意，作为村一级，没有相应管理经验，灾后重建后基础设施管理没有跟上。

2. 主要建议

因此，第一，在后期的灾后重建中，应注重文化扶贫，加大文体方面的

投入；第二，制定持久性培训规划，打造长期性培训工作机制；第三，注重村庄经济精英的培育，打造生计发展的领头羊队伍；第四，强化和鼓励各有关部门针对基础设施后续管理机制进行探索，实现基础设施使用可持续化和长久化。

七、陕西省宁强县骆家咀村
灾后恢复重建工作情况

（一）基本情况

宁强县广坪镇骆家咀扶贫重点村位于宁强县城西南，广坪镇西北部，距宁强县城 100 公里，距广坪镇政府 11 公里。东与本镇水观音村相连，西邻本镇金山寺村，南与四川省青川县花石乡接壤，北枕本镇王家河村。距四川省青川县境 4 公里左右。广坪至白龙湖镇村主干道纵贯该村全境，是陕西旅游四川省白龙湖风景区的必经之道。

全村辖 10 个村民小组，434 户，1667 人，有农村劳动力 948 人。2007年底，全村有贫困户 69 户 276 人，其中：民政救济户 41 户，享受农村低保36 户 140 人。全村总面积 26.7 平方公里，有耕地 1678 亩，其中水田 553亩，旱地 1125 亩，林地面积 3.7 万亩。

该村地理位置偏僻，基础设施落后，社会经济发展严重滞后，农村经济水平低。2001 年新确定为扶贫开发重点村，2004 年启动重点村建设，通过 3年重点村开发建设，到 2007 年底，该村基础设施得到明显改善，农业产业规模发展，农民收入稳步增长，社会事业得到长足发展。2007 年全村粮食播种面积达 2157 亩，粮食总产达 59.5 吨，人均占有粮食 354 公斤，油料面积475 亩，产量达 57 吨，出栏生猪 865 头，大家畜 51 头，羊 150 只，家禽1800 只，发展桑蚕 87 张，生产袋料食用菌 42.8 万袋，劳务输出 301 人。全年农民人均纯收入达 1841 元。

骆家咀村有村组公路 10.5 公里，桥涵 4 处，全村 10 个村民小组全部通路，有人饮工程 3 处，有 70% 的农户基本解决人畜饮水困难，架设有高压线路 3.2 公里，低压照明线路 17.5 公里，全村 434 户全部通电，312 户农户通

电话，电话入户率达 71.9%。农户能源利用观念逐步形成，建有沼气池 90口，节能灶 80 口，太阳能利用设备 3 套。

村级组织健全，有村委会活动室一所 4 间。该村有村完小一所，有教师12 名，学生 235 名，全村适龄儿童全部入学。有村卫生室一处，有村医 4名，农村合作医疗参合率达 90% 以上。

该村紧邻四川省白龙湖风景旅游区，村级公路是入川旅游白龙湖景区的交通要道，年过境旅游达 2600 人次，促进了当地农业产业发展和经济增长。

（二）受灾情况

由于该村紧邻四川省青川县，"5·12"四川省汶川大地震及其强余震灾害发生后，使该村基础设施、农户住房、社会公共服务设施遭受重大损失。据统计，截止目前，全村 434 户 1667 人全部受灾，震灾造成直接经济损失达 827.9 万元。

1. 人员伤亡情况

全村有 4 人因灾受伤，无人死亡。

2. 农户房屋及财产受损情况

地震造成全村 434 户 1692 间房屋全部受损，其中倒塌房屋农户 111 户433 人 369 间；重度受损形成危屋 244 户 951 人 930 间；中度受损 79 户 283人 393 间。倒塌圈舍、厕所 998 间，家畜死亡 179 头，损坏沼气池 70 口，太阳能 3 套，部分农具和家电因房屋倒塌损坏。农户房屋及财产直接经济损失达 961.7 万元。

3. 农业产业受损情况

主导产业受损严重，损毁袋料食用菌 22.6 万袋，桑蚕养殖与常年相比，减少 80 张，因圈舍倒塌、损坏和农户灾后重建任务繁重等原因，生猪养殖大幅下降，与去年相比，预计减少 60% 以上，有 241 人外出务工劳动力震后返回开展灾后重建，与常年相比，仅此一项减少收入达 149.4 万元。全村因灾造成产业经济损失达 451.4 万元。

4. 基础设施受损情况

水利设施上，损毁灌溉渠道 8.3 公里，堤灌站 3 个，山坪塘 3 口；损毁人饮管道 4 公里，蓄水池 2 口，人饮水井 14 口；受损农电线网 4 公里，村组道路大面积塌方，损毁村组公路 6.5 公里，到户路 11 公里，有 4 座桥不同程度受损；一所 60 间 1944 平方米的村级完小已成危房，需拆除重建；村委会办公室重度受损，已成危房。全村基础设施因灾直接经济损失 1450.8 万元。

5. 地震灾害对贫困的影响

首先是贫困人口增加、贫困面加大。通过重点村建设，到 2007 年底，全村有贫困人口 69 户 262 人，占全村总人口的 15.7%。而"5·12"地震后，因灾返贫人口达 268 户 1018 人，致使全村贫困人口总数达 337 户 1280 人，贫困面达 76.8%。部分村级道路、饮水等基础设施及产业因地震灾害损毁，严重影响了村级经济社会发展。其次是群众增收难度加大。震灾造成养猪、食用菌、蚕桑等农业产业严重受损。全村有 241 名外出务工人员也因此返乡，仅此劳务输出一项，全村减少收入达 140 余万元，预计人均年减少 840 元。此外，地震灾害还给群众心理造成了很大影响，致使部分贫困户灾后重建信心缺失。

（三）恢复重建情况

骆家咀村作为灾后重建试点村，全村灾后重建共规划投资资金 2888 万元，其中：财政专项补助资金 109.1 万元，部门投入 998.8 万元，银行贷款 526 万元，社会帮扶 155.5 万元，农户自筹 1098.6 万元。重建两周年来，开展的主要工作包括：

1. 住房重建

骆家嘴村完成了 329 户、1060 间的农房重建任务，其中集中安置点有 30 多户，其他 105 户的 393 间受损房屋得到了及时维修。

2. 基础设施

地震发生后，村里及时开展道路的恢复重建，截至目前修复组道 3 公里，修建安置点道路 1.5 公里，修便民桥 2 座、涵洞 3 处，恢复入户路 5 公里；新修浆砌河堤 3 处 1900 米；浆砌护坎 5 处 1550 米；恢复农电线路 4 公里；维修灌溉堰渠 11 条 4300 米；新建人饮工程 2 处，全覆盖村 10 个村民小组的所有农户，铺设引供水管道 10.5 公里。

3. 公共服务

新建村委会活动室 120 平方米；新建村卫生室 3 间 100 平方米；新建联通机站一处；新建村小学教学楼一栋及附属设施。

4. 产业恢复

2009 年发展袋料香菇 60 万袋；引进能繁良种母猪 30 头，良种公猪 2 头；新建桑园 130 亩，年养蚕 150 张；利用 UNDP 投入的 18.5 万元在村里成立了一个互助资金协会，主要是吸收村内的妇女以及贫困户低息贷款，在村内发展产业。

5. 能力建设

扶贫办与汉中市联系了 60 多个扶贫学校，组织村里比较年轻的人学门技术增加技能，主要开展的是进行短期劳务输出培训，培训周期为 3 个多月到半年不等，总共有 30 余人次。除此之外，还开展了农业实用技术培训，主要是食用菌、木耳、生猪等方面的农业生产、养殖技术培训，年约 330 余人次。

6. 环境改善

农户沼气池灾后环境治理、圈舍改造，全村补助了 160 户，主要是帮助农户修建沼气池，改造圈舍、厕所及生活环境。另外在村里修建垃圾收集池 29 个。

（四）主要做法

1. 建立多部门参与的健全的组织领导机制

在县一级，宁强县成立由县政府县长为组长，县委分管领导、县政府分管副县长为副组长，县扶贫办、财政局、水利局、教体局、卫生局、农业局、交通局、林业局、电力局、科技局、城建局、审计局等部门主要负责人为成员的灾后恢复重建领导小组，具体负责重建项目规划审定、资金整合、部门协调等工作。在镇和村一级，镇政府及试点村建立灾后重建领导小组、项目实施小组和质量、资金监督小组。一是成立广坪镇骆家咀试点村灾后重建领导小组，具体负责重建项目的组织实施、任务落实、施工指导、物资保障等具体工作。二是成立重建项目实施小组，具体负责组织群众实施项目建设，协调解决重建过程中的具体问题。三是成立重建项目实施、资金使用监督小组，具体负责重建项目实施落实、资金使用及工程质量监督。健全的组织领导机制有力地保障了重建工作的顺利实施。

2. 充分发挥灾民的积极性和主动性

灾后重建的直接受益者是贫困村的灾民，充分调动广大群众的积极性和主动性，是完成灾后重建重大任务的有力保障。在灾后重建中，骆家咀村坚持宣传好政策，教育好群众，使广大灾民牢固树立自力更生的精神。通过充分动员，广泛宣传，教育广大群众深刻认识到灾后重建是党和政府对灾区群众的关怀，更是受灾群众迅速从灾难中摆脱出来走上恢复发展实现自救的根本之路。特别注重引导群众要借助国家政府扶持重建的良好机遇，树立艰苦奋斗，奋发图强，自强自立的信心和决心，摒弃"等、靠、要"思想和依赖国家政府救助的行为，坚持自力更生、国家支持、社会帮扶，尽快恢复重建，摆脱灾害带来的贫困。村委村干部在重建中注重组织、引导好广大群众积极参与，特别在实施住房重建和基础设施项目工程中，充分发挥了农户投劳、筹资搞建设的积极性和主动性。

3. 建立共同投入灾后重建的机制

因为贫困村灾后重建本身不是某一个方面或几个方面的重建，而是涉及住房、基础设施、公共服务、生产恢复、技能培训、环境改善等多个方面的一项综合性重建任务，因此需要多部门参与，多管齐下，形成合力。在灾后重建中，宁强县按照"渠道不乱，用途不变、各尽其力，各计其功"的原则，多渠道整合资源，由县政府相关工作部门负责组织协调农、林、水、交通、财政、扶贫资金项目，集中捆绑投入，确保建设项目按规划进度完成任务。事实也证明，这种多部门参与的组织机制为贫困村灾后重建起到了十分重要的作用，同时也为今后开展类似的灾害重建提供了新的思路。

4. 强化项目资金监管

严格执行国家和省、市有关《财政扶贫资金管理办法》《财政扶贫资金报账管理办法》《财政扶贫资金报账管理实施细则》，加强重建项目资金管理。实行专用账户，专人专账管理，单项工程报账制。建立检查、审计和监督制度。在重建项目实施过程中，项目建设监督小组要会同县级监察、审计、财政部门定期检查监督，确保重建工程质量。重建工程项目实施，要采取"事前、事后"公示。建设前将重建项目建设内容、质量标准、进度限期等张榜向群众公示。竣工后将重建项目建设完成资金使用情况张榜公布，接受广大群众监督，并通过审计部门对项目资金进行审计，确保项目资金公开、公正、透明，正确使用。

5. 严格把好项目质量关

在灾后重建中，实行重建工作目标责任制，县政府与乡镇签订重建工作目标责任书，乡镇与项目村签订重建目标责任书，明确建设任务、质量标准和重建工作环节，确保工作进度与质量。在具体项目实施过程中，强化工程质量，重建项目实施前，县乡抽调相关技术人员，明确责任，对重建中涉及的水、电、路等各个重建项目现场勘测，合理规划，科学设计。实施中跟踪指导检查，项目建成后，严格验收，确认建设工程达到质量标准。这些有力的举措确保了灾后重建的各项工程的质量。

（五）困难与建议

1. 主要困难

（1）生产生活配套设施重建困难。大部分农户修建住房后负债较重，加之整合的配套资金有限，很多农户家庭因为资金缺乏，入户路没有硬化，出行不便；庭院没有修整，生活环境较差；厨房、厕所、圈舍没有修建，生产生活设施不完善。

（2）产业恢复、农民增收困难。由于在过去两年的重建中，一大半时间用于住房重建，因此，灾后产业恢复的进程较慢，而且由于缺乏启动资金，农户又没有合适的产业，因此增收较为困难。特别是一些老、弱、病、残、移民户等相对贫困的农户家庭，生活十分艰苦。

（3）技术培训、能力建设力度不够。虽然县扶贫办、科技局、妇联等单位组织了一些技术培训，但是技术培训仍然远远不能满足农户的需求，而且在技术培训和能力建设过程中还存在培训资源分配不均、培训内容不符合需求、培训过程流于形式等一些问题。

（4）互助资金组织发展困难。一方面是由于老百姓对互助资金的认识还不够，参股的农户较少；另一方面是互助资金的资金量较小，无法满足农户的需求。而且，由于没有合适的产业，导致互助资金的运转不畅，资金借出量少。

（5）洪灾导致部分村民住房、粮食受损。2010年7月份的特大洪灾，导致部分家庭宅基地被洪水掏空，还有相当大一部分农民的粮食被洪水冲毁，引起新的问题。

2. 几点建议

（1）建议将因灾返贫的绝对贫困户全部纳入低保范围。骆家咀村是一个相对贫困的山村，村里特困户较多，很多农户因灾返贫，是否可以考虑把这些因灾返贫的贫困户纳入到农村低保范畴。

（2）加大对传统优势产业的扶持力度。骆家咀村有食用菌种植的传统，但是大多数家庭都是小规模、粗放型的分散经营，增收效果不明显。是否可以考虑联系和培育产销一条龙服务的本地企业，建立起"公司＋农户"的食用菌生产基地，并加大相应的投入，提高这些产业的增收效应。

（3）加大整合资金力度完善配套设施的重建。目前骆家咀村农户反映较多的问题就是生产生活配套设施极不完善，但是农户自身又没有资金来修建，因此应多方整合资源，特别是交通、民政、妇联、农业、水利、环保等部门的资金，完善对配套设施的重建工作。

八、陕西省略阳县马蹄湾村 灾后恢复重建工作情况

（一）基本情况

马蹄湾村地处县城西北 25 公里处，属马蹄湾乡政府所在地，全村辖 4 个村民小组，205 户 886 人，总劳力 301 人。全村土地总面积 2.49 平方公里，有耕地 1753 亩，有乡中心小学 1 所，村卫生室 1 处。有 2 个村民小组 116 户 522 人居住在边远高山上，有地质灾害点 1 处 10 户 43 人。高家坝村民小组 31 户 139 人分散居住在嘉陵江沿岸山沟地带。由于受地理条件及自然环境的限制，全村交通条件差，劳动力文化程度低，缺乏劳动技能，村内无任何矿产资源，没有成型的产业，经济基础薄弱，农民收入主要来源于效益低下的传统养殖和种植业，收入渠道窄、门路少，农户收入水平低，生产生活条件差，贫困面大，被省市县确定为扶贫开发重点村。

马蹄湾扶贫重点贫困村 2003 年启动建设，2005 年基本建成并顺利通过省市达标验收。3 年来集中安置移民户 31 户 131 人；实施人饮工程 6 处，解决 180 户 827 人的饮水问题，改造农电线路 3 条 11.5 公里，拓宽村组道路 4 条 19.5 公里；新修入户路 9 公里，硬化 0.5 公里，实施"一建三改"185 户 832 人。

（二）受灾情况

"5·12"地震马蹄湾村受灾严重，损毁村级公路0.7公里、村组道路16.5公里、入户道路4.8公里、便民桥1座，经济损失120万元；损坏人饮管道18公里、畜水池6口，经济损失30万元；损坏农电线路高压11公里、低压8公里、变压器1台，经济损失151万元；群众房屋损失最为严重，倒塌房屋38户203间，造成严重危房51户196间，房屋一般受损116户539间，损坏沼气池12口、节能灶73口，群众房屋及家庭财产损失达414万元，村级组织活动场所、文化活动室及卫生室12间房屋均严重受损成危房，经济损失24万元；损坏粮经作物58亩，减少劳务支出130人，经济损失58万元。该村2005年全面完成了重点村建设任务，但因地震造成全村直接经济损失总额达806万元，因灾致贫新增贫困人口34户。

这次地震灾害使基础设施受到严重损坏，群众财产受到严重损失，许多农户因灾返贫，恢复重建任务十分繁重。集中体现在以下三方面：一是农户收入明显下降；二是生产生活成本明显加大；三是群众生活更加困难。

（三）恢复重建情况

在县扶贫办的指导下，马蹄湾村试点规划以人为本，以恢复震前水平为目标，结合村情，因地制宜，突出重点。规划实施项目六大类，预算总投资是1190万元。截止2010年7月，马蹄湾村作为灾后重建试点村已经基本完成建设任务，共完成投资1703.95万元，占计划投资的143.2%。其中扶贫专项资金136.5万元，部门投资765.5万元，社会援助资金138万元，农户自己投资的507.35万元，信贷资金151.6万元。

1. 农户住房项目，共完成投资902.6万元

重建房屋92户，276间，维修113户，530间。其中余家坪集中安置点22户，在地震当年，就是2008年10月，在全省率先完成房屋重建。

2. 基础设施建设项目，完成投资586.8万元

解决了170户，650人的饮水问题。恢复了吕家坪、高家坝两处低压线路1.6公里。新建了供电线路9.5公里。硬化吕家坪集中安置点道路6.9公里，拓宽改造村组道路12公里，改造硬化入户路及安置点人行道6.1公里。这一片的入户道路基本上达到了全部硬化。2020年上半年截至5月份又延续

了 215 米以及辅助工程。维修加固地震安置点人行道 892 平方米。新建花坛及绿化 310 平方米，维修路牙 542 米。安装集镇路灯 12 盏，提升了城镇化水平，形成了乡村移民安置点。乡里面通过基础设施项目建设，形成了小城镇。2010 年 6 月改造集镇人饮管道 3.5 公里。新建沼气池 50 口。

　　3. 增收产业发展项目，投资 83.2 万元

发展生猪养殖 826 头，种植中药材 160 亩，种植核桃 120 亩。这些都是马蹄湾村的一些传统产业，地震以后，产业这一方面可以说是陷入停顿。但是由于逐步投资，增收项目不断发展，这些传统产业正在逐步恢复。目前新建立互助资金协会一个。UNDP 项目配套互助资金协会资金 18.5 万元，吸纳会员 73 名，缴纳会费 3.45 万元，协会现有资金 21.95 万元。目前从互助资金投放产业扶持资金 1.8 万元，扶持困难户 6 户。

　　4. 农户的能力建设项目，总共投资 6 万元

完成劳动力转移培训 20 人。农业技术培训 640 人。

　　5. 人居环境整治项目

投资 67.2 万元。实施一建三改 120 户。新修维修厨房 101 户，改建 105 户。改厕 106 户，硬化地面 106 户。高标准的完成了 56 户环境建设示范户，一建三改。硬化村庄道路 907 米，同时新建了村庄重点部位的排水等设施。全村的人居环境得到进一步改善。

　　6. 公共服务设施等项目，共投资 39.1 万元

新建了 3 间村卫生室和 4 间两层村活动场所。可以说现在的规划标准还是比较高的，关注到了卫生医疗和方便群众组织活动的需要。

（四）主要做法

　　1. 加强组织领导

在灾后重建工作中，我们认识到必须要有强有力的组织领导，加强对重建工作的指导。乡党委把灾后重建作为压倒一切的头等大事来抓，把这个重建工作作为马蹄湾村发展的重大机遇来抓。而且，从组织管理上来说各级部门积极探索有效的组织管理手段，乡党委政府成立了灾后重建领导小组，村上也分别成立了以村支部书记、村主任为正副组长的项目检测小组和项目实施小组，进一步夯实了工作责任。村干部在项目的实施过程中充分发挥"顾大家、忘小家"的精神，一心扑在灾后重建之中。这些举措为灾后重建项目

的顺利实施和全面推进提供了有力的组织保障，确保了试点村各项工作落实到位。

2. 扩大群众参与

群众是灾后重建的主体，必须摈弃政府大包大揽的做法，尊重群众的心愿，充分发挥群众的主观能动性，参与重建的积极性，才是搞好重建工作的基础方面。灾后重建伊始，马蹄湾乡党委政府提出"大干一百天，重建新家园"的口号，在具体灾后重建的过程中，倡导"无灾的群众帮有灾的群众，轻灾的帮重灾的"，并且采取召开群众会，挨家挨户动员，掀起了群众参与重建工作的热潮。同时，注重深入宣传党和国家重建的大好政策，使群众了解到灾后重建的方针政策，消除灾区一些部分群众的"等靠要"的思想，在群众中形成知恩图报的良好氛围，为灾后重建打了思想基础。

3. 整合多方资源

恢复重建资金需求量大，只有争取各级、各方大力支持和帮助，才能增强群众战胜灾害重建家园的信心和勇气。乡村两级干部多方谋划，争取水利、交通、以工代赈、科技、农业等部门的配套整合资金，并通过加强与多部门联系，争取社会援助。如在省市委、纪委的关心下，争取陕西华奥公司捐款 100 万元，香港红十字会为吕家坪捐助 38 万元，乡干部职工也踊跃捐款，社会各界也伸出了援助之手。社会力量的参与和支持进一步提高了重建的标准和质量，为全面推进试点村灾后恢复重建工作提供了合力。

4. 坚持科学发展

在工作当中必须坚持科学发展，统筹兼顾，远近结合；在项目上，在农民能力建设上采取长短结合，长效和短效项目结合。无论是在规划编制还是具体实施中，在征求群众意见的基础上，以科学和专业的精神和态度来开展灾后重建。在灾后重建中，分阶段实施，先是逐步恢复，然后再不断的提高。整体规划和实施均体现了科学、务实的特点。

5. 强化项目监管

这是确保建设质量、提高工作效率的根本保证，严格执行项目建设的有关规定和程序，才能把项目建设成高标准、高质量的精品工程。在灾后重建中，建立起有效的监督和监管机制，特别强调受益者即村民自身对项目规划的编制、项目资金的使用、项目质量的控制、项目验收的把关等环节的全程监督。另外，乡党委和村组积极配合上级部门和资金投入方对项目的监督和管理工作，确保项目高质量完成。

（五）困难与建议

1. 面临的困难

（1）农户的住房建设资金缺口大，主要原因是2008年的建材、人工工资上涨得太快了。每户建房平均需求都在6.8万元以上，这还不包括厨房圈舍等一些辅助设施，要是加这个还得两万元以上。马蹄湾村的一些灾后重建，可以说住房基本上是解决了，但是厨房圈舍标准与其他地方相比标准还是不高。这个影响了整体的外观和整体的环境。全村98%的建房户都有贷款和借款，群众普遍都有负债，并且一些群众负债压力还比较大，偿还能力比较差。

（2）移民的任务比较艰巨。全乡还有385户，1562人，居住在边缘高寒山区。这一部分群众的居住十分松散，水电路等基础设施比较差。村庄生产生活条件比较艰苦，村组环境恶劣。现在这些群众看到搬到集镇上的群众环境较好，他们搬到山下来居住的愿望也比较强烈。但由于目前乡里还没有移民指标，因此无法解决这部分群众的移民问题。这也与集镇周围的土地资源有限相关，虽然马蹄湾乡在集镇有些地方正在进行土地整理和开发，但感觉到土地仍然十分有限，跟群众搬迁移民的需要还不相适应。

（3）配套设施重建工作难度比较大。虽然一些特困户已经入住新房，但是一些配套的厨房、圈舍、厕所等暂时没有能力修建，村组环境也比较差。灾后重建已经两年了，住房基本都建好了，但是圈舍等配套设施的标准一直没提上去，基层政府的压力也很大。有的部分群众没办法建圈舍，有的盖的是简易的厨房，与住房非常不协调。

（4）互助资金组织发展困难。虽然互助资金协会是促进农民增收的有益尝试，但是目前还处于试点阶段，群众的认识还不到位。尽管乡扶贫办和村干部都做了大量的宣传动员工作，但是农户的认识还不到位，加入互助社的积极性不高。而且互助资金配套的资金比较少，协会运转不是很理想。究其原因，主要是如果严格按照协会的章程，会员贷款要有五户联保，但是由于会员都想贷款，造成了联保困难，协会资金投放困难。

（5）人行道、花园健身器材、人饮等公益设施管理体制还未健全。这在马蹄湾村还是一个新兴的事物，基层干部也没有这方面的管理经验，因为以前没有成立社区。目前正在探索这方面的管理机制。

2. 几点建议

（1）延长农户建房贷款贴息时间，为减轻农户经济负担，加大农户产业化扶贫等项目的放贷力度，建议降低放贷门槛，切实支持农民收入持续增长。下一步要切实将生计恢复和发展当作工作中心来抓，力争在3~5年内发展几个有特色的地方产业，实现农户增收，缓解债务压力，提高群众生活水平。

（2）进一步加大基础设施建设与环境整治建设的投资力度。鉴于目前基础设施建设与环境整治这方面投资力度与群众的需求不相适宜，下一步将着重关注改善群众生产生活条件，破除制约马蹄湾村生产生活中的瓶颈。要加快促进整村推进的力度，加快新农村建设步伐。

（3）增加移民指标，提高移民扶贫投入标准。特别是特困户移民扶贫投资标准太低，而且恰恰这些特困户移民的愿望还非常强烈，因为往往是特困户住在地理环境较差、交通不方便的地方，他们移民需求比较大。因此，希望上级政府考虑增加移民指标，提高移民扶贫的投入标准，特别是特困户移民扶贫补助标准低，增加移民点的数量，对移民户实行集中安置，建房统一规划，提高贫困户建房质量，彻底改善他们的生产、生活环境。

汶川地震灾后贫困村恢复重建试点效果综合评估报告摘要（19 村）

一、研究意义与方法

（一）研究背景和意义

震惊世界的 2008 年 "5·12" 汶川地震造成了重大的人员伤亡和财产损失，面对突如其来的巨大灾难，党和国家以及社会各界做出迅速反应，投入到抗震救灾中，并积极筹划灾后有计划的恢复重建工作。

本项目于 2009 年 3 月选取国务院扶贫办确定的 19 个灾后重建规划与实

施试点村进行全面调查研究，希望以调查资料为依据，对一年来贫困村抗灾救灾和灾后恢复重建工作进行全面评估，重点对试点规划及其实施状况进行定量评估，进而提出下一步工作的政策建议。

（二）调查方法

根据国务院扶贫办的要求，对四川、甘肃、陕西三省19个试点贫困村进行调查，为了实现评估目标，调查采取三种基本形式。

1. 农户问卷调查

针对农户的问卷调查是19村灾后恢复重建年度综合评估的主要手段。课题组根据前期掌握的相关资料，依据研究目标设计出问卷初稿，于2009年3月27～29日完成在四川的试点调查。之后对问卷进行修改定稿，培训调查员。正式调查于4月6～14日在三省19个试点贫困村开展。农户问卷调查采用整群抽样方法抽取样本户，共完成了2010份调查问卷的调查，由于全部采用由调查员入户访问、调查员填写答案的方式，保证了问卷回收较高的有效性，最终回收有效问卷2009份。

2. 村庄调查

村庄调查主要通过村庄调查表来实现，目的主要在于了解19个村的基本情况，特别是地震一年来恢复重建规划六大项目的客观实施状况。村庄调查表由各村的村干部负责填写，最后统一回收。

3. 村级干部访谈调查

村级干部访谈主要针对村两委（村支部委员会和村民委员会）开展，由负责各村调查的调查员对村干部实施。访谈方式主要是半结构式访谈。即先列出与研究主题相关的若干开放式问题，然后与访谈对象进行无选项设定的面谈，并适时对访谈主题作出调整。

二、数据发现与改进措施

（一）农户恢复重建需求及满足程度评估及改进措施

1. 住房

住房重建和维修是地震灾区恢复重建一年来最核心的工作，19个试点贫困村中住房大部分受损的接近3/4，未受损的不到1%，住房重建需求非常大。总的来看，19个试点村有63.5%的农户需要重建住房，其中四川57.9%，甘肃89.1%，陕西58.3%。

住房重建过程中，目前最大的问题是资金不足，1309个重建户中，目前只有1160户得到了一定量的重建补贴，平均每户得到的重建补贴为17470.1元，这与国家的各级财政下发的平均2万元/户的补贴还有一定差距，原因在于很多重建户房屋主体工程仍未完成，目前只拿到了部分重建款。住房重建贷款率不高，1309个重建户中，目前贷款的只有731户，大多贷款在1～3万元之间，平均每户贷款22316.8元。由于资金原因，重建户的住房重建进度总体较慢，完工的只有317户，不到重建户的1/4，而且还有8%的重建户由于各种原因尚未开始住房重建。重建户的总体满意度较高，满意度得分为3.95分（满分为5分，下同），接近于比较满意。

相当大部分的维修户对维修补贴标准不满意，认为维修补贴太低，无法满足维修需求。就进度而言，只有43.1%的农户自行完成了维修，有42.1%的未启动维修，其中不乏有自主重建打算的农户。维修户的总体满意度得分很低，只有3.17分。

【改进措施】

（1）继续关注重建户住房重建，及时发放重建款，推进住房重建进度。

（2）对因种种原因应该重建但未被纳入重建的农户进行统计，国家应出台相应政策，采取措施帮助他们开展重建。

（3）在贷款政策上进行适当调整，照顾特殊人群的贷款需求，并降低贷款利率或明确政府贴息的政策，减轻灾民的心理压力和经济负担。

（4）应特别关注维修户的利益，帮助他们尽早维修住房。

（5）采取措施，化解维修户中大量存在的不满情绪。

（6）针对某些不愿意在农村建房的受灾农户，可以考虑根据受灾情况发放住房重建或维修补贴款，而不一定要求他们非要在农村建房或维修农村住房。

2. 公共服务

灾后重建中，公共服务设施恢复重建中主要的内容是恢复重建受损的村小学校、村卫生室、村活动室和便民商店。四项内容中，村民满意度最高的是村小学校，满意度得分为3.90分。损毁的村小学校一般都是由外部力量援建，校舍质量和硬件设施较之地震之前有质的飞跃，让村民感到比较满意。多数村受损的活动室得以恢复重建，但是目前一般只有外壳，内部设施设备简陋，村委会的办公场所有了，但是诸如图书、娱乐的场所则没有被规划，村民的满意度得分为 3.47 分。一些村的卫生室已经重建，尚无设备，但有些村仍没有卫生室重建计划，村民看病一般都是前往乡镇或县城，村民的满意度得分为 3.58 分。就便民商店来说，只有个别村已进行了重建。

【改进措施】

（1）关注公共服务规划重建的需求，应根据需求来确定规划重建项目。

（2）关于村卫生室，不仅要建设卫生室的房子，更需要做的是充实其内容，如人员、设备、药品等。

（3）关于村活动室，不仅仅是村委会的工作场所，也应考虑村民学习、娱乐的需求。

（4）关于便民商店，此项可考虑不作为政府主持重建的项目。

3. 基础设施

村内道路恢复重建进展较为顺利，大多数村已经贯通了受损的村组道路，各种建材能够顺利运抵，农产品也能够顺利运出。村内道路的修建一般都发动了村民以"以工代赈"的方式参与建设。农户对村内道路的满意度得分为 3.70 分，部分农户的入户路修建还有待推进。

灌溉设施的恢复重建在多数村没有开始，主要原因是目前尚无精力和时间投入到灌溉设施的修建上。许多村民反映，村落的灌溉设施年久失修，丧失既有的作用。农户的灌溉设施恢复重建的满意度得分仅为 3.50 分。

人饮设施需要重建的农户超过 70%，其中完成恢复重建的只有 53.6%，还有 23.5% 的仍未启动重建。政府给予农户的人饮设施建设补贴较少，在人饮设施需要重建的 1429 户中，只有 7.4% 的农户得到了补贴，除个别村给予了农户可满足重建需要的资金支持，其他农户平均每户得到的补贴只有 600 余元。农户对人饮设施的总体满意度得分为 3.72 分，但个别地方仍然存在农户吃水难、水质不安全等问题。

可再生能源主要体现在沼气池的建设，而且目前在集中安置点有较为明确的规划。在规划了可再生能源重建的 954 户中，已建成的有 30.8%，动工的有 28.6%，而未启动的则占 40.6%。政府对贫困村农民修建沼气池等给予了一定的物资或现金补贴，954 户中得到补贴的只有不到 35%，全部补贴折合现金每户约 1106.4 元。农户对可再生能源的修建比较满意，满意度得分为 3.78 分。

基本农田恢复方面，尽管三省 19 个试点村有不少农田损毁的情况，但是由于一年来大多数农户的主要精力放在住房重建上，因此在农田恢复上没有时间和精力投入，19 个村中只有 5 个村开展了基本农田恢复工作。开展了此项工作的农户对基本农田恢复的满意度得分为 3.92 分。

入户供电设施的恢复重建是灾区基础设施恢复重建中满意度最高的项目，供电设施需要恢复重建的 1740 户中超过 73% 的农户已经完工，只有不到 12% 的农户尚未启动。农户对此项的满意度较高，得分为 3.96 分，基本上比较满意。

【改进措施】

（1）在道路建设上，政府及相关职能部门应加大投入，加快入户路的建设，解决灾民出行和运输的切实困难。

（2）在灌溉设施建设上，村级组织要切实采取措施，恢复重建灌溉设施，保障生产恢复和发展。

（3）在人饮设施建设上，对目前仍吃水困难的农户，加快恢复重建进度；同时要加强人饮设施的管理和维护，保障居民用水以及水质安全。

（4）在可再生能源建设上，应根据各地实际情况制定合适的可再生能源建设计划，建设补贴要考虑到能满足农户的实际需求。

（5）在基本农田恢复上，应尽快将此项工作纳入下一个重建年度的计划之中并切实开展推进。

（6）在入户供电设施建设上，对部分用电困难的农户加快建设进度，同时电力部门要着力改善电网设施的布局，保障农户用电的质量。

4. 生产发展

试点村生产恢复工作进展稳步推进，在需要开展生产恢复建设的 1734 户中，已完成的占 58.0%，已启动的 31.4%，未启动的 10.7%。另外认为自家的生产完全恢复到正常水平的只占 20.0%，基本恢复的 53.7%，而没有恢复的 26.3%。由于灾后重建导致大量资金投入到住房上，生产启动资金比较欠缺，但是调查表明，只有 20% 的农户反映得到了生产启动的现金或实物补贴，大部分家庭得到的补贴不过百十来元。对政府给予灾区农民生产启动资金的扶助，农户满意度得分为 3.66 分。

村级互助资金是国家在试点贫困村实施的一项新政策，主要是帮助那些贫困户解决生产资金短缺的问题。但是，截止目前，19 个试点村中，只有 5 个村对此做了规划，但是农民尚未受益。

【改进措施】

（1）要将生产恢复与扶贫开发结合起来，为贫困村农户开辟增收的渠道；对贫困户提供生产启动资金的补贴，到位率要高，补贴标准也要适当提高。

（2）尽快研究村级互助资金的运作模式，试点村的工作要尽快开展起来；另外，要加强对村级互助资金项目的宣传，并号召农户入股。

5. 能力建设

在农业实用技术培训上，只有少数村开展过这样活动，参与或知情的农户较少，只占样本的 32%。农户对政府开展的农业实用技术培训基本表示满意，满意度得分为 3.76 分。

对于劳务转移培训，村民中对此有所了解或参与过的只有不到 24%，对此表示满意的约 6 成，此项的满意度得分为 3.57 分。

其他诸如健康、环境教育和村级组织管理能力培训等也只在个别村有所开展，其大多数村没有对此做出任何规划部署。

【改进措施】

（1）切实投入，不能将农业实用技术培训当作面子工程、形式主义来做，而应该做实做好；针对不同地区的情况，采取有针对性的技术培训内容和形式。

（2）要积极宣传、号召、组织外出务工农民参与劳务转移培训，同时要积极帮助他们提供用工信息；切不可把劳务转移培训当形式主义来做，政府投入的培训资金一定要有监督，要落到实处，起到实效。

（3）将健康、环境教育和村级组织管理能力培训尽快纳入到下一年度的规划之中，并切实执行。

6. 环境改善

环境改善工作尚未被纳入一年来在灾后重建的核心工作领域，大多数村没有在环境改善方面下功夫，"五改三建"只在一些集中安置的重建居民点有所实施。大多数村民对村落环境抱无所谓的态度，认为在农村谈不上什么环境改善！不过，尽管村民对当前重建期的村落环境不太满意，他们对未来村落的环境比较看好。总体上说，农户对村落环境改善工作的满意度得分3.65分，暂时还难言满意。

【改进措施】

(1) 环境改善一定要制定合理的建设规划，特别是要与社会主义新农村建设结合起来；

(2) 各地应根据不同地域特点制定合适的环境改善项目。

7. 心理与法律援助

灾后重建一年，灾区农户的心理状态基本恢复常态。调查表明，超过57%的农户表示不需要心理援助。但是，这并不表明他们没有心理压力，在访谈中仍然可以发现农户有很强的焦虑感，特别是对还贷压力、对未来生活的想象让他们感到非常担忧。总体上有35.1%的农户目前仍然有心理援助需求，其中女性对心理援助的需求比男性高，而重建户比维修户高，村干部比普通群众高。过去一年来，有少量组织或个人到灾区开展心理援助活动，但是88.2%的村民并未接受援助或并不知情，其中11.8%的农户对心理援助的满意度得分为3.66分。

理论上讲，地震后灾区法律援助需求应该增大，但从实际情况来看，明确表示需要法律援助的农户只有不到40%，52.5%的人表示不需要法律援助。受访对象中，只有8.4%的人表示过去一年中有相关机构和人员进行法律援助工作，对他们的工作表示满意有6成，此项的满意度得分为3.51分。

【改进措施】

(1) 农户仍然有心理援助需求，因此要将心理援助工作持续进行下去，应该有针对性地开展心理援助和心理调节活动，特别是重点关注女性、重建户和乡村干部。

(2) 加强农村法制宣传与教育，组织相关机构和人员为困难农户提供必要的法律援助。

8. 急需条件和最大困难

调查表明，资金是目前灾区农户最需要的条件，同时也是他们最大的困难。

排在最需要前四位的分别是增加房屋重建资助、控制建材价格上涨、改善基础设施条件、降低建房贷款利息，而排在最困难的问题前四位的分别是自己缺乏资金、建材涨价严重、建房补贴过少、交通运输不畅、工匠缺乏且价高。农户的这些选择中实际上大部分都是与资金问题有关。

【改进措施】

（1）政府要采取得力措施来调控市场，控制建材价格过高的上涨，避免因为建材价格上涨增加灾民负担、阻碍灾后恢复重建的进度。

（2）加快基础设施建设进度，保障灾区重建工作的顺利进行。

（二）恢复重建工作的执行过程评估及改进措施

1. 政策评估

（1）政策认知。了解有关灾后恢复重建的政策和规划占 39.1%，而不太了解和很不了解的分别为 36.1% 和 9.5%，两部分之和占到样本总量的 45.6%，被访农户对政府灾后恢复重建政策和规划的知晓程度比较低。

（2）政策评价。对政策和规划给予好评的被访者比例达到 75.3%，而只有 3.1% 的被访者表示不太好或很不好，同时还有 15.7% 的被访者表示对政策和规划不了解，绝大部分农户对政府制定的灾后恢复重建政策和规划给予好评。

（3）政策效果。56.9% 的被访农户对政府制定的恢复重建政策和规划的具体实施效果表示满意，而表示不满意的为 21.2%，农户对政府制定的恢复重建政策和规划的具体实施效果的评价一般。

【改进措施】

（1）各级政府要加大对灾后恢复重建政策和规划的宣传力度，让受灾农户能够了解国家和地方的各项政策和规划，特别是针对女性、文化程度较低的村民要向他们做细致的宣传工作。

（2）构建灾后恢复重建政策和规划的村民参与机制，尤其将女性和普通村民的利益与需求纳入其中。

（3）进一步改善政府灾后恢复重建政策和规划的运行环境和条件，切实执行和落实国家的各项政策与规划，要更多地考虑普通村民的实际利益和诉求，提升政策规划的实施效果。

2. 工作及时性

在救助方面，90% 以上的村民表示救济粮发放、生活费发放和救灾物资发放三项救助工作及时。

在住房维修和重建方面，65% 以上的村民表示住房重建补贴发放、住房重建贷款发放、住房重建及时；而有超过1/3的村民表示受灾房屋维修不及时。

在公共服务方面，1/3的村民表示截至目前村庄还没有启动公共服务设施恢复重建工作，有效应答中64%的村民表示公共服务设施恢复重建工作及时。

在基础设施方面，只有不到1成的村民表示基础设施恢复重建没有启动，有效应答中64.1%的村民表示基础设施恢复重建工作及时。

在生产发展方面，1/5的村民表示截至目前村庄还没有启动生产恢复工作，在有效应答中近80%的村民表示生产恢复工作及时。

在心理及法律援助方面，77.5%的村民表示截至目前村庄还没有启动心理、法律与技术方面的援助工作。在有效应答中也只有近50%的村民表示心理、法律与技术方面的援助工作及时。

【改进措施】

（1）尽快落实住房重建补贴和贷款发放，进一步加快住房重建进度。

（2）着力加快受灾房屋的维修进度，关注维修户的利益，加强对住房维修户的政策扶持。

（3）切实开展公共服务设施恢复重建工作，为灾后恢复重建工作提供公共保障。

（4）加快基础设施恢复重建的进度，满足灾后重建的各项需求。

（5）尽快启动生产恢复和发展工作，为灾后恢复重建工作提供持续性保障；生产恢复和发展工作的重点应定位于村庄的整体推进和优势生产项目的强力开发。

（6）及时开展心理、法律与技术方面的援助工作，为灾后恢复重建工作提供内在动力。

3. 规划科学性

在住房规划上，好评率很高，4/5强的村民表示村庄选址和个人住房选址规划合理。

在公共服务设施规划上，55%强的村民表示学校恢复重建规划合理，超过65%的村民表示医疗卫生设施恢复重建规划合理。

在基础设施规划上，70%左右的村民对村落道路建设、灌溉设施建设、人饮设施建设、替代能源建设、供电设施建设等规划给予合理评价。不过，在村落道路建设、灌溉设施建设和人饮设施建设规划方面选择"不太合理"仍然达到 10% 以上。

【改进措施】

（1）对于重建户较多的村庄，统一选址和规划是比较合理的做法。

（2）加强公共服务规划的科学性，考虑满足村民的需要。

（3）在村落道路、灌溉设施和人饮设施建设规划中应当因地制宜，以村民需求和村庄条件为导向。

4. 农户参与性

村民在公共服务设施建设中的参与率相对较低，在乡村学校建设和村庄医疗卫生设施建设中的参与率均在 20% 以下，主要因为这些项目建设大都是由对口援建单位建设而不需要村民参与。

村民在基础设施建设中的参与率处于中游，在村落道路建设、人饮设施建设、灌溉设施建设、替代能源建设、供电设施建设中的参与率都处于 50%~70% 之间。

村民在环境改善中的参与率较高，达到 70% 以上。

村民在社区互助中的参与率很高，近 80% 的村民参与了社区互助活动。在社区互助活动中，男性的参与率比女性相对更高一些。

【改进措施】

（1）大力增强村民在公共服务设施建设中的参与程度，通过"以工代赈"方式让村民获得收入。

（2）通过多种形式进一步提高村民在基础设施建设中的参与程度。

（3）继续组织村民参与环境改善活动，将灾后恢复重建与建设社会主义新农村建设结合起来。

5. 组织协调性

在政府不同部门的协调性方面，1/3 强的村民无法对政府不同部门之间的工作协调性作出评价；在有效应答中，大部分被访者（57.3%）认为灾后重建过程中政府不同部门之间的工作是协调的。

在政府与民间组织的协调性方面，近 1/2 的被访者表示对于政府机构与民间组织之间的工作是否协调说不清楚；在有效应答中，近半数被访者（47.8%）认为两者之间的工作是协调的。

在恢复重建与农户意愿的协调性方面，绝大部分村民（76.8%）都认为自身所得到的各类帮扶援建工作符合自身的意愿。

【改进措施】

（1）加强政府不同部门与村民群众之间的互动，将政务公开与村务公开衔接起来。

（2）积极整合各种社会民间组织的力量，共同促进灾区恢复重建。

（3）在开展帮扶援建工作中，应加强普通村民的需求评估和吸纳。

（三）恢复重建工作的益贫效果评估及改进措施

1. 贫困户受益状况

灾区近85%的农户认为在道义上应该给予贫困户更多的补贴，但实际认为贫困户得到了优惠和倾斜的只有不到58%的农户。

在住房重建补贴上，基本上对贫困户没有太多特殊优惠政策，个别地方对特困户给予了少量资金补贴。农户反映贫困户比富裕户得到更多重建补贴的比例为31.4%，而认为没有差别的接近56%。

在住房维修补贴上，对贫困户也没有特殊优惠，基本按照房屋受损情况（破坏程度或受损数量）来确定维修补贴。一些特困户的实际情况没有被顾及，他们的住房维修难以完成。

在其他补贴上，贫困户得到的优惠也很少。

【改进措施】

（1）灾后重建中要重点照顾特困户的情况，给予适当补贴帮助他们开展住房建设。

（2）要考虑贫困户住房维修的实际困难，增加适当的补贴。

（3）救助物资的发放，生活补贴的发放要更多地照顾到贫困户。

2. 重灾户受益状况

就灾情与所得补贴的合理性而言，67.3%的农户认为自己家所得的补贴是合理的，其中重建户认为合理的比例高达73%，而维修户认为合理的比例则只有59.4%。

住房重建补贴方面，重建户中受灾程度的轻重与农户得到的重建补贴款之间基本没有关联。但实际情况是重建户的住房损毁情况存在较大差别，这也让部分重建户感觉不公。

住房维修补贴方面，总体只有28.6%的农户表示受灾更重的得到了更多维修补贴。而在维修户中则有46.8%的人认为受灾更重的得到了更多维修补贴，其中由于四川省制定了明确的政策，针对不同灾情给予维修补贴，因而，四川省的维修户中有近77%的表示重灾户得到了更多维修补贴。

其他补贴方面，基本按照人头或户来发放，重灾户基本没有什么优惠。

【改进措施】

（1）重建户中也有受灾程度的轻重不同，受灾重的理应得到相对较多的补贴。

（2）住房维修补贴一定要按照灾情性质来确定，而不能一刀切；而且，维修补贴要考虑实际维修成本，保持与国家制定的标准基本一致。

（3）救助物资的发放，生活补贴的发放要更多地照顾到重灾户。

3. 妇女受益状况

样本户中，反映政府及相关部门开展了针对妇女的实用技术培训、生理卫生指导、灾后心理辅导、小额信贷项目的比例分别只有14.7%、20.6%、7%和10.1%。这方面的工作在第一年的灾后重建中基本空白。

【改进措施】

（1）切实开展针对妇女的技术培训项目，提高妇女能力，提升她们在灾后重建和生产恢复中的地位和作用。

（2）将妇女生理卫生指导工作与农村医疗卫生、计划生育工作结合起来开展。

（3）针对妇女心理援助需求大的实际情况，有效开展妇女心理辅导工作。

（4）尽快落实妇女小额信贷项目，帮扶妇女开展生产恢复。

三、主要结论与政策建议

一年来，灾区19个试点贫困村在各级政府的领导下积极开展灾后重建工作，取得了重建工作的阶段性成果；与此同时，面临如此艰巨的任务和复杂的形势，重建工作中不可避免地会出现一些问题。针对这些问题，相应地提出了一些宏观政策建议。

(一) 主要结论

第一，在满足灾区农户的基本需求方面，政府在优先次序的把握上十分到位，考虑到了农户的最紧迫需求，并能较好地予以满足。

第二，住房重建是目前灾区农户的核心工作，重建户对住房重建的满意度相当高；但由于受到多种因素的影响，重建的实际进度滞后于规划进度。住房维修户的利益则未能得到很好的维护，特别是资源分配的地区差异过大，无法满足维修户的住房维修需求。

第三，灾区公共服务、基础设施建设基本能够满足重建需求，大多数农户对这些项目实施的状况表示满意。但是同时，值得注意的是，其中的不少项目目前重建进度仍不如意，有些项目有规划而无进展，有些项目落实不够，带有形式主义色彩。

第四，由于人力、物力、财力都用于住房建设，很多与长远发展的村级议题被搁置一边，生产发展、能力建设等项目开展严重滞后，势必会制约农户的增收和村落的持续发展。

第五，灾后恢复重建政策的认知度不高，很多农户不了解国家政策。政府的重建政策考虑到了农户的意愿，大多农户对政策有较高的评价。但是，有些政策的执行存在着形式主义、落实不到位等问题。

第六，本次汶川地震的灾后救助和重建工作，一个十分成功的经验就是灾后救助的及时有效，重建工作开展的及时得力。农户对救助的及时性高度满意，对灾后恢复重建中的最急迫项目的恢复重建及时性比较满意。当然，也存在着一些发展性恢复重建项目启动稍慢的问题。

第七，灾后重建的各项内容经过严密规划和缜密安排，基本上体现了合理性和科学性，大部分农户比较认可政府的各项规划，但仍然存在着某些规划未能反映农户需求和利益的状况。

第八，地震后村落内部人际关系更为亲密，农户不仅互助行为更为频繁，而且参与村落社区重建的积极性也高涨起来，这些都为推进重建进度提供了契机。

第九，灾后重建过程中，无论是政府各个部门之间，还是政府部门与非政府部门之间，都能紧紧围绕重建目标开展活动，各项工作基本能够做到协调一致。同时，灾后帮扶援建的各项措施比较符合受灾户的意愿。

第十，就截至目前的救助和重建工作来看，尚未照顾到灾区贫困户、重灾户和妇女等特殊群体或弱势群体，灾后重建的益贫效果很不明显。

（二）政策建议

1. 强化政府在灾后重建中的主导地位

充分发挥政府主导型灾后恢复重建的优势，要促进灾后恢复重建过程中政府各参与部门之间协调机制的建立，以及各级重建执行机构职能的强化。让灾后重建工作的开展更为协调、更有力度。

2. 发挥基层自治组织的作用

注重农村基层自治组织在灾后重建中的作用，着力加强自治组织领导班子的能力建设，使基层组织能够公开公平、科学合理地实现重建资源的调配和使用，将重建资源用好、用实。

3. 调动广大村民参与

充分发挥好村民代表会议的作用，将灾后重建的各种政策及其执行过程透明化、公开化，使村民能够在灾后重建资源分配、过程管理中起到有效的监督作用。还要抓住灾后村落社会关系变化的契机，调动村民积极性参与灾后重建，加快灾后重建进度。

4. 克服重建中的某些形式主义做法

灾后重建政策执行过程中，要尽量使政策本身和政策执行高度统一，让农户既对政策满意，同时又能对政策执行及其产生的实际效果满意。不可让规划中的某些项目成为"面子工程"或追求政绩的幌子。

5. 注重政策执行的原则性与灵活性相结合

灾后恢复重建政策的制定要考虑到社会发展的趋势，其实施则要根据变化的外部环境和当事人的特殊情况，及时做出弹性反应，而不能完全一刀切或僵化死板。

6. 加强重建规划的合理性和科学性

将灾后重建与社会主义新农村建设结合起来，避免无规划、乱规划、不按规划办事的情况发生，重建规划要考虑乡、镇内连片区域的整体性，而不能仅仅以村为单位来制定规划。

7. 提升灾后重建的益贫效果

切实将贫困户、重灾户、特殊人群纳入灾后重建的重点扶持对象之列，帮助他们解决实际生活生产困难，切切实实地体现出扶贫的目标。

8. 转变重建工作重心

今后一年，要逐步将灾后重建的重心从住房重建维修、基础设施建设、公共服务设施建设等方面的恢复性重建，逐步地转移到生产发展、能力建设、扶贫开发等发展性重建上来，要尽快让受灾农户的生产、生活恢复到地震前的水平，并通过进一步努力超过地震前的水平。

9. 做好不同群体的利益协调工作

在灾后重建中应密切关注群众中显现和潜藏的各种矛盾，化解灾后重建中的利益冲突，避免因利益分配不公、利益分配不均而造成的社会紧张状态。

附录 Ⅳ

汶川地震灾后贫困村（15村）救援与恢复重建政策效果评估

报　告　摘　要

　　项目以服务于国务院扶贫办灾后重建工作为出发点，运用政策文件收集、实地观察与访谈等资料收集方法和快速农村评估（PRA）、模型评估法、对比分析法等分析技术，对不同类型贫困村抗灾救灾和灾后恢复重建工作政策适当性、政策执行过程、政策执行的效率与效果等重建重点环节，运用试调查的基础上建构的一套完备的评估指标体系，对不同类型受灾贫困村的灾后救援和恢复重建的各项政策效果进行评估和比较，并提出了下一步工作的政策建议。

项目组于 2009 年 3 月共选取了 15 个不同类型受灾贫困村作为调研个案，包括纳入第一批灾后重建规划与实施试点的 5 个村，位于贫困村灾后恢复重建规划区但尚未开始试点的 5 个村，未纳入国家贫困村灾后恢复重建规划范围但受灾程度较重的 5 个贫困村。

一、贫困村灾后救援与重建政策的效果

调研表明，系列灾后贫困村的救援与重建政策实施的效果明显：（1）在生活层面，灾后为期 3 个月的紧急救助计划作用明显，灾民的基本物质生活得到了很好的保障；住房重建和维修的开工率、完成率都比较高，但在生活配套设施建设和生活便利性方面还有待加强。（2）在生产层面，各级地方政府进行的劳动技能培训充分体现了实用性和前瞻性。建筑技能培训和种植、养殖技能培训既有助于当下问题的解决，又为农民增收脱贫和长远发展提供了一定的技能和项目。目前的问题是如何更好地提高建筑技能培训的时效性。（3）在基础设施项目建设层面，基础设施建设在地方政府整体规划、统一标准和部门协作下，以"整村推进"为指导思想，进展比较顺利，为村庄的脱贫和可持续发展奠定了坚实的基础。但由于资源分配不均衡的原因，规划村和非试点规划村的建设相对滞后。（4）在社会关系秩序层面，邻里关系更为融洽，互惠行为和利他行为大大增加，互惠规范成为村民交往的主导性规范，社会治安环境有明显好转；干群关系得到改善，各级干部在抗震救灾过程中所体现出来的身先士卒的精神得到了广大村民的认可，村民对干部的工作比较支持。但是，由于物资分配不均和政策实施过程的区别对待等个别现象，导致部分村民产生不公平感和被剥夺感，容易引发矛盾和纠纷。（5）在心理、文化层面，对心理层面的关注度呈现梯度差异，试点村通过各级政府和基层组织开展的各种宣传、教育和抚慰工作，大多数村民的心理状况得到了很大改善，而规划村和非试点规划村或处于自发状态，或缺乏考虑；文化设施建设投入和文化恢复重建重视程度普遍不高，文化活动的开展

和文化特质的保存和挖掘被忽视,村民的文化生活需求得不到充分满足。

总体而言,贫困村灾后救援与重建政策取得了很好的效果。但是,也存在一些应该注意的问题,主要表现在政策统一性与地方差异性的矛盾、重硬件建设与轻软件建设的失衡、"时间限定"引起的政策反效率、规范化与灵活性的矛盾等方面。下一步的重建政策除了继续发扬本阶段的工作经验,还应该在解决上述问题上下功夫。

二、三类村庄灾后救援与恢复重建政策效果的比较

地震灾情发生以后,各级政府和社会各界都投入了大量的资源来保障受灾群众的基本生活。调查表明,住房重建和维修政策总体进展比较稳定。针对灾后重建的需要,当地政府主要从两个方面入手对村民的劳动技能进行了培训:一是建筑技能的培训,主要是为了解决当地建筑技工奇缺而大规模重建需要大量技工的供需矛盾;二是进行种植和养殖技能培训,发展农民的增收项目。灾后重建需要大量的建筑技工,为了解决这一难题,各地基本上都采取了本地培训的有效策略,并且在操作方法上也都大同小异。各村的基础设施项目正在稳步推进。这些基础设施项目的完成,可望对村庄的可持续发展奠定扎实的基础。

地震对当地人来说虽然是一个巨大的打击,但它却也成为了改善邻里关系、使其朝好的方向变化的一个契机。地震使得邻里关系更为融洽,原有的矛盾和不愉快因为地震而消失,邻里之间的互惠行为、义务利他行为也随之大大增加。尽管如此,地震使邻里关系朝不好的方向发展的现象虽不是主要方面,但也局部性地存在。村民之间关系遭到破坏的原因主要有二:一是灾后救援和重建中出现物质分配不均的个别现象;二是民房同等程度地受到摧毁,但不同村民由于他们与干部的关系疏远程度不同,在政策补助和优惠上受到了区别对待。心理辅导举措有效、重建任务依然艰巨。文化活动设施得到一定程度的恢复,而文化活动的开展和文化特质的保存和挖掘相对被忽视。与住房建设、基础设施建设等硬件相比,文化重建严重地被忽视;与文化设施建设相比,文化活动缺乏重视。

　　调研表明，三类村庄灾后重建的进展程度、规范程度、完善程度都呈现出较大的差异性，差异的根源绝不仅仅在于资金投入的先后次序，它深刻地体现了两种扶贫思路的分歧："整村推进"扶贫思路和"单项突破"扶贫思路。显然，整村推进扶贫思路在这一轮比较中取得了全面的优势，证明整村推进模式是适合现阶段农村贫困性质的，尤其适合地震灾区的贫困农村。遭受地震灾害的贫困村庄，资源禀赋、生产能力和生产条件都处于明显弱势地位，因此灾后重建和扶贫开发必须紧密结合起来，而整村推进扶贫模式由于其典型的优势，尤其应该在灾后重建中得到推广和应用。

三、贫困村灾后恢复重建的建议与思考

　　基于以上调研结论，项目组提出了以下几个方面的建议与思考：（1）以乡村两级为平台，加强部门项目间的资源整合力度。灾后重建涉及组织部门、卫生部门、通讯部门、教育部门、财政部门、农业部门、国土部门、城建部门等部门。由于我国行政体制条块分割的原因，自上而下的资源到达乡村时较为分散、整合低效，应当对资源在乡村两级政府进行有效整合。（2）将原则性与灵活性相结合，积极探索因地制宜的重建模式。地震的灾后重建是一个系统工程，需要有详细的前期规划，特别是针对于重建的时间进度安排、重建的选址工作和重建的方式方法这三方面给予细致具体的考虑和密切的关注。要根据各灾区存在的差异性，区别对待、重点推进，因地制宜地探索与寻找新模式。（3）摸清因震返贫人群与民政对象，出台差异性倾斜政策。针对贫困村的扶持政策应增强针对性。如将贫困村的贫困户按照贫困的原因分为因灾返贫型和能力缺乏型，前者存在"造血"细胞，政府可以从产业扶持、项目扶持、资金扶持和能力扶持等方面给予支持；对于后者，政府的工作重点是从村庄或乡镇的层面建立相应的平台协助其在未来较长时间内渡过生计困难的局面，保障其基本的生存权。（4）适当放缓硬件重建的速度，加快软件建设以减少滞后。这其中包括提高灾民生产自救的能力，尤其是针对各地区不同的生态条件、不同的生产重点，提供必要的生产技能和相关知识的传授，提高灾民自身生产技能。其次是要重视将物质扶贫与文化扶贫相结合，注重宣传教育，引导村民认识到落后的思想和文化观念对自己致贫的影响，消除贫困村群众的"贫而安贫"的惯性心理。媒体在宣传时，要强调灾民自身努力对于重建家园的意义，激发贫困地区灾民依靠自己重建家园、脱贫致富的信心，避免形成"等""要""靠"的思想。（5）扩大重建中的基层直接民主，提高民众参与的广度与深度，为民众民主参与提供客观条件，赋予灾民参与的权利，并以积极有效的方式提高民众参与灾后重建的广度与深度，同时保证民众民主参与的效果，即增加重建过程的透明性、提高公平性、保证效率。（6）注重贫困村的环境友好与生态保持，确保灾区发展的可持续性。贫困村往往处在资源匮乏与生态脆弱的地区，注重贫困村的环境友好性，保持生态的稳定性尤其重要，是确保灾区可持续发展的重要举措。地震后各地根据当地实际情况，综合考虑自然地理、社会经济等多方面因素，出台了一系列的环境保护措施，对生态环境的修复起到了指导性作用。

附录 Ⅴ

联合国开发计划署（UNDP）支持
"'汶川地震灾后重建暨灾害风险管理计划'
综合评估项目" 实施方案

一、背 景 和 意 义

  汶川特大地震过去已经两年多了，按照"3 年重建任务两年基本完成"的要求，到 2010 年 9 月底，两年的重建时限就将到达。在过去一年多的恢复重建过程中，党和国家快速反应、缜密部署，社会各界积极参与、倾力协作，灾区人民艰苦奋斗、自强不息，灾后恢复重建按照规划稳步推进，各类重建项目顺利完成。

　　过去一年多的灾后恢复重建工作既取得了举世瞩目的成绩，同时也存在一些问题需要去总结。因此，在两年灾后恢复重建期即将结束之际，对灾后恢复重建的整个过程进行梳理，对恢复重建的效果进行评估，对恢复重建的经验和教训进行总结，具有重要的理论和现实意义。通过这种及时、全面、系统的回顾、评估和总结，一方面可以了解国家制定的灾后恢复重建总体规划的实施效果及存在问题，为地震灾区今后的全面恢复和长远发展提供政策建议；另一方面也可以从中总结出我国开展灾后恢复重建的成功经验，为全球范围内的灾害风险管理提供借鉴示范。

　　2008 年 10 月，国务院扶贫办、商务部和联合国开发计划署（UNDP）签署了"中国四川地震灾后重建暨灾害风险管理计划"，UNDP 承诺资助 350 万美元并 200 万加元支持国务院扶贫办负责组织的贫困村灾后恢复重建。2009 年 2～4 月，华中师范大学社会学院承担了该项目资助的汶川地震年度系列评估课题，通过大规模的问卷调查和实地研究，收集了大量的数据和资料，并形成了 10 余万字的评估报告。本次综合评估是 UNDP "汶川地震灾后重建暨灾害风险管理计划"的产出之一，也是去年"汶川地震贫困村恢复重建试点效果评估"的延续。

　　值此恢复重建两周年即将到期之际，本研究所开展的"汶川地震灾后重建暨灾害风险管理计划"综合评估，将充分利用一周年评估的数据资料和结果，通过比较一周年和两周年的评估数据、结果，评估国务院扶贫办、UNDP 联合实施的 19 个试点贫困村恢复重建的成效；同时通过综合已有的和最新的调查数据资料，对汶川地震试点贫困村恢复重建两周年的总体重建效果进行评估，并总结贫困村恢复重建的运行机制和模式；以此为基础，就贫困村早期恢复重建完成后如何开展长期重建提出建议。

　　基于这种认识，本项目以汶川地震灾后贫困村恢复重建第一批试点为对象，以评估效果、总结经验、发现不足、提出建议为出发点，选取国务院扶贫办确定的第一批 19 个灾后重建规划与实施试点村中的 8 个村进行抽样调查研究，以充分的调查数据、资料为依据，对 UNDP 支持的试点贫困村灾后恢复重建工作进行全面评估。本次评估要达到的四个基本目标是：

◇ 评估 UNDP 项目的基本效果及影响。

◇ 探讨 UNDP 参与灾后重建的运行模式。

◇ 提出灾区由早期重建到长期恢复的机制及可持续生计发展的对策建议。

◇ 总结多部门合作经验，提炼可用于国际交流的灾害风险管理模式。

二、研究思路和方法

（一）研究思路

第一，为保证调查研究的延续性，本次调查将继续在国务院扶贫办确定的第一批 19 个恢复重建试点贫困村中开展调查，在其中选取 8 个村庄进行抽样调查，具体选取的村庄为：四川省绵阳市游仙区白蝉乡陡嘴子村、四川省德阳市中江县集凤镇云梯村、四川省德阳市旌阳区柏隆镇清和村、四川省广元市利州区三堆镇马口村、甘肃省陇南市武都县汉林乡唐坪村、甘肃省陇南市文县中庙乡肖家坝村、陕西省汉中市略阳县马蹄湾乡马蹄湾村、陕西省汉中市宁强县广坪镇骆家嘴村。

第二，调查将采取定量和定性相结合的方式进行。定量方面，除采集汶川地震灾后恢复重建数据监测系统的资料外，将在选取的 8 个村中采取以入户问卷调查为主的方式收集农户抽样调查数据，并结合这些村已有的其他调查数据，深入评估试点村恢复重建的总体状况，阐述试点村恢复重建工作所取得的成就及面临的挑战，揭示试点工作的价值。定性方面，本研究将以不同层次汶川地震恢复重建参与主体为调查对象，运用以座谈、访谈为主的调查方法收集定性资料，结合对相关政策文本及具体实施过程的认识和分析，探讨试点贫困村恢复重建的运行机制和模式。

第三，以定量和定性数据的评估结论为依据，总结试点贫困村灾后恢复重建工作的基本经验，归纳试点贫困村恢复重建的运行机制和模式，提出后重建时期贫困村长期恢复和发展的相关政策建议，提炼我国在灾害风险管理方面的可供国际交流的做法和经验。

（二）评估技术路线（见图1）

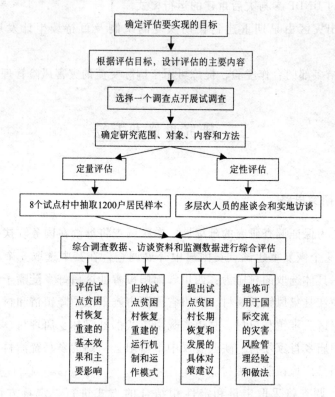

确定评估要实现的目标

根据评估目标，设计评估的主要内容

选择一个调查点开展试调查

确定研究范围、对象、内容和方法

定量评估

定性评估

8个试点村中抽取1200户居民样本

多层次人员的座谈会和实地访谈

综合调查数据、访谈资料和监测数据进行综合评估

评估试点贫困村恢复重建的基本效果和主要影响

归纳试点贫困村恢复重建的运行机制和运作模式

提出试点贫困村长期恢复和发展的具体对策建议

提炼可用于国际交流的灾害风险管理经验和做法

图1　试点贫困村恢复重建两周年综合评估技术路线

（三）具体方法和手段

1. 问卷调查

设计结构式问卷，对选取的8个村，运用简单随机抽样方法在每个村中抽取3个村民小组，在3个村民小组内逐户进行入户问卷调查。平均每个村民小组调查约50户，平均每个村调查150户左右，共1200户。

2. 座谈会

组织不同层次的座谈会，在中央——省——市（县）——乡镇不同层次中组织座谈会，听取相关人员的工作介绍，了解灾后恢复重建的运行机制，发掘灾后恢复重建的成功经验、存在问题和教训，获取定性资料。

3. 实地访谈

采用半结构式访谈，根据研究目标的需要和访谈对象的特点，分别选取焦点小组访谈和深度访谈两种方法，着重对研究对象中的代表性、关键性、焦点性人物开展访谈工作。

4. 文献分析

在调研和评估工作中，注意收集、整理与分析和本项目有关的国家法律、法规和政策，试点村所在省市等出台的规范性文件，相关统计资料和档案文献，以及国内外相关研究成果。

5. 实地观察

在实地调查的过程中，运用非参与式观察方法，获取感性认识及收集定性资料，用作定量资料的补充。

三、研究内容

（一）效果及影响评估

主要对试点村农户恢复重建需求瞄准与两年来恢复及满足程度评估，涉及重建需求满足状况、对重建规划的看法、生计可持续状况和长期重建的阻碍因素等，重点围绕以下四个大类对 UNDP 项目效果及影响进行系统、深入、全面评估：

第一，重建需求满足状况：包括住房、基础设施与环境改善、公共服务、产业恢复、能力建设、心理与法律援助及社会关系重建等方面。

第二，对重建规划的看法：对 UNDP 项目、重建政策、重建规划的科学性、重建资源分配的及时性与公平性、重建过程的协调性、重建的益贫效果等方面的看法。

第三，长期恢复重建的障碍因素：生计恢复、社区发展的问题和挑战。

第四，希望和建议：实现可持续发展的建议。

（二）做法与经验总结

通过定量数据的分析，特别是两年数据的对比，结合各个层次的访谈资料，总结、分析 UNDP 项目多部门合作的相关机制和运行模式，提炼中国政府灾害风险管理的成功经验。具体包括两个内容：（1）UNDP 项目运行机制与运作模式总结；（2）中国政府贫困村灾害风险管理（贫困村灾后救援、恢复重建与扶贫开发结合）的经验总结。

（三）相关对策建议

通过对以 UNDP 项目实施管理为主题的汶川地震两周年恢复重建状况的评估，结合在评估中发现的问题，为相关部门改进工作提供决策咨询，提出合理可行的政策建议。包括：（1）灾后贫困村恢复重建多部门合作与协调的有关政策建议；（2）灾后贫困村长期恢复重建、特别是生计恢复的相关政策建议。

四、进 度 安 排

第一，完善和确定研究方案阶段（2010 年 6 月 11 日～7 月 16 日）。在充分梳理相关研究成果和实务工作的基础上，通过试调查，并咨询有关专家和扶贫系统灾后重建办官员，完善研究框架，明确研究重点，确定研究计划和调查方案。

第二，调研方法培训阶段（2010 年 7 月 17～18 日）。就研究目标、内容、调研方法、产出要求、注意事项等，对参与调研人员进行培训。

第三，资料收集与分析阶段（2010 年 7 月 19～31 日）。调研组到 3 省 8 个试点村和北京市开展调研工作，收集问卷资料和访谈资料。审核并录入问卷资料，运用统计软件对数据进行统计分析，对访谈资料进行整理和分析。

第四，研究成果写作阶段（2010 年 8 月 1～15 日）。根据统计数据和访谈资料撰写研究报告。

第五，调研报告修订阶段（2010 年 8 月 16～26 日）。在研究成果基本完成后，听取专家学者和相关政府官员对调研报告的意见，并根据这些意见对调研报告进行修改和完善。

第六，提交最终研究报告（2010 年 8 月 30 日）。

五、项 目 产 出

基于定量研究和定性研究，本项目的具体产出主要包括三个方面：

第一，《汶川地震灾后贫困村恢复重建试点综合评估报告》（15 万字，供正式发布和出版）。

第二，《汶川地震灾后贫困村可持续生计恢复政策建议》（1 万字，供决策参考）。

第三，《中国汶川地震灾后贫困村恢复重建：机制、模式与经验》（2 万字，简明扼要、图文并茂，供国内、国际交流）

六、项 目 团 队

（一）项目指导组

组　长：王国良（国务院扶贫办副主任、灾后重建办主任）

副组长：吴　忠（中国国际扶贫中心主任）

　　　　海　波（国务院扶贫办开发指导司司长、灾后重建办副主任）

（二）项目执行组

组　长：黄承伟（国务院扶贫办灾后重建办副主任、中国国际扶贫中心副主任）

副组长：杨　方（UNDP 灾后重建与风险管理计划项目负责人）

　　　　向德平（华中师范大学社会学院院长）

成　员：陆汉文（国务院扶贫办灾后重建办主任特别助理）

　　　　赵　倩（国务院扶贫办灾后重建办项目官员）

　　　　方向阳（UNDP 灾后重建与风险管理计划项目绵阳办公室负责人）

　　　　向兴华（四川省扶贫和移民局外资项目管理中心副主任）

　　　　陈宏利（甘肃省扶贫办外资扶贫项目管理中心项目处处长）

　　　　栾普学（陕西省扶贫办技术培训处处长）

（三）项目实施单位

华中师范大学。

（四）项目实施责任人

向德平　蔡志海

（五）项目研究人员

向德平　蔡志海　陆汉文　李海金　程　玲　陈　琦

（六）项目助理研究人员

苏　海　胡振光　李　欢　宋雅婷　孙　豹　刘平政　尹新瑞　延利涛
邓洪洁　孟　欣　杨　娟　张彩风　田丰韶　高　飞　刘婷婷　周　晶　宁　夏
岳要鹏　史翠翠　何　良

（七）人员安排表

省份	村庄	人员分组	
四川省 （4个村）	绵阳市游仙区白蝉乡陡嘴子村	领队：程　玲	
	广元市利州区三堆镇马口村	组员：苏　海、胡振光、李　欢、 宋雅婷	
	德阳市中江县集凤镇云梯村	领队：李海金	
	德阳市旌阳区柏隆镇清和村	组员：孙　豹、刘平政、尹新瑞、 延利涛、邓洪洁、孟　欣、 杨　娟、张彩风	
甘肃省 （2个村）	陇南市武都县汉林乡唐坪村	领队：陈　琦	
	陇南市文县中庙乡肖家坝村	组员：田丰韶、高　飞、刘婷婷、 周　晶	
陕西省 （2个村）	汉中市略阳县马蹄湾乡马蹄湾村	领队：蔡志海	
	汉中市宁强县广坪镇骆家嘴村	组员：宁　夏、岳要鹏、史翠翠、 何　良	
北京市	访谈参与灾后重建的中央各部委	成员：程　玲　陈　琦　李海金 蔡志海	

附录 VI

问卷编号：　　　　　　No.

（问卷编号方法：1位为调查点代码，2–4位为农户代码，共4位数）

联合国开发计划署（UNDP）
"汶川地震灾后重建暨灾害风险管理计划"
综合评估调查问卷

❖ 调查对象为家庭内18岁以上的成员。
❖ 年月日均指公历时间。

❖ 整个问卷由调查员填写，数值/代码一律填写在对应的方框中。

❖ 除非特殊说明，无该项数据时，则在对应的方框中划一横线。

A1. 调查点 ☐☐☐ A1

(1) 绵阳市游仙区白蝉乡陡嘴子村　　(2) 德阳市中江县集凤镇云梯村

(3) 德阳市旌阳区柏隆镇清和村　　(4) 广元市利州区三堆镇马口村

(5) 陇南市武都县汉林乡唐坪村　　(6) 陇南市文县中庙乡肖家坝村

(7) 汉中市略阳县马蹄湾乡马蹄湾村　　(8) 汉中市宁强县广坪镇骆家嘴村

A2. 调查户：_____组/社_____（姓名）

调查员姓名：_____

调查时间：_____月_____日

B. 被访者基本情况：

1. 性别：（1）男（2）女 ☐☐☐ B1

2. 年龄（问出生年份，转换为周岁） ☐☐☐ B2

3. 受教育年限（未上过学填0，不足一年按一年算） ☐☐☐ B3

4. 是否户主（依据户口簿）：（1）是（2）否 ☐☐☐ B4

5. 是否村组干部：（1）是（2）否 ☐☐☐ B5

6. 是否中共党员：（1）是（2）否 ☐☐☐ B6

7. 民族：（1）汉族（2）少数民族 ☐☐☐ B7

8. 您家正式成员的数量（依据户口簿）： ☐☐☐ B8

9. 您家属于：（1）重建户（2）维修户 ☐☐☐ B9

B. 重建户情况（若是维修户，请直接跳至C题）：

1. 重建形式：（1）集中重建（2）原址重建 ☐☐☐ B1

2. 建房形式：（1）自家建设（2）统一建设 ☐☐☐ B2

3. 对住房建设质量的看法： B3

（1）质量很好（2）质量一般（3）质量不好

4. 对住房与生产便利性的总体评价： B4

（1）非常便利（2）比较便利（3）一般

（4）不太便利（5）很不便利

5. 对住房与生活便利性的总体评价： B5

（1）非常便利（2）比较便利（3）一般

（4）不太便利（5）很不便利

6. 对住房安全性的总体看法： B6

（1）非常安全（2）比较安全（3）一般

（4）不太安全（5）很不安全

C. 2009 年家庭现金收入状况：

类别	种植业	养殖业	商业活动（含运输）	打工	礼金（受赠）	政府各类补贴	其他	总收入
金额（元）								
变量代码	C1	C2	C3	C4	C5	C6	C7	C8

D. 2009 年家庭现金开支状况（不含家庭成员外出打工期间吃穿用住的现金开支）：

类别	种植业	养殖业	经商（含运输）	子女上学	医疗	吃穿用	礼金（赠送）	总支出
金额（元）								
变量代码	D1	D2	D3	D4	D5	D6	D7	D8

E. 您家目前的欠款情况（若该项不适用，在框内填写0）：

	亲友处	信用社银行	互助资金小额信贷	其他渠道
金额（元）				
变量代码	E1	E2	E3	E4

F. 截至目前您家的恢复重建状况（不适用请填0）：

1. 住房重建（重建户回答）：　　　　□ F1
（1）已入住（2）未入住（3）已启动（4）未启动

2. 住房维修（一般户回答）：（1）已完成（2）未完成　□ F2

3. 饮用水设施修建：（1）已完成（2）已启动（3）未启动　□ F3

4. 替代能源建设：（1）已完成（2）已启动（3）未启动　□ F4

5. 入户供电设施修建：　　　　□ F5
（1）已完成（2）已启动（3）未启动

6. 入户路修建：（1）已完成（2）已启动（3）未启动　□ F6

G. 对村内基础设施和环境改善恢复重建的满意度（不适用请填0）：

1. 对村内道路重建的满意度：　　　□ G1
（1）非常满意（2）比较满意（3）一般
（4）不太满意（5）很不满意

2. 对人饮设施重建的满意度：　　　□ G2
（1）非常满意（2）比较满意（3）一般
（4）不太满意（5）很不满意

3. 对供电设施重建的满意度：　　　□ G3
（1）非常满意（2）比较满意（3）一般
（4）不太满意（5）很不满意

4. 对可再生能源重建的满意度：　　□ G4
（1）非常满意（2）比较满意（3）一般
（4）不太满意（5）很不满意

5. 对环境改善状况的满意度：

（1）非常满意（2）比较满意（3）一般　　　　　　G5

（4）不太满意（5）很不满意

H. 对村内公共服务设施恢复重建的满意度（不适用请填 0）：

1. 对村小学重建的满意度：

（1）非常满意（2）比较满意（3）一般　　　　　　H1

（4）不太满意（5）很不满意

2. 对村卫生室重建的满意度：

（1）非常满意（2）比较满意（3）一般　　　　　　H2

（4）不太满意（5）很不满意

3. 对村活动室重建的满意度：

（1）非常满意（2）比较满意（3）一般　　　　　　H3

（4）不太满意（5）很不满意

4. 对村内便民商店重建的满意度：

（1）非常满意（2）比较满意（3）一般　　　　　　H4

（4）不太满意（5）很不满意

I. 对政府开展的生计恢复和生产发展规划实施状况的满意度（不适用请填 0）：

1. 对灌溉设施重建的满意度：

（1）非常满意（2）比较满意（3）一般　　　　　　I1

（4）不太满意（5）很不满意

2. 对基本农田恢复重建的满意度：

（1）非常满意（2）比较满意（3）一般　　　　　　I2

（4）不太满意（5）很不满意

3. 对生产启动资金扶助实施状况的满意度：

（1）非常满意（2）比较满意（3）一般　　　　　　I3

（4）不太满意（5）很不满意

4. 对村级互助资金实施状况的满意度：

（1）非常满意（2）比较满意（3）一般　　　　　　I4

（4）不太满意（5）很不满意

5. 对农业实用技术培训实施状况的满意度：

（1）非常满意（2）比较满意（3）一般 　　　　　I5

（4）不太满意（5）很不满意

6. 对劳务转移培训实施状况的满意度：

（1）非常满意（2）比较满意（3）一般 　　　　　I6

（4）不太满意（5）很不满意

J. 对灾后重建中外界给予的心理、法律援助的评价和当前需求状况（不适用请填 0）：

1. 您对相关人员给予的心理辅导和心理援助方面的满意度：

（1）非常满意（2）比较满意（3）一般 　　　　　J1

（4）不大满意（5）很不满意

2. 您对相关人员给予的法律援助方面的满意度：

（1）非常满意（2）比较满意（3）一般 　　　　　J2

（4）不大满意（5）很不满意

3. 目前，您有心理辅导和心理援助方面的需求吗？

（1）非常需要（2）比较需要（3）一般 　　　　　J3

（4）不大需要（5）根本不需要

4. 目前，您有法律援助方面的需求吗？

（1）非常需要（2）比较需要（3）一般 　　　　　J4

（4）不大需要（5）根本不需要

K. 回顾两年的灾后救援与重建，您对下列问题的看法：

1. 您对国家灾后救援和重建的及时性的总体评价：

（1）非常及时（2）比较及时（3）一般 　　　　　K1

（4）不大及时（5）很不及时

2. 您对灾后重建中各种规划的合理性总体评价：

（1）非常合理（2）比较合理（3）一般 　　　　　K2

（4）不太合理（5）很不合理

3. 您对政府的不同部门之间在规划工作的协调性的评价：

（1）非常协调（2）比较协调（3）一般 　　　　　K3

（4）不太协调（5）很不协调

4. 您对政府与其他社会部门（如 NEO）
   之间工作上的协调性的评价：
   （1）非常协调（2）比较协调（3）一般
   　　（4）不太协调（5）很不协调

K4

5. 您对政府的规划和具体重建活动与
   您自身的意愿的相符性的评价：
   （1）非常符合（2）比较符合（3）一般
   　　（4）不太符合（5）完全不符合

K5

6. 您认为灾后重建中照顾了贫困户吗？
   （1）照顾了贫困户（2）没有照顾贫困户（3）不了解

K6

7. 您认为灾后重建中各种资源的分配公平吗？
   （1）非常公平（2）比较公平（3）一般
   　　（4）不太公平（5）很不公平

K7

8. 您家的日常生活目前是否恢复到了正常状态：
   　　　　　　　（1）是（2）否

K8

9. 您家的生产经营活动是否恢复到正常状态：
   　　　　　　　（1）是（2）否

K9

10. 相比地震之前，您认为家庭的生活水平有何变化：
    （1）比以前提高了（2）没变化（3）比以前下降了

K10

L. 您对 UNDP 及国家各部委在您村开展的各种恢复重建活动的看法（不了解请填 0）：

1. 您对 UNDP 选择您的村庄作为灾后恢复
   重建试点村的评价是：
   （1）好处很大（2）好处较大（3）一般
   　　（4）好处较小（5）没有好处

L1

2. 您对有关部门开展的村庄抗击灾害风险
   能力建设作何评价：
   （1）作用很大（2）作用较大（3）一般
   　　（4）作用较小（5）没有作用

L2

3. 您对有关部门在灾后重建中的开展的
环境保护活动作何评价：　　　　　　　　L3
(1) 作用很大 (2) 作用较大 (3) 一般
(4) 作用较小 (5) 没有作用

4. 您对有关部门所开展的农房建设技术培训活动作何评价：
(1) 作用很大 (2) 作用较大 (3) 一般　　　　L4
(4) 作用较小 (5) 没有作用

5. 您对有关部门开展的村庄产业发展规划和
技术指导作何评价：　　　　　　　　　　　L5
(1) 作用很大 (2) 作用较大 (3) 一般
(4) 作用较小 (5) 没有作用

6. 您对有关部门对妇女、儿童、老年人及
残疾人的帮助作何评价：　　　　　　　　L6
(1) 作用很大 (2) 作用较大 (3) 一般
(4) 作用较小 (5) 没有作用

M. 目前您的家庭生产、生活面临的主要困难：

1. 家庭债务较重：(1) 是 (2) 否　　　　　　M1

2. 缺乏生产启动资金：(1) 是 (2) 否　　　　M2

3. 缺乏技术培训：(1) 是 (2) 否　　　　　　M3

4. 缺乏劳务转移信息：(1) 是 (2) 否　　　　M4

5. 没有合适的产业：(1) 是 (2) 否　　　　　M5

6. 粮食不够吃：(1) 是 (2) 否　　　　　　　M6

7. 饮用水源缺乏：(1) 是 (2) 否　　　　　　M7

8. 生活配套设施建设不到位：(1) 是 (2) 否　　M8

9. 生产配套设施建设不到位：(1) 是 (2) 否　　M9

联合国开发计划署（UNDP）
"汶川地震灾后重建暨灾害风险管理计划"
综合评估访谈方案

一、访谈目标

第一，对 UNDP 项目试点贫困村灾后恢复重建的规划及其实施状况进行评估。

第二，探索试点贫困村灾后恢复重建的运行机制与模式，尤其是对政府主导下的多部门合作机制与模式进行挖掘、提炼与完善。

第三，总结灾后恢复重建的经验教训，挖掘可用于国际交流的灾害风险管理模式，提出长期恢复重建的对策和建议。

二、访 谈 方 式

第一，深度访谈：即先列出与研究主题相关的若干开放式问题，然后与访谈对象进行无选项设定的面谈，并适时对访谈主题做出调整。

第二，焦点小组访谈：组织不同层次的座谈会，探索灾后恢复重建的机制与模式，经验与教训。

三、访 谈 对 象

从中央到地方的各级灾后恢复重建的参与主体，包括国务院扶贫办灾后重建办、中央相关部委及社会组织的人员、省级扶贫办和灾后重建机构人员、县级扶贫办和相关部门人员、村干部、村民代表。具体而言，访谈对象为：

（一）中央及社会组织灾后恢复重建的参与者

（1）国务院扶贫办分管灾后重建工作官员（2~3 人）；（2）UNDP 灾后重建办公室（1~2 人）；（3）民政部（救灾司）、环境保护部、住房和城乡建设部、科学技术部（农业技术开发中心）以及全国妇联、中国法学会、国际行动援助等分管灾后重建工作的官员（各 1~2 名）。

（二）省（市/县）级灾后恢复重建的参与者

（1）省（市、县）扶贫办官员（2~3 人）；（2）民政、环境保护、住房和城乡建设、科学技术、妇联等部门参与灾后重建工作的官员（各 1~2 名）；（3）UNDP 绵阳办公室（1~2 人）。

（三）镇（乡/村）级灾后恢复重建的参与者

（1）村支书、村主任；（2）村民代表（每村 3~5 人）。

四、访谈提纲

（一）中央及社会组织、省（市/县）级灾后恢复重建的参与者

1. 灾后恢复重建规划及项目实施状况、基本效果和社会影响的评价

（1）您对灾后恢复重建工作在住房、公共服务、基础设施、生产恢复、能力建设、环境改善、心理与法律援助、社会关系重建等方面的实施状况、实施效果和社会影响的评价？

（2）您对重建政策、重建规划的科学性、合理性、重建资源分配的及时性与公平性、重建过程的协调性、重建的益贫效果等方面的看法如何？

2. 灾后恢复重建的运行机制与模式

（1）UNDP 的项目是通过何种方式将多部门整合，形成综合平台？调动了各部门的哪些人力、物力、财力资源？多部门合作在灾后重建过程中发挥了什么作用？（对象：UNDP、扶贫办、商务部）（整合机制）

（2）您所在部门在灾后重建过程中投入了哪些人力、物力、财力资源？这些资源在灾后重建过程中发挥了什么作用？（对象：参与的各部门）（整合机制）

（3）您的部门是如何参与到此项目中？谁在动员？是通过何种方式实现？您所在部门在灾后恢复重建工作中主要做了哪些工作？您觉得您所在的部门发挥了何种作用？（动员机制）

（4）在灾后重建过程中，各部门是如何配合工作？如果出现问题，由谁来进行协调？如何协调？UNDP 项目参与者的主要沟通方式有哪些（简报、邮件、走访调查……）？沟通频率如何？沟通协调的效果如何？（案例）有哪些因素影响到沟通协调？沟通协调工作起到了哪些作用？（沟通协调机制）

（5）在灾后重建过程中有哪些制度和政策保障项目的运行？保障的手段和方式的有哪些？（社会政策和社会援助）保障是如何落实的？保障过程中存在什么问题？您认为如何解决？（保障机制）

（6）在灾后重建的项目实施过程中，有没有激励机制？如果有，在什么情况会给予激励？谁激励？有哪些激励的手段和措施？您认为激励手段和措

施是否能够提高参与的积极性？为什么？如何评价其在灾后恢复重建中发挥的作用？（激励机制）

（7）您觉得 UNDP 项目是在什么理念的指导下开展灾后恢复重建？其在灾后恢复重建中发挥怎样的作用？（文化、理念）

3. 灾后恢复重建的经验与教训、建议与对策讨论

（1）您认为，灾后恢复重建工作对试点贫困村有什么影响？（生活、生产、发展、减贫等）

（2）您认为 UNDP 项目两年的灾后恢复重建工作的实施效果如何？

（3）您认为 UNDP 项目试点贫困村灾后恢复重建工作有哪些经验？

（4）您认为 UNDP 项目试点贫困村灾后恢复重建工作还存在哪些问题和困难，有哪些教训？

（5）您认为 UNDP 项目多部门合作的经验有哪些？您有哪些建议？

（二）村级访谈提纲

1. 灾后恢复重建规划及项目实施状况、基本效果和社会影响的评价

（1）您认为灾后恢复重建工作在住房、公共服务、基础设施、生产恢复、能力建设、环境改善、心理与法律援助、社会关系重建、弱势群体关注等方面的需求满足状况如何？

（2）您对重建政策、重建规划的科学性如何评价？

（3）您对重建资源分配的及时性与公平性、重建过程的协调性如何评价？

（4）您对重建的益贫效果如何评价？

2. 灾后恢复重建的运行机制与模式

（1）在灾后恢复重建中，您知道有哪些部门参与其中？（民政、环境保护、住房和城乡建设、科学技术等部门）

（2）您觉得这些部门在恢复重建工作中分别做了哪些工作？他们各有什么样的特点？他们各有哪些优势和劣势？发挥了哪些作用？

（3）灾后恢复重建有多个部门的参与，您觉得这些部门之间的协调状况如何？有矛盾和冲突出现时如何化解或解决？

（4）您觉得村民参与灾后恢复重建的状况如何？通过哪些方法调动其积极性？

3. 灾后恢复重建的经验与教训、建议与对策

（1）您认为，灾后恢复重建工作对试点贫困村有什么影响？（生活、生产、发展、减贫等）

（2）您认为，试点村贫困村的灾后恢复重建工作的实施效果如何？

（3）您认为，试点贫困村灾后恢复重建工作有哪些做得好的地方？

（4）您认为，试点贫困村灾后恢复重建工作还存在哪些问题和困难，有哪些值得吸取的教训？

附录 VIII

"汶川地震灾后重建暨灾害风险管理
计划"项目访谈对象编号一览表（略）